RASGOS ALTERADOS

La ciencia revela cómo la meditación
transforma la mente, el cerebro y el cuerpo

RASGOS ALTERADOS

La ciencia revela cómo la meditación
transforma la mente, el cerebro y el cuerpo

Daniel Goleman
Richard J. Davidson

Rasgos alterados
La ciencia revela cómo la meditación transforma la mente, el cerebro y el cuerpo

Primera edición en Argentina: noviembre, 2017
Primera edición en México: abril, 2018

D. R. © 2017, Daniel Goleman
D. R. © 2017, Richard J. Davidson

D. R. © 2018, derechos de edición para América Latina en lengua castellana:
Penguin Random House Grupo Editorial, S. A. de C. V.
Blvd. Miguel de Cervantes Saavedra núm. 301, 1er piso,
colonia Granada, delegación Miguel Hidalgo, C. P. 11520,
Ciudad de México

www.megustaleer.mx

Luisa Borovsky, por la traducción
Donagh I Matulich, por el diseño de portada e interiores

ISBN: 978-607-316-559-4

Impreso en México – *Printed in Mexico*

El papel utilizado para la impresión de este libro ha sido fabricado a partir de madera procedente
de bosques y plantaciones gestionadas con los más altos estándares ambientales, garantizando
una explotación de los recursos sostenible con el medio ambiente y beneficiosa para las personas.

Penguin
Random House
Grupo Editorial

Agradecimientos

No habríamos podido comenzar el viaje que dio por resultado este libro sin la inspiración inicial de esos seres espiritualmente adelantados que han llegado lejos en el camino de la meditación. Los que Dan conoció en Asia: Neem Karoli Baba, Khunu Lama y Ananda Mayee Ma, entre otros. Nuestros maestros: S. N. Goenka, Munindra-ji, Sayadaw U Pandita, Nyoshul Khen, Adeu Rinpoche, Tulku Urgyen, y sus hijos, también rinpoches: Chokyi Nyima, Tsikey Chokling, Tsoknyi, y por supuesto, Mingyur. Y los muchos yoguis tibetanos que viajaron desde lejos para ser estudiados en el laboratorio de Richie, así como los occidentales que participaron en retiros en su centro de Dordoña, Francia.

Tenemos una enorme deuda con Matthieu Ricard, que tendió un puente entre los mundos de la ciencia y la contemplación, haciendo posible esta línea de investigación.

Los científicos que han aportado sus estudios a la creciente investigación contemplativa son demasiados para nombrarlos, pero les agradecemos su trabajo científico. Especialmente a los que trabajan en el laboratorio de Richie: Antoine Lutz, Cortland Dahl, John Dunne, Melissa

Rosenkranz, Heleen Slagter, Helen Weng, y muchos otros que forman una larga lista. En conjunto han contribuido enormemente con esta obra.

La tarea en el centro de Richie no habría sido posible sin la incansable colaboración del extraordinario equipo administrativo y gerencial, en particular, de Isa Dolski, Susan Jensen, and Barb Mathison.

Son muchos los amigos y colegas que nos han aportado valiosas sugerencias, entre ellos: Joseph Goldstein, Dawa Tarchin Phillips, Tania Singer, Avideh Shashaani, Sharon Salzberg, Mirabhai Bush y Larry Brilliant.

Y por supuesto, no habríamos podido escribir este libro sin el amoroso apoyo y el estímulo de nuestras esposas, Susan y Tara.

Debemos nuestra mayor gratitud a Su Santidad el Dalai Lama. No solo porque su existencia es para nosotros inspiradora sino también por haber sugerido que la investigación sobre meditación podía mostrar el valor de esa práctica a un gran número de personas.

Índice

1

El camino profundo, y el amplio

Una brillante mañana de otoño, Steve Z, un teniente coronel que trabajaba en el Pentágono, oyó "un ruido fuerte, anormal". Al instante el techo cedió y lo arrojó al piso, donde quedó inconsciente, cubierto de escombros. Era el 11 de septiembre de 2001. Un avión de pasajeros había chocado con el enorme edificio, muy cerca de la oficina de Steve. Cuando el fuselaje explotó, una bola de fuego recorrió la oficina. Los escombros le salvaron la vida y, a pesar de la conmoción cerebral, cuatro días después Steve volvió a trabajar con fervor de 6 p.m. a 6 a.m., la cantidad de horas que alumbraba la luz del día en Afganistán. Inmediatamente después se alistó para ser voluntario por un año en Irak. "Fui a Irak ante todo porque no podía caminar por el *mall* sin estar hipervigilante, atento a la manera en que me miraban, totalmente alerta. No podía entrar en un ascensor. En mi auto, en medio del tránsito, me sentía atrapado", recuerda Steve.

Tenía los síntomas típicos del trastorno de estrés postraumático (TEPT). Llegó el día en que comprendió que no podía manejarlos por sí mismo. Finalmente recurrió a un psicoterapeuta, que con mesura lo orientó a la práctica de la atención plena.

Steve aún sigue viendo a ese terapeuta, y recuerda: "La atención plena (*mindfulness*) me ofreció algo que yo podía hacer para sentirme más sereno, menos tenso, no tan reactivo". A medida que la practicaba, añadiéndole una actitud amorosa y asistiendo a retiros espirituales, los síntomas del TEPT se tornaban gradualmente menos frecuentes, menos intensos. Aunque tenía accesos de irritabilidad e inquietud, podía anticiparlos.

Historias como la de Steve ofrecen noticias alentadoras acerca de la meditación. Nosotros hemos sido meditadores durante toda nuestra vida adulta y, al igual que Steve, sabemos por experiencia propia que esa práctica proporciona innumerables beneficios.

Pero nuestra formación científica también cuenta. No toda la magia que se atribuye a la meditación se sostiene ante comprobaciones rigurosas. Por lo tanto, nos hemos propuesto dejar en claro en qué es útil y en qué no lo es. Es posible que los lectores tengan una noción errónea sobre la meditación. Y que ignoren lo que en verdad es.

Volvamos a Steve. Con infinitas variaciones, su historia se repite en incontables casos de personas que afirman haber encontrado alivio en métodos de meditación como la atención plena, no solo para el TEPT sino para un amplio rango de trastornos emocionales. Sin embargo, la atención plena —que es parte de una antigua tradición de meditación— no fue concebida como una cura. Solo recientemente este método se adoptó como un bálsamo para nuestras modernas formas de angustia. Su objetivo original —perseguido en algunos círculos hasta hoy— es una profunda exploración de nuestra mente con la finalidad de lograr una profunda transformación de nuestro ser.

Por otra parte, las aplicaciones prácticas de la meditación —en el caso de Steve, de la atención plena, que lo ayudó a recuperarse de un trauma— aunque de escasa profundidad, son muy atractivas. Por su fácil acceso, la atención plena ha hecho posible que gran cantidad de personas hallaran la manera de incluir al menos una pizca de meditación en su vida cotidiana.

Existen, entonces, dos caminos: el amplio y el profundo. A pesar de ser muy diferentes, a menudo se confunden entre sí. El camino profundo se expresa en dos niveles. En una forma pura, por ejemplo, en los antiguos linajes del budismo theravada que se practica en el sudeste asiático o entre los yoguis tibetanos (sobre ellos ofreceremos algunos datos sorprendentes en el capítulo 11, "El cerebro de un yogui"). Esta práctica intensiva corresponde al Nivel 1.

En el Nivel 2 estas tradiciones ya no forman parte de un estilo de vida como el del monje o el yogui. Dejan de lado elementos originales que sería complejo adecuar a otras culturas y adoptan modalidades más amables para Occidente.

En el Nivel 3 estas prácticas de meditación se separan de su contexto espiritual. De esta manera logran una difusión aún más amplia. Es el caso de las técnicas de reducción del estrés basado en la atención plena (REBAP), creadas por nuestro buen amigo Jon Kabat-Zin, que se enseñan en miles de clínicas, centros médicos y otras instituciones. O de la Meditación Trascendental ™, que incorpora al mundo moderno clásicos mantras en sánscrito en un formato amigable.

Las formas de meditación —mucho más difundidas aún— que corresponden al Nivel 4 son, obligadamente, las más indefinidas y las más accesibles para la mayoría de las personas. La moda de la atención plena en el escritorio o a través de apps para meditar en unos minutos es ejemplo de la práctica en este nivel.

Podemos anticipar también un Nivel 5. Al día de hoy existe solo fragmentariamente, pero con el tiempo podría aumentar en magnitud y alcance. En este nivel, lo aprendido por los científicos al estudiar los demás niveles conducirá a innovaciones y adaptaciones sumamente beneficiosas, con un gran potencial, que analizaremos en el capítulo final, "Una mente sana".

Las profundas transformaciones del Nivel 1 nos fascinaron en nuestro primer encuentro con la meditación. Dan estudió textos antiguos y puso en práctica los métodos que describen, sobre todo durante los dos años que pasó en India y Sri Lanka cursando su posgrado e inmediatamente después de obtenerlo. Richie —como todos lo llaman— partió rumbo a Asia para una estadía prolongada en la que participó de retiros y se reunió con estudiosos de la meditación. Más recientemente ha escaneado los cerebros de meditadores de nivel olímpico en su laboratorio de la Universidad de Wisconsin.

Nuestra práctica de meditación se encuadra en el Nivel 2. Pero desde el principio, el camino amplio —los niveles 3 y 4— también ha sido importante para nosotros. Nuestros maestros asiáticos decían que si algún aspecto de la meditación puede ayudar a aliviar el sufrimiento, debía ser ofrecido a todas las personas, no solo a las que emprenden una búsqueda espiritual. De acuerdo con esa idea, en nuestras tesis doctorales hemos estudiado distintas maneras en las que la meditación podría producir beneficios cognitivos y emocionales.

La historia que relatamos aquí refleja nuestra propia trayectoria personal y profesional. Desde los años 70 —cuando nos conocimos en Harvard, cursando nuestro posgrado— hemos sido amigos íntimos, hemos trabajado en conjunto en la ciencia de la meditación y hemos practicado esta disciplina interior a lo largo de todos estos años (no obstante, lejos estamos de alcanzar maestría).

Si bien ambos somos psicólogos, tenemos habilidades complementarias para contar esta historia. Dan es un experto periodista científico que durante más de una década escribió para el *New York Times*. Richie, un neurocientífico, fundó y dirige el Centro para Mentes Sanas (Center for Healthy Minds) de la Universidad de Wisconsin. Dirige también el laboratorio de imágenes del Centro Waisman, perteneciente a esa universidad, que posee un resonador magnético, un tomógrafo por emisión de positrones, un conjunto de programas de avanzada para analizar datos y cientos de servidores para realizar la ardua tarea de cómputo que esta tarea requiere. Su equipo de investigación reúne a más de 100 expertos, que abarcan desde científicos dedicados a la física, la estadística y la computación hasta neurocientíficos y psicólogos, e incluso estudiosos de las tradiciones de meditación.

Compartir la escritura de un libro puede ser incómodo. Lo hemos comprobado, sin duda. Sin embargo, las desventajas de la coautoría fueron ampliamente eclipsadas por el intenso deleite que descubrimos al trabajar juntos.

Aunque desde hace décadas somos grandes amigos, trabajamos por separado durante la mayor parte de nuestra carrera. Este libro nos ha vuelto a reunir, lo que siempre es motivo de alegría.

El libro que tienen en sus manos es el que siempre deseábamos —y no podíamos— escribir. La ciencia y los datos que necesitábamos para apoyar nuestras ideas se han desarrollado recientemente. Ahora contamos con una masa crítica de ambos, que nos alegra compartir.

Nuestra alegría proviene también de sentir que tenemos una misión valiosa: ofrecer una nueva y radical interpretación de los verdaderos beneficios de la meditación y del objetivo real que siempre ha tenido esta práctica.

EL SENDERO PROFUNDO

En 1974 Richie regresó de India a Harvard, donde participó de un seminario de psicopatología. Con su cabello largo y su atuendo acorde con el espíritu imperante en Cambridge —que incluía una colorida faja a modo de cinto— se sorprendió cuando su profesor le dedicó una mirada significativa y dijo: "Una de las claves de la esquizofrenia es la manera estrafalaria de vestir".

Y cuando Richie le contó a uno de sus profesores de Harvard que el tema de su tesis sería la meditación, de inmediato recibió una respuesta rotunda: esa decisión acabaría con su carrera.

Dan se proponía investigar el impacto de la meditación que utiliza un mantra. Al enterarse, uno de sus profesores de psicología clínica preguntó con suspicacia: "¿En qué se diferencia repetir un mantra de lo que ocurre con mis pacientes obsesivos, que no pueden dejar de repetir "mierda, mierda, mierda"?[1]

Dan respondió que soltar palabrotas es un acto involuntario propio de esa psicopatología, mientras que la repetición silenciosa de un mantra es un mecanismo utilizado intencionalmente para lograr concentración.

La explicación, no obstante, no logró aplacar al profesor. Su reacción ejemplifica la actitud de los docentes a cargo de las cátedras, que se oponían con torpe negatividad a cualquier cosa relacionada con la conciencia. Tal vez fuera una forma atenuada de trastorno de estrés postraumático, después del notorio fiasco de Timothy Leary y Richard Alpert.

Leary y Alpert habían sido públicamente destituidos de sus cargos académicos a causa del escándalo que causaron sus experimentos con drogas psicodélicas en estudiantes de Harvard. La destitución se había producido unos cinco años antes de nuestra llegada a la universidad, pero los ecos persistían.

Aunque nuestros mentores académicos consideraban que investigar sobre meditación era ingresar en un callejón sin salida, íntimamente sentíamos que el tema era muy importante y tuvimos una gran idea: más allá de los estados placenteros que la meditación puede provocar, la verdadera recompensa se encontraba en los rasgos duraderos que pudieran resultar de ella.

Un rasgo alterado —una nueva cualidad surgida de la meditación— es el que permanece más allá de la meditación. Los rasgos alterados delinean nuestra conducta en la vida cotidiana, no solo durante o inmediatamente después de haber meditado.

El concepto de rasgos alterados es un objetivo que siempre intentamos alcanzar. Cada uno de nosotros desempeñó sinérgicamente su papel en el desarrollo de esta historia. En India, durante algunos años Dan fue aprendiz y estudioso de las raíces asiáticas de estos métodos para producir alteraciones. A su regreso a los Estados Unidos tuvo escaso éxito en su intento de transferir a la psicología contemporánea los cambios beneficiosos que podían obtenerse de las antiguas técnicas de meditación.

Las experiencias de Richie con la meditación lo han llevado a buscar durante décadas el apoyo científico de nuestra teoría de los rasgos alterados. Su equipo de investigación ha generado los datos que dan crédito a una idea que, de otra manera, parecería una mera fantasía. Y al impulsar un incipiente campo de investigación —la neurociencia contemplativa— ha preparado a una nueva generación de científicos, cuyos trabajos se suman a la evidencia.

El camino amplio genera un tsunami de entusiasmo que a menudo conduce a olvidar el camino alternativo, es decir, el profundo, que siempre ha sido el verdadero objetivo de la meditación. Desde nuestro punto de vista, el mayor impacto de la meditación no consiste en mejorar la salud o lograr éxito en los negocios sino en acercarnos a lo mejor de nuestra naturaleza.

Una corriente de hallazgos provenientes del camino profundo impulsa modelos científicos acerca de los límites máximos de nuestro potencial. Este camino produce cualidades duraderas como la generosidad, la ecuanimidad, la presencia amorosa y la compasión imparcial: rasgos alterados altamente positivos. En principio, parecía una gran noticia para la moderna psicología, si estaba dispuesta a escucharla.

Debemos admitir que el concepto de rasgos alterados tenía escaso respaldo, más allá de las percepciones positivas que obtuvimos de nuestros encuentros con meditadores experimentados en Asia, de los enunciados de antiguos textos sobre meditación y de nuestros propios sondeos en esta disciplina interior. Al cabo de varias décadas de silencio e indiferencia, en los últimos años abundantes hallazgos confirman nuestras presunciones. Los datos que ahora constituyen una masa crítica corroboran lo que nuestra intuición y los textos nos decían: los profundos cambios son signos externos de una función cerebral sorprendentemente distinta.

Buena parte de esos datos provienen del laboratorio de Richie, el único centro científico que ha trabajado con docenas de maestros de la contemplación —en su mayoría yoguis tibetanos—, la mayor cantidad de meditadores profundos que se hayan estudiado hasta el momento.

Estos insólitos socios en la investigación han sido cruciales para construir una hipótesis científica acerca de la existencia de una manera de ser que ha eludido el pensamiento moderno, si bien era un objetivo explícito de las grandes tradiciones espirituales del mundo. Ahora tenemos confirmación científica de estas profundas alteraciones del ser, lo que expande radicalmente el límite de los conceptos de la psicología sobre las posibilidades humanas.

La idea del "despertar" —el objetivo del camino profundo— parece una curiosa fantasía para una sensibilidad moderna. No obstante, los datos del laboratorio de Richie —en algunos casos publicados en revistas científicas mientras se imprimía este libro— confirman que las modificaciones, positivas y notables, del cerebro y la conducta —en línea con las descritas desde hace tiempo para el camino profundo— no son mito sino realidad.

EL CAMINO AMPLIO

Durante largo tiempo Dan y yo hemos sido consejeros de Mind and Life Institute (Instituto Mente y Vida), creado para establecer diálogos sobre una amplia variedad de temas entre el Dalai Lama y los científicos.[2] En el año 2000 organizamos un intercambio sobre "emociones destructivas", del que participaron varios expertos en emociones, incluido Richie.[3] En medio de ese diálogo el Dalai Lama le presentó un desafío. Explicó que su tradición dispone de una gran gama de prácticas, probadas a través del tiempo, para dominar emociones destructivas. Y lo instó a llevar esos métodos al laboratorio, libres de señuelos religiosos, para someterlos a prueba. Si demostraban ser capaces de disminuir las emociones destructivas, lo invitó a difundirlos entre todas las personas a las que pudieran beneficiar.

Sus palabras nos entusiasmaron. Esa noche, y las siguientes, después de la cena comenzamos a diseñar la investigación que reseñamos en este libro.

El desafío del Dalai Lama hizo que Richie reorientara la formidable capacidad de su laboratorio para evaluar el sendero profundo y el sendero amplio. En su condición de fundador y director del Centro para Mentes Sanas, Richie ha alentado el trabajo sobre aplicaciones útiles, fundadas en la evidencia, adecuadas para escuelas, clínicas, empresas e incluso para policías, para cualquier persona, en cualquier lugar. Desde un programa de bondad para preescolares hasta tratamientos para veteranos con trastorno de estrés postraumático.

El pedido del Dalai Lama ha catalizado estudios que avalan el camino amplio en términos científicos, un lenguaje bienvenido en todo el mundo. Entretanto esa amplitud se ha vuelto viral, se ha convertido en tema de discusión de blogs, tweets y vivaces apps. Por ejemplo, mientras escribo, una oleada de entusiasmo impulsa la atención plena. Cientos de miles, tal vez millones de personas practican ahora el método.

Pero observar la atención plena (o cualquier tipo de meditación) a través de una lente científica dispara algunos interrogantes: ¿cuándo funciona y cuándo no funciona? ¿Es un método capaz de ayudar a todos? ¿Sus beneficios son distintos de los que produce, por ejemplo, el ejercicio físico? Estas preguntas, entre otras, nos condujeron a escribir este libro.

Meditación es una palabra que se aplica a una miríada de prácticas contemplativas, así como deporte es una palabra que comprende una gran variedad de actividades atléticas. En ambos casos —deporte y meditación— los resultados dependen de lo que realmente hagamos.

Un consejo práctico: quienes están a punto de empezar una práctica de meditación o han incursionado en varias de ellas, deberían tener presente que —tal como ocurre con el desarrollo de la destreza en un determinado deporte— encontrar una práctica de meditación que les resulte atractiva y perseverar en ella será muy beneficioso. Se trata simplemente de elegir un método, decidir con criterio realista qué cantidad de tiempo pueden dedicar diariamente a practicarlo —aunque sean apenas unos minutos—, intentarlo durante un mes y comprobar cómo se sienten al cabo de esos treinta días.

Así como el entrenamiento habitual otorga una mejor condición física, la mayoría de los métodos de meditación mejoran en alguna medida la condición mental. Como veremos, los beneficios específicos de uno u otro método son tanto más firmes cuantas más horas se dedican a la práctica.

Una invitación a la cautela

Swami X, tal como lo llamaremos, estaba en la cresta de la ola entre los maestros de meditación asiáticos que pululaban en los Estados Unidos a mediados de los años 70, nuestra época de estudiantes en Harvard. El swami llegó hasta nosotros para decirnos que le entusiasmaba la idea de que sus proezas fueran estudiadas por científicos de la universidad, capaces de confirmar sus notables habilidades.

Por entonces estaba en su apogeo el *biofeedback*, una tecnología novedosa que proporcionaba instantáneamente datos fisiológicos, como la presión sanguínea, que de otra manera no podía controlarse voluntariamente. Al recibir esa señal las personas podían orientar su actividad corporal en direcciones más saludables. Swami X sostenía que él podía ejercer ese control sin necesidad de información. Felices de habernos topado con un sujeto de investigación aparentemente apropiado, conseguimos que nos cedieran el laboratorio de fisiología del Centro de Salud Mental de la Escuela de Medicina de Massachusetts.[4] El día de testear las proezas del swami, le pedimos que disminuyera su presión sanguínea, y se elevó. Cuando le pedimos que la elevara, disminuyó. Y cuando se lo dijimos, el swami nos reprendió por haberle servido un "té tóxico" que supuestamente había saboteado sus dones.

Nuestros registros fisiológicos revelaron que no podía hacer ninguna de las hazañas de las que presumía. No obstante, logró provocar fibrilación atrial en su corazón —un biotalento de alto riesgo— con un método que llamaba "perro samadhi", un nombre que nos intriga hasta el día de hoy. De vez en cuanto el swami iba al baño de hombres para fumar un *bidi* (cigarrillos baratos muy populares en India, poco más que unas briznas de tabaco envueltas en alguna hoja).

Poco después un telegrama de amigos desde India reveló que el swami era en realidad el ex gerente de una fábrica de zapatos, que había abandonado a su esposa y sus dos hijos para viajar a los Estados Unidos y hacer fortuna.

Sin duda Swami X buscaba un marketing que atrajera discípulos. En sus posteriores apariciones no dejaba de mencionar que "científicos de Harvard" habían estudiado sus proezas meditativas. Fue temprano precursor de lo que se ha convertido en una copiosa recolección de datos refritos para promover ventas.

Teniendo en cuenta este incidente, ofrecemos nuestra mente abierta pero escéptica —tal es la mentalidad del científico— a la actual oleada de investigación sobre la meditación. En general vemos con satisfacción que surge como tendencia, y se extiende con rapidez en las escuelas, las empresas y en nuestra vida privada la atención plena. Es decir, el enfoque amplio.

Pero lamentamos que con demasiada frecuencia, cuando la ciencia se utiliza como argumento de venta, los datos se distorsionan o se exageran. La combinación de meditación con rentabilidad constituye una fórmula con un lamentable historial de charlatanería, decepción e incluso escándalo. Muy a menudo graves tergiversaciones, afirmaciones cuestionables o distorsiones de estudios científicos se utilizan para vender meditación. Por ejemplo, un sitio web incluye una entrada de blog titulado "Cómo la atención plena aquieta el cerebro, reduce el estrés y mejora el desempeño". ¿Estos dichos están fundamentados por descubrimientos científicos sólidos? Sí y no, aunque los "no" suelen pasarse por alto con facilidad.

Veamos algunos de los dudosos hallazgos que se viralizaron por medio de afirmaciones entusiastas: que la meditación expande el centro ejecutivo del cerebro, la corteza prefrontal, y reduce la amígdala, el disparador de nuestra respuesta de pelear, huir o paralizarse; que la meditación orienta las emociones hacia un rango más positivo; que la meditación desacelera el envejecimiento; y que la meditación puede utilizarse para tratar enfermedades que abarcan desde la diabetes hasta el trastorno de hiperactividad con déficit de atención.

Al examinarlos con atención, en cada uno de los estudios en los que se fundan estas afirmaciones los métodos utilizados son cuestionables. Para hacer afirmaciones ciertas se necesitan más estudios, que deben corroborarse para saber si resisten un análisis más riguroso.

Por ejemplo, la investigación que informa sobre la reducción de la amígdala utilizó para estimar su volumen un método poco preciso. Un estudio ampliamente citado sobre la desaceleración del envejecimiento aplicó un tratamiento muy complejo que incluía meditación combinada con una dieta especial y ejercicio intensivo; por lo tanto, el impacto de la meditación *per se* era imposible de descifrar. Aun así, en los medios sociales proliferan aseveraciones similares y los enunciados hiperbólicos pueden ser tentadores. Nosotros ofrecemos aquí una visión clara basada en la ciencia dura, pasando por el tamiz los resultados que no son en absoluto tan convincentes como se los hace aparecer.

Incluso los defensores bien intencionados carecen de guía para distinguir la información sólida de la que es cuestionable o tan solo un gran absurdo. Dada la creciente ola de entusiasmo, nuestro sobrio enfoque llega en el momento oportuno.

Un comentario para los lectores: los tres primeros capítulos abarcan nuestras primeras incursiones en la meditación y dan cuenta de la sospecha científica que motivó nuestra búsqueda.

Los capítulos 4 a 12 relatan nuestro trayecto científico. Cada uno de ellos está dedicado a un tema en particular, como la atención o la compasión. Al final de cada capítulo, se encuentra una sección titulada "En síntesis", para quienes estén más interesados en lo que descubrimos que en la manera en que lo hicimos.

En los capítulos 11 y 12 llegamos a nuestro anhelado destino, y comunicamos los notables hallazgos en los meditadores más avezados.

En el capítulo 13 "Alterando rasgos", describimos los beneficios de la meditación en tres niveles: principiante, de largo plazo y "olímpico". En el capítulo final especulamos acerca de lo que podría traer el futuro, y sobre la manera en que estos hallazgos podrían beneficiar no solo a cada individuo sino al conjunto de la sociedad.

La aceleración

Ya en la década de 1830 Thoreau, Emerson y otros trascendentalistas estadounidenses coquetearon con los saberes orientales. Lo hicieron incentivados por las primeras traducciones al inglés de antiguos textos espirituales de Asia. Pero no recibieron instrucción sobre las prácticas que apoyaban esos textos. Casi un siglo más tarde Sigmund Freud aconsejó a los psicoanalistas que mantuvieran una "atención flotante" mientras escuchaban a sus clientes. Tampoco él ofrecía un método. Occidente asumió un compromiso más serio con estas disciplinas tan solo unas décadas atrás, cuando llegaron maestros desde Oriente, y cuando algunos de los occidentales que viajaron a Asia para estudiar meditación regresaron convertidos en maestros. Estas incursiones allanaron el camino para la actual aceleración del camino amplio y ofrecieron nuevas posibilidades para los pocos que eligen seguir el camino profundo.

Cantidad de estudios científicos sobre meditación o atención plena publicados entre 1970 y 2016.

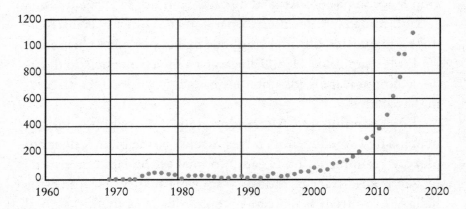

En la década de 1970, cuando comenzamos a publicar nuestras investigaciones sobre meditación, solo había un puñado de artículos científicos sobre el tema. El recuento más reciente sumó 6838 de estos artículos, y se advierte una notable aceleración en los últimos tiempos. En la literatura científica en idioma inglés se publicaron 925 de estos artículos en 2014, 1098 en 2015 y 1113 en 2016.[5]

PREPARAR EL TERRENO

En abril de 2001, en el piso más alto del centro Fluno —en el campus de la Universidad de Wisconsin en Madison— nos reunimos una tarde con el Dalai Lama para entablar un diálogo científico sobre los hallazgos de investigaciones acerca de la meditación. En la sala no estaba presente Francisco Varela, un neurocientífico chileno, director de un laboratorio de neurociencia cognitiva en el Centro Nacional para la Investigación Científica de Francia, con sede en París. Su admirable carrera incluye el hecho de haber sido uno de los fundadores del Mind and Life Institute, encargado de organizar la reunión.

Por ser un meditador serio, Francisco comprendía la importancia de la colaboración entre meditadores expertos y los científicos que los estudiaban, tal como ocurría en el laboratorio de Richie y en otros.

Francisco debía ser uno de los participantes del encuentro, pero por entonces luchaba contra un cáncer de hígado. Una severa recaída le impidió viajar y se encontraba en cama, en París, ya moribundo.

Aunque por entonces no existía Skype ni la videoconferencia, el equipo de Richie estableció una conexión de video bidireccional entre la sala de reunión y la habitación de Francisco en su apartamento de París. El Dalai Lama le habló mirando directo a la cámara. Ambos sabían que sería la última vez que se verían en esta vida.

El Dalai Lama agradeció a Francisco por toda su labor, no solo en favor de la ciencia. Le pidió que conservara la entereza y le dijo que seguirían conectados para siempre. Conscientes de la importancia del momento, Richie y otros derramaron lágrimas. Francisco murió unos días después.

Tres años más tarde, en 2004, se hizo real un sueño del que Francisco solía hablar. En el Instituto Garrison, a una hora de viaje remontando el río Hudson desde Nueva York, se reunieron un centenar de científicos, estudiantes de grado y de posgrado. Ese encuentro dio inicio a una actividad anual, que se lleva a cabo en verano, dedicada a profundizar el estudio de la meditación, denominada Summer Research Institute (SRI).

Esta actividad es organizada por el Mind and Life Institute, creado en 1987 por el Dalai Lama, Francisco y Adam Engle un abogado convertido en empresario. Nosotros fuimos cofundadores y miembros del consejo directivo del instituto. La misión de Mind and Life es "aliviar el sufrimiento y promover el desarrollo, integrando la ciencia con la práctica contemplativa".

El SRI podía ofrecer una atmósfera más cordial a quienes —como nosotros en nuestra época de estudiantes— quisieran investigar acerca de la meditación. Habiendo sido pioneros solitarios, deseábamos formar una comunidad de estudiosos y científicos que compartieran nuestro enfoque y nuestra búsqueda. Esta comunidad serviría de apoyo mutuo a la distancia, incluso para quienes no encontraran intereses afines entre los miembros de su institución.

La idea del SRI se incubó en torno a la mesa de la cocina de Richie, en su casa de Madison, durante una conversación con Adam Engle. Luego Richie y un puñado de científicos y estudiosos organizaron el primer programa de verano y durante una semana presentaron temas como la neurociencia cognitiva de la atención y las imágenes mentales. A partir de entonces se realizaron otros trece encuentros (dos en Europa), y posiblemente se organicen otros también en Asia y Sudamérica en el futuro.

Desde el primer SRI el Mind and Life Institute ofreció un programa de becas en honor a Francisco Varela, una docena de premios a la investigación de hasta 25.000 dólares. Estas contribuciones —muy modestas si se considera que las investigaciones de este tipo necesitan de un financiamiento mucho mayor— promovieron que distintas fundaciones y organismos gubernamentales aportaran luego más de 60 millones de dólares. La iniciativa fue fructífera: unos cincuenta graduados del SRI publicaron varios cientos de trabajos de investigación sobre meditación.

A medida que estos jóvenes científicos ocupaban puestos académicos, el número de investigadores sobre el tema aumentaba. Ellos han influido en buena medida para que la cantidad de estudios científicos sobre meditación siga en constante aumento.

Al mismo tiempo, a medida que los resultados obtenidos mostraban ser provechosos, otros científicos más afianzados orientaron su interés hacia esta área. Los hallazgos del laboratorio de Richie en la Universidad de Wisconsin, y de las escuelas de medicina de Stanford, Emory, Yale, Harvard y muchas otras, aparecen habitualmente en los titulares de los medios.

La creciente popularidad de la meditación nos impulsa a investigar con más profundidad. Los beneficios neurológicos y biológicos mejor documentados por la ciencia no son necesariamente los que difunde la prensa, Facebook o las ráfagas de e-mails con fines de marketing. Por el contrario, algunos de los beneficios más promocionados tienen escaso apoyo científico.

Muchos informes se reducen a enunciar las maneras en que una pequeña dosis diaria de meditación mejora nuestra biología y nuestra vida emocional. La viralización de estas noticias ha llevado a que millones de personas en todo el mundo encuentren un hueco en su rutina diaria para dedicarlo a la meditación.

Hay, sin embargo, muchas más posibilidades. Y algunos peligros. Ha llegado el momento de contar la historia que los titulares omiten.

La trama de este libro se teje con varias hebras. Una corresponde a la historia de nuestra amistad a lo largo de varias décadas y de nuestro objetivo, al principio distante y difícilmente alcanzable, en el que perseveramos pese a los obstáculos. Otra permite rastrear el surgimiento de evidencia neurocientífica acerca de que nuestras experiencias moldean nuestro cerebro, lo que apoya nuestra teoría: la meditación, al entrenar la mente, rediseña el cerebro. Hemos explorado una multitud de datos para mostrar la medida de este cambio.

En principio, unos minutos diarios de práctica producen sorprendentes beneficios (aunque no todos los que se proclaman). Más allá de esos efectos benéficos iniciales, podemos sostener que cuantas más sean las horas de práctica, tanto mayores serán los beneficios obtenidos. Y en los niveles más altos de la práctica se encuentran verdaderos rasgos alterados, cambios en el cerebro que la ciencia no ha observado antes, y que nosotros avizoramos décadas atrás.

NOTAS

1. Probablemente se refería a los improperios que lanzaban las personas con síndrome de Tourette (no las que padecían desorden obsesivo compulsivo) pero a principios de los años 70 la psicología clínica todavía no estaba familiarizada con el diagnóstico de ese síndrome.

2. www.mindandlife.org

3. Daniel Goleman, *Emociones destructivas* (Buenos Aires: Ediciones B, 2010). Ver también: www.mindandlife.org

4. El laboratorio era dirigido por nuestro profesor de fisiología, David Shapiro. Entre otros, integraba el grupo de investigación Jon Kabat-Zinn, que estaba a punto de comenzar a enseñar lo que se ha convertido en el programa de reducción del estrés basado en la atención plena, y Richard Surwit, por entonces psicólogo en el Centro de Salud Mental de Massachusetts, que más tarde sería profesor de psiquiatría y medicina conductual en la Escuela de Medicina de la Universidad de Duke. David Shapiro dejó Harvard para trabajar en la UCLA, donde entre otros temas estudió los beneficios fisiológicos del yoga.

5. Las palabras clave utilizadas en esta investigación eran: meditación, meditación de atención plena, meditación compasiva y meditación de amorosa bondad.

2

Antiguos indicios

Esta historia comienza una mañana, a principios de noviembre de 1970, cuando la aguja de la estupa de Bodh Gaya se perdió de vista, envuelta en la niebla etérea que surgía del río Niranjana. Junto a la estupa se erguía un retoño del árbol bodhi, la higuera debajo de la cual —según la leyenda— Buda se sentó a meditar hasta alcanzar la iluminación.

Esa mañana, a través de la niebla Dan divisó a un anciano monje tibetano de cabello corto y gris, que llevaba unos lentes gruesos como el fondo de una botella. Hacía sus rondas matinales en torno al sitio sagrado, tanteando las cuentas de su rosario mientras murmuraba un mantra alabando a Buda, el sabio (*muni* en sánscrito):

"¡Muni, muni, mahamuni, mahamuniya swaha!"

Pocos días después, unos amigos llevaron a Dan a visitar a ese monje: Khunu Lama. Vivía en una celda austera, sin calefacción. Las paredes de concreto irradiaban el frío de finales del otoño. Una plataforma de tablas de madera hacía las veces de cama y de sofá durante el día. A su lado se distinguía un atril para apoyar los textos que el monje leía y no mucho más: era una habitación monacal, desprovista de objetos personales.

Desde el alba hasta altas horas de la noche Khunu Lama permanecía sentado en esa cama, siempre con un texto abierto frente a él. Cada vez que llegaba un visitante —en Tibet eso puede ocurrir prácticamente en cualquier momento— le daba la bienvenida con una mirada amable y palabras afectuosas.

Las cualidades de Khunu —la amorosa atención que dispensaba a cualquier persona que fuera a visitarlo, su sencillez y su amable presencia— impresionaron a Dan por ser excepcionales, y más aún, porque eran los rasgos de personalidad que había estudiado en la tesis con que se graduó como psicólogo clínico en Harvard. Su trabajo, no obstante, se enfocaba en rasgos negativos: patrones neuróticos, sensación de malestar abrumador y rotunda psicopatología.

Khunu, en cambio, irradiaba serenamente lo mejor de la naturaleza humana. Su humildad, por ejemplo, era legendaria. Se decía que el abad, en reconocimiento al nivel espiritual de Khunu, le ofreció una suite en el último piso del monasterio y un monje encargado de asistirlo. Khunu rechazó la oferta. Prefirió la simplicidad de su pequeña y despojada celda.

Khunu Lama era uno de esos raros maestros reverenciados por todas las escuelas de la práctica tibetana. Incluso el Dalai Lama recurrió a él en busca de enseñanzas, y fue instruido en el *Bodhicharyavatara*, una guía para la vida compasiva de un *bodhisattva* (la persona que emprende el camino del Buda). Hasta hoy, cada vez que el Dalai Lama se refiere a este texto —uno de sus favoritos— menciona a Khunu como su mentor en la materia.

Antes de conocer a Khunu Lama, Dan había pasado meses con Neem Karoli Baba, el yogui cuya atracción lo había llevado hasta India. Neem Karoli, conocido con el título honorífico de *Maharaji*, había ganado reciente fama en Occidente por ser el gurú de Ram Dass, que en esa época recorría el país relatando la cautivante historia que lo había transformado de Richard Alpert (el profesor de Harvard expulsado de la universidad por experimentar con drogas psicodélicas junto con su colega Timothy

Leary) en un devoto de este anciano yogui. Por casualidad, durante el receso de Navidad de 1968, Dan conoció a Ram Dass, que regresaba de una estadía junto a Neem Karoli en India, y ese encuentro lo impulsó a viajar a ese país.

Dan había conseguido una beca predoctoral en Harvard que en el otoño de 1970 le permitió llegar hasta el pequeño *ashram* (comunidad espiritual) donde se encontraba Neem Karoli Baba, al pie del Himalaya. Maharaji llevaba allí la vida de un *sadhu* (asceta). Sus únicas posesiones mundanas parecían ser su *dhoti,* la prenda de algodón blanco que vestía los días calurosos, y la gruesa manta de lana con que se envolvía los días fríos. No se atenía a una agenda, no establecía una organización definida ni ofrecía un programa de posiciones de yoga o de meditación. Como la mayoría de los sadhu, era itinerante, impredecible. En general se lo veía en la plataforma del porche del ashram, templo o casa donde se hospedaba en determinado momento.

Maharaji parecía siempre absorto, en un estado de arrobamiento, y paradójicamente, al mismo tiempo estaba atento a quienes lo rodeaban.[1] La paz y la amabilidad absolutas de Maharaji sorprendieron a Dan. Al igual que Khunu, dedicaba el mismo interés a todas las personas que llegaban hasta él, y sus visitantes abarcaban desde altos funcionarios de gobierno hasta mendigos.

Dan nunca había percibido ese inefable estado mental en otra persona. Sin importar lo que hiciera, parecía mantenerse sin esfuerzo en un espacio dichoso, amoroso, perpetuamente reposado. Cualquiera que fuera su estado, no parecía un oasis pasajero de la mente sino una manera de ser: un absoluto bienestar.

MÁS ALLÁ DEL PARADIGMA

Transcurridos un par de meses de diarias visitas al ashram de Maharaji, Dan y su amigo Jeff —ahora el muy conocido cantante devocional Krishna Das— continuaron su viaje con otro occidental, desesperado por renovar su visado después de pasar siete años en India viviendo como un sadhu. Para Dan ese trayecto concluyó en Bodh Gaya, donde pronto conocería a Khunu Lama.

Bodh Gaya, una ciudad del estado norteño de Bihar, es lugar de peregrinaje para budistas de todo el mundo. Como es habitual en casi todos los países budistas, hay en la ciudad un edificio donde los peregrinos pueden hospedarse, llamado *vihara*. El Vihara de Burma fue construido antes de que una dictadura militar prohibiera viajar a los ciudadanos birmanos. El vihara, con muchas habitaciones y pocos peregrinos, pronto se convirtió en refugio nocturno para los occidentales harapientos que deambulaban por la ciudad. En noviembre de 1970, cuando Dan llegó, solo encontró allí a Joseph Goldstein, un estadounidense ex miembro del Cuerpo de Paz en Tailandia. Joseph había pasado más de cuatro años en el vihara estudiando con Anagarika Munindra, un maestro de meditación. Munindra, un hombre delgado siempre vestido de blanco, pertenecía a la casta Barua de Bengala, cuyos miembros habían sido budistas desde la época de Gautama.[2]

Con la guía de maestros birmanos de gran reputación Munindra había estudiado vipassana, la meditación theravada que dio origen a muchas de las ahora difundidas modalidades de la atención plena. Munindra —que sería el primer instructor de Dan en ese método— había invitado a su amigo S. N. Goenka, un ex empresario jovial y barrigudo recientemente convertido en maestro de meditación, para que dirigiera en el vihara una serie de retiros de diez días.

Goenka era maestro de meditación en la tradición establecida por Ledi Sayadaw, un monje birmano que a principios del siglo XX —como parte de un renacimiento cultural orientado a contrarrestar la influencia colonial británica— revolucionó la meditación volviéndola ampliamente accesible a los laicos. Aunque en la cultura birmana durante siglos la meditación procedió exclusivamente de monjes, Goenka aprendió vipassana de U Ba Khin (U es un título honorífico), que alguna vez había estado al mando de la Contraloría General y había aprendido el método de un granjero, que a su vez era discípulo de Ledi Sayadaw.

Dan tomó cinco de los diez cursos de Goenka, uno tras otro, para hacer su inmersión en este rico método de meditación. Lo hizo junto a un centenar de viajeros, en el invierno de 1971. Esa ocasión fue una instancia fundamental para que la atención plena, una práctica esotérica de los países asiáticos, fuera ampliamente adoptada en todo el mundo. Con la guía de Joseph Goldstein, un puñado de estudiantes jugaría un papel decisivo para trasladarla a Occidente.[3]

En su época de estudiante universitario Dan había desarrollado el hábito de meditar durante veinte minutos dos veces al día. Pero la inmersión en diez días de práctica continua lo llevó a otro nivel. El método de Goenka comenzaba simplemente percibiendo la sensación de inhalar y exhalar, no solo veinte minutos sino durante varias horas diarias. Ese ejercicio de concentración se transformaba luego en una exploración sistemática de sensaciones en todo el cuerpo. Lo que había sido "mi cuerpo, mi rodilla" se convertía en un mar de percepciones cambiantes: un viraje radical de la conciencia.

Esos momentos transformadores marcan el límite de la atención plena: observar el habitual flujo y reflujo de la mente con más amplitud, obteniendo una nueva percepción de la naturaleza de la mente. La atención plena solo permite reconocer la corriente de las sensaciones.

En el paso siguiente, la percepción, se agrega la comprensión de la manera en que afirmamos que esas sensaciones son "nuestras". La nueva percepción del dolor, por ejemplo, revela cómo le agregamos el sentido del "yo", transformándolo así en "mi dolor", en lugar de ser un tumulto de sensaciones que cambian de un momento a otro.

Este recorrido interior se explicaba minuciosamente en los folletos mimeografiados con recomendaciones prácticas de Mahasi Sayadaw —el maestro de meditación birmano de Munindra—, publicaciones clandestinas que iban pasando de mano en mano. Los folletos gastados daban instrucciones detalladas para alcanzar la atención plena y estadios mucho más elevados. Eran manuales prácticos para transformar la mente, con recetas para "hackearla" que se habían utilizado durante miles de años.[4] Si se los empleaba junto con enseñanzas orales individualizadas, esos manuales podían guiar a un meditador para lograr la maestría. Los manuales transmitían la idea de que dedicar la vida a la meditación y otras prácticas asociadas produce extraordinarias transformaciones del ser. Las cualidades compartidas por Khunu, Maharaji y otros personajes que Dan conoció en sus viajes por India parecían confirmar esas posibilidades.

La literatura espiritual de toda Eurasia contiene descripciones similares sobre la liberación interna de las preocupaciones, obsesiones, egoísmos, ambivalencias e impulsividades, que se manifiesta en la emancipación de las preocupaciones del yo, la ecuanimidad en cualquier circunstancia, la intensa y atenta percepción del presente, y el amoroso interés por todo.

La psicología moderna —que se inició alrededor de un siglo atrás— ignora este ámbito del potencial humano. La psicología clínica, el campo de trabajo de Dan, se obsesionaba en buscar un problema específico, como el alto nivel de ansiedad, y tratar de solucionarlo. Los psicólogos asiáticos tenían una perspectiva más amplia de nuestra vida y ofrecían maneras de acrecentar nuestros aspectos positivos.

De regreso en Harvard, Dan se propuso dar a conocer a sus colegas esta posibilidad de elevación interior, aparentemente mucho más generalizada que cualquiera soñada por la psicología occidental.[5] Antes de viajar a India, Dan había escrito un artículo acerca de sus propios devaneos con la meditación durante sus años de estudiante universitario, y de las escasas fuentes sobre el tema disponibles por entonces en inglés, que postulaban la existencia de un modo de conciencia duradera ultrabenigna.[6] Desde la perspectiva de la ciencia de la época, la conciencia despertaba, dormía y soñaba. A cada una de estas condiciones le correspondía determinada onda cerebral. La total abstracción y la concentración imperturbable —*samadhi* en sánscrito— un estado alterado que se alcanzaba a través de la meditación, sugería la existencia de otro tipo de conciencia, más polémica y carente de fundamento científico sólido.

En esa época había solo un estudio científico, discutible, sobre samadhi que Dan podía citar: el informe de un investigador que tocó con un tubo de ensayo caliente a un yoga en samadhi, cuyo electroencefalograma supuestamente revelaba que había permanecido ajeno al dolor.[7]

Pero no había datos que dieran cuenta de alguna cualidad benigna y duradera. Dan solo podía hacer hipótesis. No obstante, en India conoció seres que podrían encarnar ese enrarecido estado de la conciencia. Al menos, así parecía.

El budismo, el hinduismo, el jainismo y todas las religiones que surgieron en la civilización india, de una u otra manera comparten el concepto de "liberación". Sin embargo, la psicología sabe que nuestras suposiciones ejercen influencia en lo que vemos. La cultura india sostenía un fuerte arquetipo de la persona "liberada" y Dan sabía que esa visión podía fomentar sin dificultad una falsa imagen de perfección al servicio de un sistema de creencias dominante y poderoso.

Por lo tanto, en relación con las cualidades alteradas del ser cabía preguntarse si se trataba de hechos o era un cuento de hadas.

La creación de un rebelde

En India casi todos los hogares poseen un altar: es el lugar sagrado donde a diario se elevan plegarias. Lo mismo ocurre en los vehículos. Si se trata de uno de los muy difundidos, enormes y pesados camiones Tata, y el conductor profesa la religión Sikh, se verán imágenes de Guru Nanak, el venerado fundador de esa religión. Si es hindú, tendrá una deidad, Hanuman, Shiva o Durga, y habitualmente también su santo o gurú favorito. Esas imágenes convierten el asiento del conductor en un altar móvil.

Al regresar a Harvard en el otoño de 1972, el Volkswagen rojo que Dan conducía en Cambridge poseía su propio panteón. Entre las fotografías pegadas con cinta adhesiva al tablero de mandos se veía la de Neem Karoli Baba y las de otros santos de los que había oído hablar: la mística imagen de Nityananda, un Ramana Maharashi de sonrisa radiante, y el rostro con bigote, levemente gracioso de Meher Baba con su eslogan, que más tarde popularizó Bobby McFerrin: *"Don't worry, be happy"* (no te preocupes, sé feliz).

Dan había detenido su furgoneta cerca del lugar donde se dictaba un curso de psicología, al que asistía para adquirir las destrezas de laboratorio necesarias para su tesis doctoral: un estudio sobre el efecto de la meditación en la reacción del cuerpo ante el estrés. Un puñado de estudiantes rodeaba la mesa del seminario en la sala del piso 14 del William James Hall. Richie decidió sentarse junto a Dan y así fue como se conocieron. Al conversar después de la clase descubrieron un objetivo en común: querían utilizar la investigación de sus respectivas tesis para documentar algunos de los beneficios que proporciona la meditación. Ambos asistían a ese seminario de psicofisiología para aprender los métodos necesarios.

Dan ofreció llevar a Richie al apartamento donde vivía con Susan (su novia por entonces y ahora su esposa). Al ver el altar en el auto Richie abrió los ojos, asombrado, pero encantado de estar allí. Aun antes de graduarse, había leído numerosas revistas de psicología, incluido el subrepticio *Journal of Transpersonal Psychology* (Revista de Psicología Transpersonal), en la que había hallado el artículo de Dan. "Me fascinó que alguien de Harvard escribiera esa clase de artículo", recuerda. Fue uno de los indicios que tuvo en cuenta para elegir Harvard a la hora de cursar su posgrado. Por su parte, a Dan le alegró que alguien hubiera tomado en serio el artículo.

El interés de Richie por la conciencia se había despertado al leer a autores como Aldous Huxley, el psiquiatra británico R. D. Laing, Martin Buber y luego, Ram Dass, cuyo *Be Here Now* (Ser aquí ahora) se publicó precisamente cuando comenzaba su carrera de grado.

Esos intereses habían permanecido en la clandestinidad mientras estudiaba en el departamento de psicología de la Universidad de Nueva York, con campus en Bronx, donde dominaban acérrimos conductistas, seguidores de B. F. Skinner.[8] Desde su perspectiva, solo la conducta observable permitía estudiar correctamente la psicología. Explorar la mente era una empresa discutible, una pérdida de tiempo prohibida. Los conductistas sostenían que nuestra vida mental era completamente irrelevante para entender la conducta.[9]

Richie se inscribió en un curso sobre psicología patológica. El texto utilizado, fervientemente conductista, sostenía que toda la psicopatología era resultado del condicionamiento operante, en el que una conducta deseada es recompensada. Por ejemplo: si una paloma picotea el botón correcto recibe una migaja sabrosa. Para Richie, una idea fallida, porque no solo ignoraba la mente sino también el cerebro.

Sin poder digerir ese dogma, abandonó el curso al cabo de una semana. Tenía la firme convicción de que la psicología debía estudiar la mente en lugar de estudiar palomas. Y así se transformó en un rebelde. Desde la estricta perspectiva conductista, su interés por lo que ocurría en la mente era transgresor.[10]

Durante el día Richie resistía la oleada conductista. Por la noche exploraba otros intereses. Se ofreció como voluntario para colaborar en una investigación sobre el sueño en el Centro Médico Maimónides, donde aprendió a monitorear la actividad cerebral con EEG (electroencefalograma), un saber que le resultaría muy útil a lo largo de toda su carrera.

Su tutora de tesis era Judith Rodin, con quien investigó sobre ensoñación y obesidad. En su hipótesis, la ensoñación nos aleja del presente, haciéndonos menos sensibles a las señales de saciedad del cuerpo, por lo que seguimos comiendo. La obesidad era un tema de interés para Rodin. La ensoñación ofrecía a Richie una vía para empezar a estudiar la conciencia.[11]

La investigación era una excusa para aprender técnicas que le permitieran mostrar lo que verdaderamente sucedía en la mente por medio de mediciones fisiológicas y conductuales.

Richie midió la frecuencia cardiaca y la sudoración de individuos mientras dejaban vagar su mente o realizaban operaciones mentales. Por primera vez se utilizaban mediciones fisiológicas para inferir procesos mentales, un método radical para la época.[12]

Esta prestidigitación metodológica —que consistía en vincular un elemento de los estudios sobre la conciencia a otro estudio respetable dentro de la corriente imperante— sería distintiva de la investigación de Richie durante la siguiente década: su interés en la meditación generaba apoyo escaso o nulo en el *ethos* de la época.

Una tesis que constituyera una investigación autónoma sobre no meditadores resultó una jugada hábil por parte de Richie. Le aseguró su primer puesto académico en el campus Purchase de la Universidad Estatal de Nueva York, donde se reservó para sí el interés en la meditación mientras realizaba una tarea pionera en el incipiente campo de la neurociencia afectiva, estudiando de qué manera las emociones operan en el cerebro.

Dan no pudo encontrar una posición docente que reflejara sus intereses acerca de la conciencia y aceptó con agrado un puesto de periodista, un camino que finalmente lo llevó a convertirse en redactor especializado en ciencia en el *New York Times*. Así fue como aprovechó la investigación de Richie (y las de otros científicos) sobre las emociones y el cerebro para escribir *La inteligencia emocional*.[13]

Entre los más de ochocientos artículos que Dan escribió en el *Times*, muy pocos tenían alguna relación con la meditación, pese a que tanto él como Riechie asistían a retiros dedicados a meditar. En privado, sin llamar la atención, buscábamos evidencia de que la meditación intensa y prolongada puede alterar la esencia de una persona. La difusión pública del tema se pospuso un par de décadas.

ESTADOS ALTERADOS

El William James Hall se cierne sobre Cambridge como un error arquitectónico: un edificio modernista de quince pisos, un bloque blanco que resplandece entre las casas victorianas que lo rodean y los edificios bajos de piedra y ladrillo del campus de Harvard. A principios del siglo XX, William James se convirtió en el primer profesor de psicología de esa universidad. Puede decirse que su participación fue fundamental en la creación de esa disciplina, ya que había pasado del universo teórico de la filosofía al enfoque más empírico y pragmático de la mente. La que fuera su casa sigue en pie en el vecindario lindante.

Más allá de esta historia, y pese a que mientras estudiaban la carrera de psicología se hospedaban en el William James Hall, a Richie y a Dan nunca se les indicó leer una página de los escritos de James. Había pasado de moda hacía tiempo. No obstante, era una figura inspiradora, en buena medida porque había estudiado el tema que nuestros profesores ignoraban y que a ambos les fascinaba: la conciencia.

En la época de James, entre el fin del siglo XIX y el principio del siglo XX, entre los entendidos de Boston surgió la moda de inhalar óxido nitroso (o gas hilarante, como se lo denominó cuando su uso se transformó en práctica habitual para los dentistas). Los momentos trascendentes que James alcanzó con ayuda del óxido nitroso crearon en él la "firme convicción" de que "nuestra conciencia despierta es solo un tipo especial de conciencia, aunque al mismo tiempo, separadas por una finísima membrana, existen formas potenciales de conciencia totalmente distintas".[14]

Después de señalar la existencia de estados alterados de la conciencia (aunque no les diera ese nombre), James agrega: "Podríamos ir por la vida sin sospechar su existencia, pero aplicando los estímulos adecuados, aparecen de inmediato en toda su completitud".

El artículo de Dan empezaba con esta cita del libro de William James titulado *Las variedades de la experiencia religiosa*, una invitación al estudio de los estados alterados de la conciencia que, como James observaba, están separados de la conciencia habitual. Y añadía: "Ninguna explicación del universo en su totalidad puede ser definitiva, por lo que estas otras formas de conciencia son ignoradas". La existencia de estos estados "impide una conclusión prematura de nuestras explicaciones de la realidad".

La topografía psicológica de la mente excluye esas explicaciones. En ese terreno no hay lugar para las experiencias trascendentales. Si se las menciona, son relegadas a los ámbitos menos deseables. Desde los primeros tiempos de la psicología, empezando por Freud, los estados alterados fueron desestimados como síntomas de alguna forma de psicopatología. Por ejemplo, a principios del siglo XX, Romain Rolland —el poeta francés laureado con el premio Nobel— se convirtió en discípulo del santo indio Sri Ramakrishna. Rolland le describió a Freud por escrito el estado místico que había experimentado y Freud lo consideró una regresión a la infancia.[15]

En los años 60 los psicólogos desestimaban habitualmente los estados alterados inducidos por drogas, a los que consideraban psicosis inducidas artificialmente (originalmente las drogas psicodélicas se denominaban "psicomiméticas", es decir, que imitan la psicosis). Actitudes similares provocaba la meditación, una nueva y sospechosa vía para alterar la mente. Al menos entre los consejeros de nuestra facultad. No obstante, en 1972 el espíritu reinante en Cambridge incluía un ferviente interés por la conciencia. En esa época Richie ingresó en Harvard y Dan regresó de su primera temporada en Asia para comenzar con su tesis doctoral.

Un libro de Charles Tart muy vendido por entonces —*Altered States of Consciousness* (Estados alterados de la conciencia)— recopilaba artículos sobre biofeedback, drogas, autohipnosis, yoga, meditación y demás vías hacia "otros estados", reflejando el ethos de la época.[16] La ciencia giraba por entonces en torno al descubrimiento de los neurotransmisores, compuestos químicos que envían mensajes entre neuronas (como la serotonina, que regula el estado de ánimo). Moléculas mágicas, que podían causar arrobamiento o desesperación.[17]

Las investigaciones de laboratorio sobre neurotransmisores funcionaron en la cultura general como pretexto científico para lograr estados alterados utilizando drogas como el LSD. Eran días de revolución psicodélica, cuyo origen se encontraba en la facultad de Harvard —a la que Richie y Dan pertenecían—, lo que tal vez explique por qué los estados alterados no despertaban interés en los académicos tradicionales.

UN VIAJE INTERIOR

Dalhousie se encuentra en la parte más baja de Dhauladhar, una cadena de los Himalaya que se extiende hacia los estados indios de Punjab e Himachal Pradesh. A mediados del siglo XIX se estableció allí una "aldea de montaña" adonde llegaban los burócratas del régimen británico escapando del calor veraniego de la llanura del Ganges.

Con sus pintorescos bungalows de la época colonial, Dalhousie era un lugar elegido por su magnífico escenario. Pero no fue ese el motivo que atrajo a Richie y Susan en el verano de 1973. Llegaron hasta allí para un retiro de diez días —su primera inmersión profunda— con S. N. Goenka. Con ese mismo maestro Dan había participado de sucesivos retiros en Bodh Gaya unos años antes, durante su primera temporada en India para hacer su investigación de posgrado. Su tesis postdoctoral lo había llevado a Asia por segunda vez, y así fue como Richie y Susan visitaron a Dan en Kandy, Sri Lanka.[18]

Dan había alentado a la pareja a asistir a uno de los cursos de Goenka, que podía servirles como una entrada a la meditación intensiva. El curso empezó de una manera confusa. Richie dormía en una gran tienda para hombres y Susan en otra, para mujeres. La imposición de un "noble silencio" desde el primer día impidió que Richie supiera con quiénes compartía la tienda. Solo tuvo la impresión de que en su mayoría eran europeos.

En la sala de meditación Richie vio una cantidad de *zafus* —almohadones redondos de estilo zen— dispersos por el piso. Allí debería sentarse a meditar durante más de 12 horas diarias.

Al sentarse en su zafu en posición de medio loto, Richie sintió una punzada de dolor en la rodilla derecha, que siempre había sido un punto débil. Con el paso de los días, la cantidad de horas en esa posición iba en aumento y la punzada se convertía en una molestia que se propagaba no solo por la otra rodilla sino también por la zona lumbar, con suele suceder con los occidentales no habituados a permanecer inmóviles durante horas sobre un almohadón.

La tarea diaria de Richie consistía en sintonizar con la sensación de respirar a través de la nariz. La impresión más vívida no era sin embargo su respiración sino el dolor permanente e intenso en las rodillas y la espalda. Al finalizar el primer día le pareció increíble que pudiera tolerar otros nueve. Pero al tercer día se produjo un gran cambio, cuando Goenka indicó hacer un "barrido" con minuciosa atención de la cabeza a los pies y de los pies a la cabeza, a través de las muchas y variadas sensaciones de su cuerpo. Aunque Richie volvía a enfocarse una y otra vez en el palpitante dolor de la rodilla, también comenzó a vislumbrar una sensación de calma y bienestar.

Pronto se encontró ingresando en un estado de total ensimismamiento que hacia el final del retiro le permitió permanecer sentado cuatro horas sin interrupción. Por la noche iba a la sala de meditación vacía y meditaba sin interrupciones sobre sus sensaciones corporales, hasta la 1 o 2 de la madrugada.

El retiro fue un motivo de alegría para Richie. Obtuvo la honda convicción de que existían métodos capaces de transformar nuestra mente para producir un profundo bienestar. En lugar de ser controlados por la mente, con sus asociaciones azarosas, sus miedos y furias repentinos, y demás, era posible recuperar el mando.

Varios días después de que finalizara el retiro, Richie conservaba la misma alegría. Su mente siguió volando mientras él y Susan permanecieron en Dalhousie. La alegría lo acompañó en el viaje por senderos de montaña —que serpenteaban a lo largo de los campos y las aldeas con casas de adobe y techos de paja— hacia el ajetreo de las ciudades de las llanuras, y finalmente por los caminos palpitantes y atestados de Delhi.

En esa ciudad, hospedado junto a Susan en un alberge precario —el que podían pagar con su presupuesto de becarios—, aventurándose por las calles disonantes y repletas de gente para conseguir ropa de su medida y comprar souvenirs, sintió que la alegría comenzaba a desvanecerse. Tal vez la diarrea que ambos padecían fue el síntoma más claro de que el estado provocado por la meditación declinaba. Esa afección los incomodó en Frankfurt, donde debieron cambiar de avión para llegar al aeropuerto Kennedy. Al cabo de un día entero de vuelo aterrizaron en Nueva York, donde los recibieron sus respectivos padres, ansiosos por verlos.

Susan y Richie salieron de la aduana con náuseas, agotados y vestidos a la usanza de la India. Sus padres los saludaron espantados. En lugar de abrazarlos con amor, gritaron alarmados: "¿Qué han hecho? ¡Tienen un aspecto terrible!". Cuando llegaron a la casa de campo que la familia de Susan poseía al norte de la ciudad de Nueva York, la alegría que venía cuesta abajo tocó fondo. Richie se sintió tan mal como sugería su aspecto al bajar del avión. Intentó revivir el estado que había alcanzado en el curso de Dalhousie, pero se había esfumado. La sensación le recordó un viaje psicodélico: tenía recuerdos vívidos del retiro pero no se habían encarnado, no habían provocado una transformación perdurable. Eran solo recuerdos.

La comprensión de esa realidad alimentó una pregunta que se convertiría en un urgente asunto científico: ¿cuánto dura una alegría como la que Richie había logrado meditando? ¿En qué punto puede considerarse un estado perdurable? ¿Cómo es posible que semejante transformación se convierta en una característica duradera en lugar de desvanecerse en la bruma del recuerdo? ¿En qué enclave de la mente de Richie se había originado?

GUÍA PARA EL MEDITADOR

Muy probablemente la explicación sobre la dinámica interna de Richie podía encontrarse en un grueso volumen, que Munindra había alentado a Dan a estudiar unos años antes, durante su primera temporada en India: el Visuddhimagga, que en pali (el lenguaje de los primeros preceptos del budismo) significa "camino a la purificación". Este texto del siglo V era la fuente de los manuales mimeografiados que Dan leía con atención en Bodh Gaya.

A pesar de ser un material antiquísimo, el Visuddhimagga era aún la guía indiscutible para los meditadores en lugares como Burma y Tailandia, que seguían la tradición theravada. Y a través de interpretaciones modernas ofrece el modelo fundamental para la meditación perceptiva, la raíz de lo que popularmente se conoce como "atención plena".

Este manual del meditador para atravesar las regiones más sutiles de la mente ofrece una minuciosa fenomenología de los estados meditativos y de su progresión hacia el nirvana (nibbana en pali). Según el manual, las carreteras que conducen a la paz absoluta son una mente intensamente concentrada junto a una conciencia sagaz.

Los hitos experimentales en el camino hacia los logros de la meditación se describían con naturalidad. El camino de la concentración comienza simplemente por enfocarse en la respiración o en cualquier otra cosa (el texto sugiere cuarenta objetivos de enfoque, por ejemplo, una zona de cierto color). Para los principiantes implica una danza vacilante entre la concentración y la mente errática. Inicialmente las ideas fluyen precipitadamente, como una cascada, lo que a veces desalienta al meditador porque crea la sensación de que la mente está fuera de control. En realidad esa sensación de torrente de ideas parece deberse a la atención que dedica a su estado natural, que las culturas asiáticas apodan "la mente del mono" debido a su frenética aleatoriedad.

A medida que la concentración se fortalece, los pensamientos erráticos se aquietan en lugar de arrastrarnos hacia algún callejón de la mente. La corriente de ideas fluye con más lentitud, como un río, y finalmente descansa en la quietud de un lago, como enseña una antigua metáfora para serenar la mente en la práctica de la meditación.

El manual señala que el foco sostenido es el primer gran signo de progreso, la "concentración de acceso", que fija la atención en el objetivo elegido, sin distraerse. Ese nivel de concentración trae sentimientos de calma y deleite y, a veces, fenómenos sensoriales como destellos de luz o una sensación de liviandad en el cuerpo.

El "acceso" implica encontrarse al borde de la concentración total, la abstracción denominada *jhana* (*samadhi* en sánscrito), en la que desaparece cualquier pensamiento divergente. En jhana la mente se colma de embeleso, dicha y se mantiene continuamente enfocada en el objetivo de la meditación.

El Visuddhimagga incluye otros siete niveles de jhana. El progreso está dado por sucesivos sentimientos sutiles de dicha y éxtasis, y una mayor calma, junto con una concentración progresivamente más firme y espontánea. En los cuatro niveles más altos, incluso la dicha, una sensación relativamente grosera, se desvanece, dejando solo el foco imbatible y la ecuanimidad. El mayor logro de esta conciencia refinada es un jhana que por su extrema sutileza se describe como "ni percepción ni no percepción".

En los tiempos de Gautama Buddha, el samadhi era considerado el camino de la liberación de los yoguis. Cuenta la leyenda que Buda ponía en práctica este método junto a un grupo de ascetas errantes, pero abandonó esa vía y descubrió una novedosa variante de la meditación: contemplar intensamente el mecanismo de la conciencia misma.

Según se dice, Buda declaró que el jhana no era el sendero para alcanzar la liberación de la mente. Si bien la firme concentración puede ser una gran ayuda en el camino, el sendero de Buda vira hacia un foco interior diferente: la clarividencia.

En este caso la conciencia permanece abierta a lo que surge en la mente en lugar de enfocarse exclusivamente en una cosa. La habilidad de mantener la atención plena, una instancia de la atención alerta pero no reactiva, varía con nuestra capacidad de concentración. En la atención plena, el meditador simplemente percibe, sin reaccionar, lo que surge en la mente —pensamientos o impresiones sensoriales como sonidos— y los deja ir. La palabra clave aquí es: pasar. Si pensamos mucho en cualquier cosa que aparece, o permitimos que dispare alguna reacción, perdemos el estado de atención plena, salvo que esa reacción o pensamiento sea el objeto mismo de la atención plena.

El Visuddhimagga describe la manera en que la atención plena sostenida —"la conciencia clara y única de lo que realmente sucede" en nuestra experiencia a lo largo de momentos sucesivos— se refina para lograr una práctica intuitiva con más matices capaz de guiarnos a través de una progresión de estadios hacia la epifanía final, el nirvana o nibbana.[19]

Este viraje hacia la meditación intuitiva ocurre en la relación de nuestra conciencia con nuestros pensamientos. En general nuestros pensamientos nos impulsan: el odio hacia los demás o hacia nosotros mismos genera un conjunto de sentimientos y acciones; las fantasías románticas generan otro conjunto diferente. Pero la atención plena nos permite experimentar una profunda sensación en la que el odio hacia nosotros mismos y los pensamientos románticos son lo mismo: como cualquier otro pensamiento, son momentos pasajeros de la mente. No tenemos que pasar el día perseguidos por nuestros pensamientos, ellos son una sucesión continua de rasgos efímeros, preestrenos y escenas eliminadas en el teatro de la mente.

Una vez que comprendemos nuestra mente como un conjunto de procesos, en lugar de ser arrollados por la seducción de nuestros pensamientos ingresamos en el sendero de la intuición. La relación con esa feria interior cambia progresivamente, y adquirimos una creciente percepción de la naturaleza de la conciencia. Así como el barro que sedimenta en un estanque nos permite mirarnos en el agua, el aplacamiento de nuestra corriente de ideas nos permite observar con gran claridad nuestra maquinaria mental. En el camino el meditador contempla un desfile de instantes de percepción que pasan por la mente con apabullante rapidez. Habitualmente están ocultos a la conciencia detrás de un velo.

La alegría que la meditación había producido en Richie ciertamente podría detectarse en algunos de estos hitos de progreso. Pero ese clímax había desaparecido en la bruma del recuerdo. Así pasan los estados alterados.

En India se dice que un yogui vivió años solo en una caverna, donde logró estados alterados de samadhi. Un día, satisfecho por haber llegado al final de su viaje interior, el yogui salió de su refugio en la montaña rumbo a la aldea. Ese día el bazar estaba atiborrado. Mientras se abría paso entre la multitud, el yogui sintió el impulso de hacer lugar a un hombre distinguido montado en un elefante. Un niño que se encontraba delante del yogui retrocedió de pronto, asustado, pisando su pie desnudo. Furioso y dolorido, el yogui alzó su báculo para golpearlo. Pero de inmediato comprendió lo que estaba a punto de hacer y por qué. Dio media vuelta y regresó a su caverna para continuar con su práctica.

El relato ilustra la diferencia entre la dicha de meditar y el cambio perdurable. Más allá de estados pasajeros como el samadhi (o su equivalente, los extáticos jhanas), pueden producirse cambios duraderos en nuestro ser. El Vissudhimagga sostiene que esa transformación es el verdadero resultado de haber alcanzado los niveles más altos en el camino de la clarividencia. Por ejemplo, dice el texto que se disipan sentimientos negativos como la codicia y el egoísmo, la ira y el resentimiento. Los reemplazan cualidades positivas como la calma, la amabilidad, la compasión y la alegría. La lista es similar en otras tradiciones meditativas.

¿Estas cualidades son resultado de experiencias transformadoras específicas y se manifiestan al alcanzar estos niveles? ¿O simplemente son la consecuencia de largas horas de práctica? No lo sabemos. Pero la alegría que la meditación indujo en Richie, tal vez cercana a la concentración de acceso o al primer jhana, no fue suficiente para provocar cambios en sus cualidades.

El descubrimiento de Buda —alcanzar la iluminación a través del sendero de la clarividencia— fue un desafío para las tradiciones yogas de su época, que seguían el camino de la concentración hacia distintos niveles de samadhi, el estado de éxtasis colmado de dicha. Por entonces, intuición vs concentración era el candente punto de discusión en una política de la conciencia que giraba en torno a la mejor vía para llegar a esos estados alterados.

Avancemos rápidamente hasta los embriagadores días del auge psicodélico, durante la década de 1960, cuando era otra la política de la conciencia. Las imprevistas revelaciones sobre estados alterados inducidos por drogas condujeron a hipótesis como las que hizo un consumidor de ácido lisérgico: "Con LSD llegamos en 20 minutos a la experiencia que un monje tibetano obtiene al cabo de 20 años".[20] Gran error. Cuando la sustancia química desaparece del cuerpo, la persona es la misma de siempre. Y, como descubrió Richie, también el éxtasis de la meditación se desvanece.

Notas

1. Una visión caleidoscópica de Neem Karoli Baba a través de ojos occidentales que lo conocieron puede encontrarse en: Parvati Markus, *Love Everyone: The Transcendent Wisdom of Neem Karoli Baba Told Through the Stories of the Westerners Whose Lives He Transformed* (San Francisco: HarperOne, 2015).

2. Mirka Knaster, *Living This Life Fully: Stories and Teachings of Munindra* (Boston: Shambhala, 2010).

3. El grupo de meditadores incluía a otros, que habían sido seguidores de Maharaji, entre ellos Krishna Das y el propio Ram Dass. También a Sharon Salzberg. John Travis y Wes Nisker se convirtieron en instructores vipassana. Mirabai Bush, otro asistente a los cursos, fundó más tarde del Centro para la Mente Contemplativa en Sociedad, una organización dedicada a promover la pedagogía contemplativa en el ámbito universitario y fue uno de los diseñadores del primer curso de atención plena e inteligencia emocional en Google.

4. Sin duda, algunas partes del Visuddhimagga parecen demasiado fantasiosas para merecer un interés serio. En particular, la sección sobre la manera de lograr poderes sobrenaturales, muy semejante a una sección de los contemporáneos Yoga Sutras de Patanjali. Ambos textos desestimaban esos "poderes", como la capacidad de oír a gran distancia, por no tener importancia espiritual. De hecho en epopeyas indias como el Ramayana, se dice que los villanos consiguieron esos poderes luego de años de ascética meditación, aunque desprovistos de un marco ético protector (de allí su villanía).

5. Ver Daniel Goleman, "The Buddha on Meditation and States Consciousness, Part I: The Teachings", *Journal of Transpersonal Psychology* 4:1 (1972): 1-44.

6. Daniel Goleman, "Meditation as Meta-Therapy: Toward a Proposed Fifth Stage of Consciousness", *Journal of Transpersonal Psychology* 3:1 (1971): 1-25. Al releer este artículo unos cuarenta años más tarde, Dan se siente avergonzado en muchos sentidos por su ingenuidad y complacido por su presciencia.

7. B. K. Anand et al., "Some Aspects in Yogis," *EEG and Clinical Neurophysiology* 13 (1961): 452- 56. Además de ser un informe anecdó-

tico, este estudio se realizó mucho antes del advenimiento del análisis computarizado de datos.

8. El conductismo de Skinner tenía una condición clave: toda actividad humana era el resultado de asociaciones aprendidas ante un estímulo (el famoso sonido de la campana de Pavlov) y una respuesta específica (el perro que saliva en respuesta a ese sonido) que se refuerza (inicialmente, con la comida).

9. El director del departamento de Richie había obtenido su doctorado en Harvard con B. F. Skinner y trasladó a la Universidad de Nueva York sus estudios sobre entrenamiento de palomas por condicionamiento junto con sus palomas enjauladas. Era un conductista demasiado categórico, virulento, desde el punto de vista de Richie. En aquella época el conductismo se había impuesto en muchos prestigiosos departamentos de psicología, como parte de una tendencia general en la psicología académica que pretendía hacer más "científica" la disciplina por medio de la investigación experimental, una reacción a las teorías psicoanalíticas que la habían dominado, en gran medida apoyadas en anécdotas clínicas más que en la experimentación.

10. Mientras participaba del seminario del director, Richie descubrió el libro que Skinner había publicado en 1957, *Conducta verbal*, en el que sostenía que todos los hábitos humanos se adquirían por medio de reforzamiento, en particular el lenguaje. Unos años antes el libro había sido objeto de un feroz y visible ataque del lingüista del MIT Noam Chomsky. Su reseña crítica señalaba, por ejemplo, que por mucho que un perro oyera el lenguaje humano, ninguna recompensa lo haría hablar, mientras que todos los bebés humanos aprendían a hablar sin necesidad de reforzamiento. Serían, por lo tanto, habilidades cognitivas inherentes las que promovían el dominio del lenguaje, en lugar de meras asociaciones. Para su exposición en el seminario Richie resumió la crítica de Noam Chomsky sobre el libro de Skinner. A partir de entonces sintió que el director del departamento trabajaba sin tregua para demolerlo y expulsarlo. Ese seminario enloqueció a Richie, que albergaba la fantasía de entrar en el laboratorio del director a las tres de la mañana y liberar a las palomas. Ver: "The Case Against Behaviorism," *New York Review of Books*, December 30, 1971.

11. Judith Rodin, consejera de Richie, acababa de obtener su doctorado en la Universidad de Columbia. Hizo una destacada carrera en psicología. Fue decana de la Escuela de Artes y Ciencias de Yale, más tarde fue rectora de esa universidad y fue la primera mujer rectora de una universidad Ivy League, la Universidad de Pennsylvania. En el momento en que se escribía este libro era presidente de la Fundación Rockefeller.

12. Por esos métodos recurrió a John Antrobus, que enseñaba en el City College of New York. Richie encontraría en el laboratorio de Antrobus un lugar donde refugiarse de la atmósfera de su departamento.

13. Daniel Goleman, *La inteligencia emocional,* (Buenos Aires: Ediciones B, 2004).

14. William James, *The Varieties of Religious Experience* (Create Space Independent Publishing Platform, 2013), p. 388.

15. Freud y Rolland: ver Sigmund Freud, *El malestar en la cultura.* Más tarde, no obstante, las experiencias trascendentales fueron incluidas en las teorías de Abraham Maslow, que las denominó "experiencias cumbre". A partir de la década de 1970 en el movimiento periférico de la psicología humanística surgió la corriente "transpersonal" que consideró seriamente los estados alterados. Dan fue uno de los primeros presidentes de la Asociación de Psicología Transpersonal y publicó sus tempranos artículos sobre meditación en *The Journal of Transpersonal Psychology.*

16. Charles Tart, ed., *Altered States of Consciousness* (New York: Harper & Row, 1969).

17. La excitación y la fascinación cultural por la psicodelia fue, en cierto modo, producto de la ciencia de la época, que durante años había avanzado en su conocimiento sobre los neurotransmisores. En la década de 1970 se habían identificado docenas de ellos, aunque poco se sabía sobre sus funciones. Cuarenta años después nosotros identificamos más de un centenar, junto con una amplia lista de lo que hacen en el cerebro, junto con una saludable evaluación de la complejidad de sus interacciones.

18. Una beca del Social Science Research Council para estudiar los sistemas psicológicos de las tradiciones espirituales asiáticas.

19. Esta definición de atención plena proviene de Nyanaponika, *The Power of Mindfulness* (Kandy, Sri Lanka: Buddhist Publication Society, 1986).

20. Luria Castell Dickinson, citada en: Sheila Weller, "Suddenly That Summer", *Vanity Fair*, July, 2012, p. 72. El neurólogo Oliver Sacks escribió sobre sus propias exploraciones con un amplio espectro de drogas para alterar la mente: "Algunas personas pueden alcanzar estados trascendentes a través de la meditación u otras técnicas para inducir el trance. Pero las drogas ofrecen un atajo, prometen trascendencia a pedido". Oliver Sacks, "Altered States", *The New Yorker,* agosto 27, 2012, p. 40. Las drogas pueden inducir estados alterados, pero no rasgos alterados.

3

El después es el antes
del próximo durante

En 1973 Dan pasó su segunda temporada en Asia. Esta vez, haciendo una investigación de posgrado en el Social Science Research Council. El objetivo declarado fue una operación "etnopsicológica" para estudiar sistemas asiáticos que permiten analizar la mente y sus posibilidades. Comenzó con seis meses en Kandy, una ciudad en las colinas de Sri Lanka donde Dan consultaba regularmente a Nyanaponika Thera, un monje therevada nacido en Alemania, erudito en la teoría y la práctica de la meditación. Luego Dan pasó varios meses en Dharamsala, India, donde estudió en la Biblioteca de Obras y Archivos Tibetanos.

Los escritos de Nyanaponika se centraban en el Abhidhamma, un modelo mental que delineaba un mapa y métodos para transformar la conciencia y lograr rasgos alterados. Mientras que el Visuddhimagga y los manuales de meditación que Dan había leído eran instrucciones para operar con la mente, el Abhidhamma era la teoría que inspiraba esos manuales. Ese sistema psicológico proveía explicación detallada sobre los elementos clave de la mente y la manera de atravesar ese paisaje interior para lograr cambios perdurables en nuestro ser esencial.

Algunas secciones eran relevantes para la psicología, en particular la dinámica entre los estados "saludables" y "no saludables" de la mente.[1] Muy a menudo nuestros estados mentales fluctúan en una gama en la que se destacan los deseos, el egocentrismo, la pereza, la agitación, y otros por el estilo, que forman parte de los estados no saludables de este mapa de la mente.

Por el contrario, los estados saludables incluyen la estabilidad mental, el autocontrol, la atención plena y la confianza realista. Curiosamente, un subconjunto de estados saludables se relacionan tanto con la mente como con el cuerpo: la flotabilidad, la flexibilidad, la adaptabilidad y la elasticidad.

Los estados saludables inhiben a los no saludables, y viceversa. Si nuestras reacciones en la vida cotidiana indican un giro hacia los estados saludables, marcan un progreso en este camino. El objetivo es lograr que los estados saludables sean predominantes y duraderos.

Cuando un meditador se sumerge en una profunda concentración los estados no saludables desaparecen. Pero, como le ocurrió al yogui en el bazar, pueden emerger más fuertes que nunca cuando la concentración disminuye. Por el contrario, de acuerdo con la antigua psicología budista, la práctica que logra profundizar los niveles de intuición conduce a una transformación radical, que libera por completo a la mente del meditador de la miscelánea no saludable. Un meditador avanzado estabiliza sin esfuerzo los aspectos saludables, representados por la confianza, la resistencia, etcétera.

Para Dan esta psicología asiática era un modelo del funcionamiento de la mente probado a lo largo de siglos. Una teoría de la manera en que el entrenamiento mental podía conducir a rasgos alterados altamente positivos. Esa teoría había guiado la práctica de la meditación durante más de dos milenios: una asombrosa prueba de concepto.

En el verano de 1973 Richie y Susan fueron a Kandy para pasar allí seis meses antes de dirigirse a India, donde harían el emocionante y embriagador retiro con Goenka.

Richie y Dan atravesaron la selva a pie hasta llegar al lejano monasterio de Nyanaponika, para consultarlo sobre este modelo de bienestar mental.[2] Más tarde ese mismo año, al regresar de su segunda temporada en Asia, Dan fue contratado como profesor visitante en Harvard. En el otoño de 1974 ofreció un curso, "La psicología de la conciencia", que se ajustaba al ethos de esa época. Al menos, para los estudiantes. Muchos de ellos hacían su propia investigación extracurricular con drogas psicodélicas, yoga e incluso algo de meditación.

Cuando se anunció el curso sobre psicología de la conciencia, cientos de estudiantes de Harvard se sintieron atraídos por el estudio de la meditación y sus estados alterados, el sistema psicológico budista y lo poco que por entonces se conocía acerca de la dinámica de la atención, algunos de los temas que abarcaba el curso. Debido a la gran cantidad de inscriptos fue necesario asignarle el aula más espaciosa de Harvard: el Teatro Sanders, con capacidad para mil personas.[3]

Richie, que cursaba por entonces el tercer año de su carrera, fue profesor auxiliar de ese curso.[4]

La mayoría de los temas de la psicología de la conciencia —así como el título del curso— estaban fuera del mapa convencional de la psicología de la época. No fue sorprendente que, finalizado el semestre, a Dan no se le ofreciera permanecer en la facultad. Pero él y Richie ya habían compartido algunas investigaciones y escritos, y a Richie le entusiasmó la idea de convertir el tema en su propio camino de investigación. Estaba ansioso por ponerse en marcha.

Al comienzo en Sri Lanka y luego en paralelo con el curso sobre psicología de la conciencia, ambos redactamos el primer borrador de su artículo, dirigido a sus colegas, sobre rasgos alterados.

Inevitablemente, Dan había basado su primer artículo en afirmaciones débiles, investigación escasa y mucha conjetura. Ahora teníamos un modelo de la vía a los rasgos alterados. Un algoritmo para la transformación interior. Nos esforzamos por encontrar la manera de conectar ese mapa con los exiguos datos que la ciencia había obtenido hasta ese momento.

De regreso en Cambridge reflexionamos sobre todo esto en largas conversaciones, a menudo en Harvard Square. Por entonces éramos vegetarianos y comíamos helados de dulce de leche en la heladería Bailey's de Brattle Street. Allí trabajábamos en el artículo, con los pocos datos relevantes que podíamos encontrar para respaldar nuestro postulado sobre rasgos alterados altamente positivos.

Lo titulamos "El rol de la atención en la meditación y la hipnosis: una perspectiva psicobiológica sobre transformaciones de la conciencia". La clave eran las transformaciones de la conciencia, la manera en que por entonces denominábamos a los rasgos alterados, que considerábamos un cambio "psicobiológico" (hoy diríamos "neural"). Sosteníamos que la hipnosis, a diferencia de la meditación, producía ante todo efectos en el estado de ánimo, no en el carácter.

En esa época, más que las modificaciones del carácter, fascinaban los estados alterados que podían conseguirse tanto con drogas psicodélicas como con la meditación. Pero en nuestras conversaciones en Bailey's convinimos en que "cuando ya no estás en trance, eres el mismo tonto de antes". Y en el artículo periodístico enunciamos formalmente esa idea.

Se trataba de una confusión básica, aunque muy común, sobre la manera en que la meditación nos cambia. Algunas personas se obsesionan con los sorprendentes estados que alcanzan durante una sesión de meditación, en particular, cuando participan de prolongados retiros. Pero ofrecen pocos datos acerca de la manera en que esos estados se traducen en cambios perdurables —si en efecto eso ocurre— para mejorar sus cualidades una vez que regresan a casa. Valorar solo los momentos culminantes significa equivocar el verdadero objetivo de la práctica: lograr día a día una transformación permanente.

Recientemente conversamos con el Dalai Lama sobre los estados meditativos y los patrones cerebrales de un experto meditador, que fueron registrado en el laboratorio de Richie. Cuando este experto realizaba determinados tipos de meditación —por ejemplo, concentración o visualización— las imágenes cerebrales revelaban un perfil neural diferente para cada estado alterado que se lograba por medio de la meditación.

"Eso es muy bueno, demostró habilidad yogui", comentó el Dalai Lama. Se refería a la meditación intensiva que practican los yoguis durante meses en cavernas del Himalaya, en oposición a la amplia variedad de prácticas de yoga para alcanzar buen estado físico, muy difundidas en la actualidad.[5] Luego agregó: "El auténtico meditador se reconoce en la persona que ha disciplinado su mente liberándola de emociones negativas". Esa regla básica existe aun antes del Visuddhimagga y se ha mantenido desde entonces. Lo que importa no son los logros que alcanzamos en el camino sino la persona en la que nos transformamos.

Tratando de reconciliar el mapa de la meditación con nuestra propia experiencia, y con la escasa evidencia científica disponible por entonces, postulamos una hipótesis: el *después* es el *antes* del próximo *durante*.

El después refiere a los cambios perdurables que produce la meditación, los que permanecen más allá de la sesión. El antes refiere a la condición en que nos encontrábamos en el punto de partida, antes de comenzar a meditar. El durante es lo que sucede mientras meditamos, los cambios temporales en nuestro estado que desaparecen cuando dejamos de meditar.

En otras palabras, la práctica repetida de la meditación tiene como resultado el logro de cualidades duraderas: el después.

Nos intrigaba la posibilidad de que una vía biológica, por medio de la práctica repetida, condujera a una incorporación constante de cualidades positivas como la amabilidad, la paciencia y la naturalidad en cualquier circunstancia. En nuestra opinión, la meditación era una herramienta para promover precisamente esas cualidades benéficas del ser.

Nuestro artículo apareció en una de las pocas publicaciones académicas que en los años 70 podían interesarse en temas tan exóticos como la meditación.[6] Fue el primer atisbo de nuestro concepto de rasgos alterados, si bien con una endeble base científica. El principio "la probabilidad no es la demostración" podía aplicarse en este caso. Teníamos una posibilidad, difícilmente pudiéramos calcular una probabilidad y las pruebas eran nulas.

Por entonces no se habían realizado estudios científicos capaces de ofrecer la evidencia que necesitábamos. Varias décadas después Richie descubrió que el "antes" era un estado muy diferente en los meditadores adeptos y en las personas que no meditaban o tenían escasa práctica. Era un indicador de un rasgo alterado (como veremos en el capítulo 12, "Tesoro oculto").

En el ámbito de la psicología de esa época nadie hablaba de rasgos alterados. Además, nuestro primitivo material —antiguos manuales de meditación, difíciles de conseguir fuera de Asia, junto con nuestras experiencias en retiros de meditación intensiva y encuentros ocasionales con meditadores avezados— era inusual para los psicólogos. Éramos un caso atípico entre los psicólogos, bichos raros, como sin duda nos consideraban algunos de nuestros colegas de Harvard. Nuestra visión sobre los rasgos alterados iba mucho más allá de los conocimientos psicológicos del momento. Teníamos entre manos un asunto riesgoso.

LA CIENCIA SE PONE AL DÍA

Cuando un investigador imaginativo produce una idea novedosa, da origen a una sucesión de hechos que siguen una lógica similar a la de la evolución de las especies: a medida que una sólida demostración científica otorga mérito a nuevas ideas, se eliminan las hipótesis erradas y se difunden las correctas.[7]

Para que así ocurra, la ciencia debe hallar el equilibrio entre escépticos y especuladores, personas que extienden redes amplias, piensan imaginativamente y consideran "qué pasaría si...". La red de conocimiento se expande al someter a prueba las ideas originales de especuladores como nosotros. Si solo los escépticos se dedicaran a la ciencia, la innovación sería escasa.

El economista Joseph Schumpeter ha alcanzado fama en la actualidad por su concepto de "destrucción creativa", es decir que en un mercado lo nuevo destruye lo viejo. Nuestros primeros presentimientos acerca de los rasgos alterados concordaban con lo que Schumpeter denominaba "visión": un acto intuitivo que proporciona orientación y energía a la tarea analítica. Una visión permite ver las cosas desde una perspectiva diferente, "que no se encuentra en los hechos, métodos y resultados del estado preexistente de la ciencia".[8]

Sin duda, en ese sentido teníamos una visión, aunque disponíamos de datos y métodos misérrimos para explorar el ámbito de los rasgos alterados, e ignorábamos por completo los mecanismos cerebrales que harían posible cambios tan profundos. Estábamos decididos a defender nuestra idea, pero era aún muy temprano para que pudiéramos hallar la pieza científica crucial en este rompecabezas.

Los datos de nuestra tesis eran muy débiles para apoyar la idea de que cuanto más prolongada es la práctica para generar un estado meditativo, tanto más duradero será su efecto. No obstante, a lo largo de las décadas recientes la evolución de la ciencia ha proporcionado cada vez mayor fundamento a nuestra idea.

En 1973 Richie asistió por primera vez al congreso de la Sociedad de Neurociencia de Nueva York, que reunió alrededor de 2500 científicos eufóricos ante el nacimiento de un nuevo campo de conocimiento (nadie soñaba con que al día de hoy esos congresos reunieran más de 30.000 neurocientíficos).[9] A mediados de la década de 1980 uno de los primeros presidentes de la sociedad, Bruce McEwen, de la Universidad Rockefeller, nos ofreció munición científica. McEwen colocó a una musaraña arborícola dominante en una jaula, junto a otra de menor jerarquía en la organización social, durante 28 días. Para un ser humano, sería similar a pasar las 24 horas del día durante un mes atrapado en una oficina con un jefe insufrible. El estudio de McEwen descubrió que en el roedor dominante las dendritas del hipocampo —una estructura fundamental de la memoria— se encogían. Las dendritas son ramificaciones del cuerpo celular que les permiten llegar a otras neuronas y actuar sobre ellas, por lo que al encogerse provocaban deficiencias en la memoria.

Los resultados obtenidos por McEwen arrasaron como un tsunami las ciencias del cerebro y de la conducta, abriendo las mentes a la posibilidad de que una experiencia dejara una huella en el cerebro. Su investigación hacía trizas el santo grial de la psicología al mostrar que los hechos estresantes producen cicatrices neurales permanentes. El hecho de que una experiencia pudiera dejar una marca en el cerebro había sido inimaginable hasta entonces. Por supuesto, las ratas de laboratorio eran sometidas habitualmente a estrés. McEwen solo aumentó la intensidad. Una rata de laboratorio vivía en condiciones semejantes a las de un preso en una celda de aislamiento: pasaba semanas o meses en una jaula de metal. Si era afortunada, disponía de una rueda para ejercitarse.

A esa vida de perpetuo hastío y aislamiento social podríamos oponerle algo similar a un lugar de esparcimiento con muchos juguetes, instalaciones para trepar, paredes coloridas, compañeros de juego y sitios interesantes para explorar. En la Universidad de California, Marion Diamond construyó un hábitat de este tipo para sus ratas de laboratorio. En la misma época en que McEwen llevaba a cabo su investigación, Diamond descubrió que los cerebros de las ratas se beneficiaban con esa instalación. Observó el fortalecimiento de las dendritas que conectaban neuronas y la expansión de áreas como la corteza prefrontal, fundamental para la atención y la autoregulación.[10]

Mientras que el trabajo de McEwen mostraba que los hechos adversos podían reducir partes del cerebro, el de Diamond se enfocaba en un aspecto positivo. No obstante, la neurociencia se encogió de hombros ante su estudio, tal vez porque presentaba un desafío directo a las creencias dominantes en ese medio. Por entonces se creía que al nacer nuestro cráneo albergaba un número máximo de neuronas que irían muriendo progresiva e inexorablemente en el curso de nuestra vida. La experiencia no podía hacer nada al respecto.

Pero McEwen y Diamond nos maravillaron. Si los cambios cerebrales —para mejor o peor— podían ocurrir en ratas, ¿era posible que la experiencia correcta cambiara el cerebro humano para adquirir rasgos beneficiosos? ¿La meditación podía ser un ejercicio interior de utilidad?

El atisbo de esta posibilidad nos puso eufóricos. Sentimos que se avecinaba algo verdaderamente revolucionario, aunque serían necesarias más de dos décadas para que la evidencia comenzara a concordar con nuestras intuiciones.

El gran salto

Era el año 1992. Richie estaba nervioso porque el departamento de Sociología de la Universidad de Wisconsin le había pedido que organizara un coloquio. Sabía que ingresaría en el ojo de un huracán intelectual, la batalla entre "lo natural" y "lo adquirido" que durante décadas hizo furor en las ciencias sociales. Los partidarios de lo adquirido creían que nuestra conducta estaba definida por nuestras experiencias. Los defensores de lo natural consideraban que los genes eran determinantes en nuestra conducta.

La batalla tenía una larga y horrenda historia: los racistas del siglo XIX y principios del siglo XX tergiversaron las nociones que ofrecía la genética para utilizarlas como "base científica" de la discriminación a los negros, los pueblos nativos de Estados Unidos, los judíos, los irlandeses y una larga lista de otros destinatarios de la intolerancia. Los racistas atribuían todas las deficiencias en los logros educativos y económicos de cualquiera de estos grupos a su herencia genética, ignorando la gran desigualdad de oportunidades.

El contraataque de las ciencias sociales hacía que muchos miembros de ese departamento de sociología fueran profundamente escépticos ante cualquier explicación biológica. Sin embargo, Richie creía que los sociólogos cometían una falacia científica al suponer que los factores biológicos reducían las diferencias entre grupos a su genética, y que por lo tanto esas diferencias eran insalvables. En su opinión, estos sociólogos estaban guiados por una postura ideológica. Durante el coloquio Richie postuló públicamente, por primera vez, el concepto de neuroplasticidad como una manera de resolver el conflicto entre lo natural y lo adquirido.

La neuroplasticidad muestra que la experiencia repetida puede modificar el cerebro, puede configurarlo. No es necesario elegir entre lo natural y lo adquirido. Ambos aspectos interactúan, modelándose mutuamente. El concepto reconciliaba claramente dos puntos de vista hostiles. Pero Richie iba más allá de lo que permitía la ciencia de la época, porque los datos sobre neuroplasticidad humana aún eran indefinidos.

Unos años después surgió una cascada de hallazgos científicos: por ejemplo, los que mostraban que tocar un instrumento musical expandía los centros cerebrales más importantes.[11] Los violinistas, que con la mano izquierda pulsaban las cuerdas, habían desarrollado áreas del cerebro que dirigían la digitación. Cuanto más tiempo dedicaban a tocar su instrumento, tanto más grande era esa área cerebral.[12]

El experimento de la naturaleza

Intenten mirar hacia adelante, extender el brazo y levantar un dedo. Sin dejar de mirar hacia adelante, acerquen el dedo a unos 60 centímetros de la nariz. Al moverlo hacia la derecha, manteniendo la mirada hacia el frente, el dedo entra en la visión periférica, el límite que es capaz de alcanzar la visión.[13] La mayoría de las personas pierden de vista el dedo cuando se aleja hacia la derecha o la izquierda de su nariz. Pero no ocurre con los sordos. Esta singular ventaja visual es conocida desde hace tiempo aunque solo recientemente se ha demostrado que se debe a la neuroplasticidad.

Las investigaciones del cerebro se valen en estos casos de "experimentos naturales", situaciones que existen naturalmente, como la sordera congénita. Helen Neville, una neurocientífica de la Universidad de Oregon apasionada por la plasticidad cerebral, utilizó un resonador magnético para someter a sordos y no sordos a una simulación visual que imitaba lo que un sordo ve cuando descifra el lenguaje de señas.

Las señas son gestos comunicativos. Cuando un sordo lee las señas de otro, lo mira a la cara en lugar de fijar la mirada en los movimientos de sus manos. Algunos de esos movimientos se sitúan en la periferia del campo visual y de ese modo ejercitan la habilidad cerebral de percibir lo que ocurre en el borde externo de la visión.

En las personas sordas, la parte del terreno neural que habitualmente funciona como corteza auditiva primaria (denominada giro de Heschl) no recibe impulsos sensoriales. Neville descubrió que el cerebro de los sordos había mutado de modo tal que una parte comúnmente perteneciente al sistema auditivo funcionaba con en el circuito visual.[14]

Estos descubrimientos muestran que el cerebro puede establecer nuevas conexiones en respuesta a experiencias repetidas.[15] Los hallazgos en músicos y sordos —y muchos otros— ofrecían la prueba que habíamos esperado.

La neuroplasticidad proporciona un marco basado en la evidencia y un lenguaje que tiene sentido para el pensamiento científico.[16] Es la plataforma científica que necesitábamos, una manera de preguntar si un entrenamiento deliberado de la mente, como la meditación, puede configurar el cerebro.

EL ESPECTRO DE LOS RASGOS ALTERADOS

Los rasgos alterados recorren un espectro que comienza en el extremo negativo, por ejemplo, con el trastorno de estrés postraumático. La amígdala actúa como radar neural para detectar amenazas. Un trauma abrumador resetea el umbral disparador de la amígdala para secuestrar al resto del cerebro y responder ante lo que percibe como una emergencia.[17] En personas con TEPT, cualquier indicio que les recuerde la experiencia traumática —incluso un atisbo imperceptible para otros— desencadena una cascada de reacciones neurales exageradas que generan las escenas retrospectivas, el insomnio, la irritabilidad y la ansiedad hipervigilante que caracterizan a ese trastorno. En el sector positivo del espectro de cualidades se encuentran los impactos neurales benéficos de ser un niño seguro, cuyo cerebro es modelado por padres empáticos, responsables y preocupados por su educación. En la adultez, esa configuración cerebral permite, por ejemplo, serenarse ante un disgusto.[18]

Nuestro interés por los rasgos alterados no se limita a un conjunto de rasgos saludables. Se orienta a un objetivo aún más beneficioso: un modo de ser saludable. Rasgos alterados sumamente positivos como la ecuanimidad y la compasión son la meta del entrenamiento mental en las tradiciones contemplativas. Aquí utilizamos la expresión *rasgo alterado* para referirnos al campo de los rasgos altamente positivos.[19]

La neuroplasticidad ofrece una base científica para explicar de qué manera el entrenamiento puede crear las cualidades perdurables del ser que habíamos encontrado en un puñado de yoguis, swamis, monjes y lamas excepcionales. Sus rasgos alterados se correspondían con antiguas descripciones de transformación permanente en un nivel elevado.

Una mente libre de perturbaciones puede disminuir el sufrimiento humano, una meta compartida por la ciencia y la meditación. Pero más allá de la elevación del ser, existe un potencial más práctico al alcance de todos nosotros: una vida que puede describirse como floreciente.

FLORECIENTE

Cuenta la leyenda que, mientras Alejandro Magno guiaba a sus ejércitos a través de lo que hoy es Cachemira, en Taxila —por entonces una próspera ciudad en un tramo del Camino de la Seda que conducía a las llanuras de India— conoció a un grupo de ascetas yoguis. Ante la aparición de los recios soldados de Alejandro, los yoguis se mostraron indiferentes. Dijeron que él, al igual que ellos, solo podían poseer el suelo que pisaban y que él, como ellos, moriría algún día. En griego se denominaba gimnosofistas —"filósofos desnudos"— a estos yoguis. Aun hoy algunos grupos de yoguis indios andan desnudos, cubiertos por una capa de cenizas. Impresionado por la serenidad de esos hombres, Alejandro los consideró "hombres libres" e incluso convenció a uno de ellos, llamado Kalyana, para que lo acompañara en su travesía conquistadora. Sin duda, la manera de vivir y la apariencia del yogui le recordaban con su propia educación. El tutor de Alejandro había sido el filósofo griego Aristóteles, reconocido por su permanente búsqueda de saber y seguramente el conquistador detectó que esos yoguis eran otra fuente de sabiduría.

Las corrientes filosóficas griegas proponían una idea de transformación personal que coincide notablemente con las asiáticas, como tal vez Alejandro descubrió en sus diálogos con Kalyana. Los griegos y sus herederos, los romanos, fundaron el pensamiento que rige a Occidente hasta la actualidad.

Aristóteles postuló que el objetivo de la vida es la *eudaimonia*, la cualidad de florecer a partir de la virtud, un concepto que sigue vigente bajo distintos ropajes en el pensamiento moderno. El filósofo griego sostenía que las virtudes se obtienen hallando el punto medio entre los extremos. El coraje se encuentra entre la audacia impulsiva y la cobardía; la moderación, entre la autocomplacencia y el ascetismo. Y agregó que no somos virtuosos por naturaleza, aunque tenemos el potencial para serlo si hacemos el esfuerzo. Ese esfuerzo incluye lo que hoy podríamos denominar autoobservación, la práctica constante de detectar nuestros pensamientos y actos.

Otras escuelas filosóficas grecorromanas utilizaban prácticas similares en sus respectivos caminos hacia el florecimiento. Para los estoicos, no eran los hechos en sí mismos sino nuestros sentimientos con respecto a los hechos de la vida los que determinaban la felicidad. La ecuanimidad se logra distinguiendo qué podemos controlar y qué está fuera de nuestro control. Hoy ese credo encuentra eco en la oración —popularizada por diversos programas de doce pasos— del teólogo Reinhold Niebuhr:

Dios, concédeme la serenidad para aceptar
las cosas que no puedo cambiar,
el valor para cambiar las cosas que puedo cambiar,
y la sabiduría para conocer la diferencia.

El entrenamiento mental es un camino tradicional hacia "la sabiduría para conocer la diferencia".

Los griegos entendían la filosofía como un saber aplicado a la vida práctica. Enseñaban ejercicios contemplativos y de autodisciplina para alcanzar el florecimiento. Al igual que sus pares de

Oriente, consideraban posible cultivar cualidades mentales para promover el bienestar.

Las enseñanzas de los filósofos griegos para desarrollar virtudes eran bastante explícitas. Otras solo se ofrecían a iniciados como Alejandro, y esa enseñanza secreta permitía comprender más plenamente los textos filosóficos.

En la tradición grecorromana cualidades como la integridad, la amabilidad y la humildad eran clave para el bienestar. Tanto los pensadores occidentales como las tradiciones espirituales asiáticas comprendían el valor de cultivar una vida virtuosa por medio de una transformación del ser. En el budismo, la idea del florecimiento interior se denomina bodi (o pali en sánscrito), un camino de realización personal que nutre "lo mejor de nosotros".[20]

Los descendientes de aristóteles

Hoy la psicología utiliza la palabra *bienestar* en reemplazo del *florecimiento* aristotélico. Carol Ryff, psicóloga de la Universidad de Wisconsin (y colega de Richie), abrevando en Aristóteles y otros pensadores, postula un modelo de bienestar compuesto por seis aspectos:

Aceptación: ser positivos con respecto a nuestra propia persona, reconociendo nuestros mejores aspectos y nuestras cualidades menos beneficiosas, y sentirnos bien por ser tal como somos. Para adoptar esta actitud necesitamos una conciencia imparcial.

Crecimiento: sentir que seguimos cambiando y desarrollando nuestro potencial, que mejoramos a medida que el tiempo pasa, adoptando nuevas maneras de comprender y de ser, y aprovechando al máximo nuestros talentos. "Cada uno de ustedes es perfecto tal como es", dijo a sus discípulos el maestro zen Suzuki Roshi. Y al añadir: "Y pueden beneficiarse de pequeñas mejoras", reconcilió la aceptación con el crecimiento.

Autonomía: pensar y actuar con independencia, libres de la presión social, utilizando nuestros propios criterios para evaluarnos. Este principio es particularmente válido en culturas como las de Australia y los Estados Unidos, individualistas si se las compara con culturas como la japonesa, en la que predomina el valor de la armonía con los demás.

Dominio: sentirse competente para manejar la complejidad de la vida, aprovechar las oportunidades que se presentan y crear situaciones que concuerden con nuestras necesidades y valores.

Relaciones satisfactorias: establecer relaciones con afecto, empatía y confianza, junto con mutuo cuidado y una manera saludable de dar y recibir.

Propósito de vida: definir metas y creencias que orientan y dan significado a nuestra vida. Algunos filósofos sostienen que la auténtica felicidad es producto de una vida con objetivos significativos.

Para Ryff estas cualidades son una moderna versión de eudaimonia —la plenitud del ser— que se logra al realizar nuestro potencial único.[21] Como veremos en los capítulos siguientes, distintos tipos de meditación parecen cultivar una o más capacidades. Varios estudios observaron que la meditación mejoró el nivel de bienestar medido de acuerdo con la pauta de Ryff.

Los centros para control y prevención de las enfermedades de los Estados Unidos informan que menos de la mitad de los estadounidenses tiene un firme sentido de propósito en la vida, más allá de cumplir con su trabajo y sus obligaciones familiares.[22] Este aspecto del bienestar tiene importantes implicaciones. Viktor Frankl afirmó que su sentido de la significación y el propósito de la vida hizo posible que sobreviviera en un campo de concentración nazi, mientras miles de prisioneros morían a su alrededor.[23] El hecho de continuar trabajando como psicoterapeuta con internos del campo ofreció un propósito a su vida. Otros encontraban ese propósito en la idea de reencontrarse con un hijo, o de escribir un libro.

El sentimiento de Frankl va en línea con el hallazgo obtenido en los participantes de un retiro de meditación. Al cabo de tres meses (unas 540 horas de práctica), los meditadores que habían reafirmado su sentido de propósito en la vida también mostraban mayor actividad de la telomerasa en sus células inmunitarias. El efecto persistía incluso cinco meses más tarde.[24] La telomerasa es una enzima que protege la longitud de los telómeros, las terminaciones de las hebras de ADN que indican cuánto tiempo vivirá una célula.

Las células parecían decir: "persevera, tienes que hacer una tarea importante". No obstante, los investigadores advirtieron que el hallazgo debía replicarse en estudios bien diseñados para confirmar su certeza.

También resulta interesante que ocho semanas de distintas técnicas de atención plena parecerían expandir una región del tronco cerebral relacionada con una mejora en el bienestar definido según las pautas de Ryff.[25] Pero el estudio que aporta este indicio se hizo sobre una muestra de apenas 14 personas, por lo que es necesario repetirlo con un grupo mayor. Por el momento, las conclusiones son provisionales.

Del mismo modo, otro estudio con personas que practican una difundida modalidad de atención plena mostró mayores niveles de bienestar y otros beneficios al cabo de un año de práctica:[26] cuanto más tiempo se dedica diariamente a la atención plena, tanto mayor es el impulso personal al bienestar.

Una vez más, el estudio se realizó sobre una muestra pequeña, y los registros cerebrales —que, como hemos dicho, son mucho menos suceptibles al sesgo psicológico que las autoevaluaciones— deberían ser más convincentes.

Por lo tanto, si bien hallamos indicios de que la meditación aumenta el bienestar —una atractiva idea, en especial para meditadores como nosotros mismos— nuestro costado científico se mantiene escéptico.

A menudo se citan estos estudios como "prueba" de los méritos de la meditación. Sobre todo en la actualidad, dado que la meditación se ha convertido en la moda del momento. Pero la investigación sobre técnicas de meditación muestra resultados muy variados, carentes de solidez científica. Esta verdad inconveniente se pasa por alto cuando se trata de promover alguna marca registrada de meditación, una app u otro producto contemplativo.

En los próximos capítulos utilizaremos estándares rigurosos para diferenciar hechos de datos insustanciales.

¿Qué dice realmente la ciencia sobre el impacto de la meditación?

Notas

1. Saludable y no saludable: en las traducciones académicas vernáculas se los denomina habitualmente factores mentales "sanos" e "insanos".

2. El nombre original de Nyanaponika era Siegmund Feniger. Al nacer en Alemania en 1901 era judío; a los veinte años ya era budista y los escritos de otro budista nacido en Alemania, Nyanatiloka Thera (Anton Gueth) le resultaron especialmente inspiradores. Cuando Hitler tomó el poder, Feniger viajó a Ceilán para unirse a Nyanatiloka en un monasterio cercano a Colombo. Nyanatiloka había estudiado meditación con un monje birmano al que se consideraba un iluminado (*arhant*). Luego estudió con el legendario erudito y maestro de meditación Mahasi Sayadaw, que fuera maestro de Munindra.

3. El curso atrajo también a una cantidad de no estudiantes, incluido Mitch Kapor, que más tarde fue creador de Lotus, uno de los primeros éxitos del software.

4. Otro de los profesores auxiliares que haría una carrera notable fue Shoshanah Zuboff. Se convirtió en profesora de la Escuela de Negocios de Harvard y escribió *In The Age of the Smart Machine* (Basic Books, 1989), entre otros libros. Joel McCleary, un estudiante, se convirtió en funcionario de la administración de Jimmy Carter y tuvo una participación fundamental para obtener la aprobación del Departamento de Estado que hizo posible la primera visita del Dalai Lama a los Estados Unidos.

5. Los millones de personas que practican yoga en los centros modernos no replican los métodos de los yoguis, que aun hoy buscan lugares remotos para realizar su práctica. Tradicionalmente la enseñanza de estas prácticas ocurre entre un maestro (gurú) y un solo alumno. Y el conjunto de posiciones típicas de la enseñanza moderna difiere sustancialmente de la práctica tradicional del yoga: las posiciones de pie son una innovación reciente; el formato de la sucesión de posiciones fue tomado de rutinas de ejercicio europeas. Los yoguis utilizan mucha más *pranayama* para aquietar la mente y provocar estados meditativos que los programas de yoga actuales, diseñados para lograr buen estado

físico más que para sostener largas sesiones de meditación (el propósito original de las *asanas*). Ver: William Broad, *La ciencia del yoga* (Barcelona: Destino, 2014).

6. Richard J. Davidson y Daniel J. Goleman, "The Role of Attention in Meditation and Hypnosis: A Psychobiological Perspective on Transformations of Consciousness", *International Journal of Clinical and Experimental Hypnosis* 25:4 (1977): 291- 308.

7. David Hull, *Science as a Process* (Chicago: University of Chicago Press, 1990).

8. Joseph Schumpeter, *History of Economic Analysis* (New York: Oxford University Press, 1996), p. 41.

9. Por aquellos años la neurociencia se estaba conformando. En buena medida las investigaciones se hacían sobre animales en lugar de seres humanos. La Sociedad de Neurociencia realizó su primer congreso en 1971. El primer congreso al que asistió Richie era el quinto que organizaba esa sociedad.

10. E. L. Bennett et al., "Rat Brain: Effects of Environmental Enrichment on Wet and Dry Weights", *Science* 163:3869 (1969): 825- 26. http://www.sciencemag.org/ content/ 163/ 3869/ 825.short. Ahora sabemos que ese crecimiento puede incluir el agregado de nuevas neuronas.

11. Sobre informes recientes acerca de que el aprendizaje musical moldea el cerebro, ver: C. S. C. Herholz, "Plasticity of the Human Auditory Cortex Related Training", *Neuroscience Biobehavioral Review* 35:10 (2011): 2140- 54; doi:10.1016/ j.neubiorev.2011.06.010; S. C. Herholz y R. J. Zatorre, Training as a Framework for Brain Plasticity: Behavior, Function and Structure", *Neuron* 2012: 76(3): 486- 502; doi:10.1016/ neuron.2012.10.011.

12. T. Elbert et al., "Increased Cortical Representation of the Left Hand in String Players", *Science* 270: 5234 (1995): 305- 7; doi:10.1126/ science.270.5234.305. Seis violistas, dos cellistas y un guitarrista, y un grupo control de seis personas de la misma edad fueron los sujetos de uno de los estudios más influyentes sobre el impacto del aprendizaje musical en el cerebro. El periodo de aprendizaje tenía un mínimo de 7 años y un máximo de 17. En el grupo de los no músicos la edad y el género eran coincidentes. Todos los músicos tocaban un instrumento de cuerdas y eran diestros. La mano izquierda de estos músicos está

siempre digitando el instrumento mientras tocan. Ejecutar un instrumento musical requiere de considerable destreza manual y desarrolla una sensibilidad táctil que es clave para desempeñarse con maestría. La técnica utilizada para medir las señales magnéticas generadas por el cerebro (similar a una medición de señales eléctricas, aunque con mejor resolución espacial) mostró que el área cerebral destinada a representar los dedos de la mano izquierda era notablemente más grande en los músicos que en los no músicos. Y que alcanzaba su mayor tamaño en los músicos que habían comenzado su aprendizaje en los primeros años de vida.

13. Se trata de la visión parafoveal. La fovea es la zona de la retina que recibe estímulo de objetos que se encuentran frente a nosotros. La información que se encuentra a la derecha o a la izquierda es parafoveal.

14. Neville estudió a diez individuos con profunda sordera congénita, de 30 años de edad promedio. Los comparó con un grupo de edad y género similares sin deficits de audición. El equipo de Neville les pidió que realizaran una tarea para evaluar su visión parafoveal. En una pantalla aparecieron círculos amarillos. Algunos destellaban rápidamente pero la mayoría lo hacía con más lentitud. Los participantes debían presionar un botón cuando veían los círculos que ocasionalmente destellaban más velozmente. Los círculos podían aparecer en el centro de la pantalla o desplazados hacia los laterales, en visión parafoveal. Los participantes sordos fueron más precisos que los controles al detectar los círculos que aparecían en la periferia. El hallazgo era previsible: debido a que los sordos conocían el lenguaje de señas, su experiencia visual era muy diferente e incluía el reconocimiento de información que no se localizaba en el centro. Pero lo más sorprendente fue que el córtex auditivo primario —el territorio cortical que recibe el impulso inicial ascendente que se origina en el oído— mostró fuerte activación en respuesta a los círculos que aparecían en los costados, pero solo en los sujetos sordos. Los individuos que oían no mostraron ninguna activación de esta región auditiva primaria en respuesta al estímulo visual. Scott, C. M. Karns, M. W. Dow, C. Stevens, H. J. Neville, "Peripheral Visual Processing in Congenitally Deaf Humans Supported by Multiple Brain Regions, Including Primary Auditory" *Frontiers in Human Neuroscience* 2014:8 (marzo): 1- 9; doi:10.3389/ 2014.00177.

15. Esta investigación dio por terminado un neuromito: que en un mapa del cerebro cada área tiene un conjunto específico de funciones que no puede modificarse.

16. La idea presentó un serio desafío a suposiciones sagradas para la psicología. Por ejemplo, que la personalidad se establece al inicio de la adultez y lo que somos en ese momento, lo seremos por el resto de nuestra vida. Es decir, que la personalidad se mantiene estable a través del tiempo y en diferentes contextos. La neuroplasticidad sugiere que la experiencia podría alterar en cierta medida los rasgos de la personalidad.

17. Ver, por ejemplo, Dennis Charney, "Psychobiologic Mechanisms of Post- Traumatic Stress Disorder", *Archives of General Psychiatry* 50 (1993): 294- 305.

18. D. Palitsky et al., "Association between Adult Attachment Style, Mental Disorders, and Suicidality", *Journal of Nervous and Mental Disease* 201:7 (2013):579- 86; NMD.0b013e31829829ab.

19. Más formalmente, un rasgo alterado implica cualidades permanentes y beneficiosas para el pensar, el sentir y el hacer, resultantes del esforzado entrenamiento de la mente y acompañadas por cambios duraderos y positivos en el cerebro.

20. Cortland Dahl et al., "Meditation and the Cultivation of Wellbeing: Historical and Contemporary Science", *Psychological Bulletin,* en prensa, 2016.

21. Entrevista a Carol Ryff en http:// blogs.plos.org/ neuroanthropology/ 2012/ 07/ 19 psychologist-carol-ryff-on-wellbeing-and-aging-the-fpr-interview/.

22. Rosemary Kobau et al., "Well-Being Assessment: An Evaluation of Well- Being Scales for Public Health and Population Estimates of Well- Being among US Adults", *Applied Psychology: Health and Well-Being* 2:3 (2010): 272- 97.

23. Viktor Frankl, *El hombre en busca de sentido* (Barcelona: Herder, 2004).

24. Tonya Jacobs et al., "Intensive Meditation Training, Immune Cell Telomerase Activity, and Psychological Mediators", *Psychoneuroendocrinology* 2010; doi:10.1016/ j.psyneurn.2010.09.010.

25. Omar Singleton et al., "Change in Brainstem Gray Matter Concentration Following a Mindfulness-Based Intervention Is Correlated

with Improvement in Psychological Well- Being", *Frontiers in Human Neuroscience*, February 18, 2014; doi: 10.3389/ fnhum.2014.00033.

26. Shauna Shapiro et al., "The Moderation of Mindfulness-Based Stress Reduction Effects by Trait Mindfulness: Results from a Randomized Controlled Trial", *Journal of Clinical Psychology* 67:3 (2011): 267- 77.

4

Lo mejor que teníamos

La escena: una carpintería. Dos hombres a los que llamaremos Al y Frank conversan animadamente mientras Al introduce una enorme placa de madera laminada en las cuchillas dentadas de una sierra circular gigante. De pronto vemos que Al no usa el protector de seguridad necesario para manejar esa sierra. Los latidos de nuestro corazón se aceleran cuando dirige el pulgar hacia ese horrible círculo de acero con dientes afilados.

Al y Frank están entretenidos con su conversación, ajenos al peligro mientras ese pulgar se acerca a la sierra. De nuestra frente surgen gotas de sudor. Sentimos el urgente deseo de alertar a Al pero él es un actor de la película que estamos viendo.

It didn't have to happen (No debía suceder), una película del Canadian Film Board dirigida a atemorizar a los carpinteros para que utilicen los elementos de seguridad, en solo 12 minutos muestra tres accidentes. Tal como ocurre mientras ese pulgar inexorablemente se dirige a la sierra, cada minuto crea suspenso hasta el momento del impacto: Al pierde el pulgar en la sierra circular; otro trabajador se lastima los dedos y una placa de madera vuela hacia el abdomen de un transeúnte.

Además de servir de advertencia a los carpinteros, el film tiene otra intención. Richard Lazarus, un psicólogo de la Universidad de California en Berkeley, empleó durante más de una década esas descripciones de accidentes truculentos para provocar estrés emocional en sus famosas investigaciones.[1] Generosamente le entregó a Dan una copia para que la utilizara en sus experimentos en Harvard.

Dan proyectó el film ante unas sesenta personas. La mitad eran voluntarios (estudiantes de psicología de Harvard) sin experiencia en meditación. La otra mitad, instructores de meditación con un mínimo de dos años de práctica. La mitad de los integrantes de cada grupo meditó antes de ver la película. (Dan enseñó a los novicios de Harvard a meditar allí mismo, en el laboratorio).

Dan eligió al azar a los participantes que formarían el grupo de control y les indicó que solo debían sentarse y relajarse.

Mientras las pulsaciones y la sudoración aumentaban y disminuían en el transcurso de los accidentes que mostraba la película, Dan tomó asiento en la sala contigua. Los meditadores expertos tendían a recuperarse del estrés que provoca ver escenas de ese tipo con más rapidez que las personas que recién se iniciaban en la práctica.[2] Al menos, así parecía.

Esta investigación fue lo suficientemente sólida para que Dan obtuviera su doctorado en Harvard, y para ser publicada en una de las revistas más prestigiosas en este campo. Aun así, al hacer un análisis retrospectivo más riguroso, detectamos infinidad de objeciones.

Los encargados de supervisar becas y artículos científicos evalúan con estrictos estándares los diseños experimentales que permiten obtener los resultados más confiables. Desde esa perspectiva, la investigación de Dan —y la mayoría de los estudios sobre meditación que se realizan aún hoy— son defectuosos.

Por ejemplo, Dan fue la persona que enseñó a los voluntarios a meditar o les indicó cómo relajarse. Él sabía cuál era el resultado deseado —que la meditación tuviera un efecto útil—, lo que posiblemente influyera en su manera de hablar, tal vez de una manera que alentara buenos resultados de la meditación y malos resultados en el grupo de control que solo se había relajado.

Además, de los 313 artículos que citaron los hallazgos de Dan, ninguno intentó repetir el estudio para comprobar si los resultados que se obtenían eran similares. Sus autores simplemente supusieron que esos resultados eran suficientemente sólidos para ser utilizados como fundamento de sus propias conclusiones.

El caso del estudio de Dan no es único. La misma actitud prevalece aún hoy. La replicabilidad —así se denomina en el campo de la investigación a la posibilidad de repetir un estudio y obtener las mismas conclusiones— es una de las virtudes del método científico. Cualquier investigador debería ser capaz de reproducir un experimento y alcanzar las mismas conclusiones, o bien revelar la imposibilidad de hacerlo. Pero son muy pocos los que siquiera lo intentan.

Esta falta de replicación es un problema dominante en la ciencia, en particular cuando se trata de estudios sobre la conducta humana. Aunque los psicólogos han propuesto que las investigaciones psicológicas sean más replicables, hasta el presente no se sabe cuántas de ellas podrían sostenerse, aunque tal vez fuera la mayoría.[3]

Apenas una mínima fracción de las investigaciones de la psicología es alguna vez objeto de replicación. El campo incentiva a favorecer el trabajo original en lugar de replicarlo. Además, la psicología, como todas las disciplinas, tiene incorporado un sesgo a la hora de publicar: los científicos raramente tratan de publicar estudios de los que no obtienen resultados significativos. No obstante, incluso ese resultado nulo tiene importancia.

Existe también una diferencia fundamental entre las medidas "blandas" y "duras". Si se pide a una persona que describa sus conductas, sentimientos y cosas por el estilo (medidas blandas), factores psicológicos como el estado de ánimo del momento o el deseo de agradar al investigador pueden influir enormemente en sus respuestas. Por otra parte, esos sesgos influyen poco o nada en procesos fisiológicos como la frecuencia cardiaca o la actividad cerebral, lo que hace de ellos medidas duras.

Consideremos la investigación de Dan: en cierta medida se apoyaba en medidas blandas, es decir, en la evaluación que las personas hacían de sus propias reacciones. Utilizó una evaluación de ansiedad difundida entre los psicólogos: con respecto, por ejemplo, a la afirmación "Me sentí inquieto", las personas debían asignarse una calificación que iba desde "no, en absoluto" hasta "mucho" y desde "casi nunca" hasta "casi siempre".[4] Este método las mostraba en general menos estresadas después de su primera experiencia de meditación, un hallazgo muy común desde que se realizan investigaciones sobre el tema. Pero esas autoevaluaciones son sumamente suceptibles a las señales ímplicitas que se reciben para informar un resultado positivo.

Incluso los novatos en la meditación afirman sentirse más relajados una vez que empiezan. Esa información sobre un mejor manejo del estrés aparece mucho antes que medidas duras, como la actividad cerebral. Podría deberse a que la sensación de menor ansiedad que experimentan los meditadores es anterior a que las medidas duras registren cambios discernibles, o que la expectativa de que esos efectos se produzcan sesga la información del meditador.

Pero el corazón no miente. El estudio de Dan utilizó parámetros fisiológicos como la frecuencia cardíaca y la sudoración, que habitualmente no pueden ser controlados a voluntad y por lo tanto ofrecen una imagen más precisa de las verdaderas reacciones de una persona. En especial si se los compara con los datos altamente subjetivos y sesgados informados por los participantes.

En la tesis de Dan el parámetro fisiológico más importante fue la respuesta galvánica de la piel: ráfagas de actividad eléctrica que producen sudoración. La respuesta galvánica es indicio de tensión: se cree que en tiempos remotos el sudor protegía la piel de los hombres durante el combate cuerpo a cuerpo.[5]

Las mediciones cerebrales son aun más confiables que otras medidas periféricas como la frecuencia cardiaca. Pero por entonces no existían esos métodos, los menos sesgados y más convincentes. En los años 70 los sistemas de imágenes cerebrales como la resonancia magnética, la tomografía computarizada de emisión monofotónica y los análisis computarizados de electroencefalogramas no se habían inventado.[6] La medida de las respuestas corporales, como la frecuencia cardiaca y respiratoria o la sudoración eran lo mejor que Dan podía utilizar.[7] Pero estas respuestas fisiológicas reflejan una compleja combinación de factores, por lo que son difíciles de interpretar.[8]

Otra debilidad del estudio deriva de la tecnología de registro de datos, muy anterior a la digitalización. La sudoración fue registrada por una aguja que se movía sobre una bobina de papel. Dan analizó durante horas los garabatos resultantes para convertir las marcas de tinta en números, es decir, contó las manchas que indicaban la aparición de sudor antes y después de cada accidente.

¿Había diferencia significativa en la recuperación del punto máximo de tensión entre el experto y el novato, entre la persona que medita y la persona que permanece sentada en silencio? Los resultados registrados por Dan sugerían que la meditación aceleraba la recuperación y que los meditadores expertos se recuperaban más rápido que todos los demás.[9]

Cuando decimos "registrados por Dan" nos referimos a otro problema potencial: fue Dan quien asignó los puntajes, y todo el esfuerzo iba dirigido a apoyar la hipótesis que defendía. La situación favorecía el sesgo del investigador, ya que la persona que diseña un estudio y analiza sus datos podría sesgar los resultados para alcanzar la conclusión deseada. Al cabo de casi cincuenta años, Dan recuerda vagamente (muy vagamente) que cuando se producía en los meditadores una respuesta galvánica de la piel ambigua —que habría podido aparecer en el pico de la reacción ante el accidente o inmediatamente después— él la situaba en el pico en lugar de situarla al inicio de la curva de recuperación. Ese sesgo tenía un claro efecto: la sudoración de los meditadores parecía responder más ante el accidente y la recuperación parecía ser más rápida (no obstante, como veremos, este es precisamente el patrón hallado en los meditadores más avanzados estudiados hasta ahora).

Una investigación puede estar sesgada por nuestras predilecciones conscientes o inconscientes (más difíciles de controlar). Al día de hoy Dan no puede jurar que la puntuación asignada a esas manchas de tinta no fuera sesgada. Su dilema era el mismo de la mayoría de los científicos que investigan la meditación: ellos mismos son meditadores, lo que favorece el sesgo, aun de manera inconsciente.

CIENCIA SIN SESGO

Habría podido ser una escena de la versión Bollywood de *El padrino:* una limosina blanca llegó puntualmente, la puerta trasera se abrió y Dan entró. Junto a él viajaba el gran jefe, no Marlon Brando/Don Corleone sino un yogui más bien menudo, con barba, vestido con un dhoti blanco. El yogui Z había llegado de Oriente a los Estados Unidos en la década de 1960 y mezclándose con las celebridades pronto logró aparecer en los titulares de la prensa. Atrajo gran cantidad de seguidores, reclutó cientos de jóvenes estadounidenses para convertirlos en instructores de su método. En 1971, justo antes de su primer viaje a India, Dan asistió a uno de los campamentos de verano que ofrecía el yogui.

Yogui Z sabía que Dan era un estudiante de Harvard a punto de viajar con una beca a India. Y tenía su propio plan al respecto. Le entregó una lista de nombres y domicilios de sus seguidores en India. Le indicó entrevistarlos y escribir una tesis doctoral que concluyera en que su método era en ese momento la única manera de transformarse en un "iluminado".

A Dan le pareció una idea abominable. Esa rotunda apropiación de una investigación para promover determinada marca de meditación tipifica las maniobras que, lamentablemente, han caracterizado a cierto tipo de "maestro espiritual" (recordemos a Swami X). Cuando uno de estos maestros se dedica a promocionarse a sí mismo, como lo hace una marca comercial, es señal de que utiliza el argumento del desarrollo interior al servicio del marketing. Y cuando los investigadores ligados a una marca particular de meditación informan hallazgos positivos, surge el mismo sesgo cuestionable, junto con la pregunta: ¿hubo resultados negativos no informados?

Por ejemplo, los instructores de meditación del estudio de Dan enseñaban Meditación Trascendental (MT es su marca registrada). La investigación acerca de MT tiene una historia algo accidentada, en parte porque la mayor parte se debe al personal de la Universidad Maharishi de Administración (anteriormente Universidad Internacional Maharishi), integrante de una organización que promueve la MT. Surge entonces la preocupación por un posible conflicto de intereses, aun cuando la investigación hubiera sido correctamente realizada.

Por este motivo, el laboratorio de Richie emplea deliberadamente a varios científicos escépticos con respecto a los efectos de la meditación. Ellos formulan una saludable cantidad de objeciones y preguntas que los "auténticos creyentes" podrían pasar por alto o barrer bajo la alfombra. Como resultado de esta elección, el laboratorio de Richie ha publicado varios estudios que someten a prueba una hipótesis sobre el efecto de la meditación y no logran observar el efecto esperado.

El laboratorio publica también estudios que al replicarse no generan los mismos resultados publicados con anterioridad acerca de algún efecto beneficioso de la meditación. Esos fracasos ponen en duda la validez del anterior hallazgo. La participación de los escépticos es solo una manera de minimizar el sesgo del investigador. Otra podría ser el estudio de un grupo que recibe información acerca de los beneficios de meditar pero no recibe instrucción para realizar esa práctica. Mejor aún es aplicar un "control activo", en el que un grupo realiza una actividad distinta de la meditación, como hacer gimnasia, creyendo que será beneficiosa.

Otro dilema de nuestra investigación en Harvard —todavía presente en la psicología— lo constituía el hecho de que los estudiantes disponibles en nuestro laboratorio no eran representativos de la humanidad en su conjunto. Nuestros sujetos de estudio eran conocidos como OEIRD:* occidentales, educados, industrializados, ricos y pertenecientes a culturas democráticas.[10] Podría decirse que los estudiantes de Harvard eran atípicos incluso entre los OEIRD, y por lo tanto los datos obtenidos difícilmente pudieran considerarse características generales de la naturaleza humana.

LA VARIEDAD DE LA EXPERIENCIA MEDITATIVA

Richie fue uno de los primeros neurocientíficos que en su investigación de tesis se preguntó si era posible identificar un patrón neural característico, o "firma neural", de la atención. Esa pregunta básica era por entonces muy respetable.

Pero la investigación doctoral de Richie conservaba el espíritu de su tesis de grado, es decir, explorar si la capacidad de atención era distinta en meditadores y no meditadores. ¿Los meditadores se concentraban más? Por entonces, esa pregunta no era respetable.

Richard midió las señales eléctricas del cuero cabelludo de meditadores que oían sonidos y veían destellos de luz LED mientras él les indicaba enfocarse en los sonidos ignorando la luz o viceversa. Richie analizó las señales eléctricas en busca de "potenciales relacionados con eventos" (PRE) indicados por parpadeos

* En inglés, WEIRD, que significa "raro".

específicos en respuesta a la luz o el sonido. En medio de un conjunto de ruidos, el PRE es una señal minúscula medida en microvolts, es decir, la millonésima parte de un volt. Esas señales diminutas ofrecen una ventana sobre la manera en que asignamos nuestra atención. Richie descubrió que la intensidad de las señales en respuesta al sonido se reducían cuando los meditadores se enfocaban en la luz, mientras que las señales provocadas por la luz se reducían cuando los meditadores enfocaban su atención al sonido. En sí mismo el hallazgo era previsible. Pero el patrón que bloquea la modalidad no deseada era más fuerte en los meditadores que en el grupo control, lo que aportaba una primera evidencia de que los meditadores se concentraban más que los no meditadores.

Si seleccionar un objetivo a enfocar e ignorar distracciones indicaba una habilidad para la concentración, Richie concluyó que la actividad eléctrica del cerebro registrada por el EEG podía utilizarse para evaluarla (hoy es rutina, pero entonces significaba un paso adelante en el progreso científico). No obstante, la evidencia de que los meditadores se concentraban más que el grupo control —que nunca había meditado— era bastante débil.

Retrospectivamente, podemos comprender por qué esta evidencia era en sí misma cuestionable: Richie había reclutado un conjunto de meditadores que utilizaban diversos métodos. En 1975 ignorábamos la importancia de esta diversidad. Ahora sabemos que existen diferentes facetas de la atención y que distintos tipos de meditación entrenan una variedad de hábitos mentales, por lo que impactan de diversas maneras en las destrezas mentales.

Por ejemplo, investigadores del Instituto Max Planck para las Ciencias Cognitivas y Cerebrales, de Leipzig, Alemania, hicieron que un grupo de novicios practicara diariamente, a lo largo de unos meses, tres tipos diferentes de meditación: la que se enfoca en la respiración, la que tiene por objetivo generar amorosa bondad y la que monitorea los pensamientos sin dejarse arrastrar por ellos.[11] Descubrieron que la meditación enfocada en la respiración era sedante, lo que parecía confirmar la muy difundida suposición de que meditar es un método útil para relajarse. Pero en contradicción con este estereotipo, la meditación dirigida a generar amorosa bondad y el monitoreo de pensamientos no lograban que el cuerpo se relajara, al parecer porque exigían esfuerzo mental. Por ejemplo, al vigilar los pensamientos somos continuamente atravesados por ellos y cuando advertimos que eso sucede debemos hacer un esfuerzo consciente para vigilarlos de nuevo. La práctica orientada a la amorosa bondad, en la que deseamos el bien para nosotros mismos y para los demás, razonablemente crea un estado de ánimo positivo, no así los otros dos métodos.

Por lo tanto, diferentes tipos de meditación producen resultados característicos, por lo que debería ser de rutina identificar el tipo estudiado en cada caso. Sin embargo, la confusión con respecto a la especificidad sigue siendo muy común.

Por ejemplo, un grupo de investigación ha reunido datos de los estudios más recientes sobre la anatomía del cerebro de cincuenta meditadores.[12] La información podría ser valiosa pero las prácticas de meditación estudiadas revelan una mezcolanza de métodos. Si se hubiera registrado metódicamente qué entrenamiento mental implicaba cada tipo de meditación, el conjunto de datos obtenidos habría sido más satisfactorio. (Aun así, es encomiable revelar esta información, que en general pasa inadvertida).

Cuando leemos el ahora enorme caudal de estudios sobre meditación, solemos sonreír. A menudo nos topamos con la confusión y la puerilidad de algunos científicos con respecto a la especificidad. En general simplemente están equivocados, como ocurre con el artículo en el que se afirma que tanto los meditadores zen como los vipassana tienen los ojos abiertos (Goenka, instructor de meditación vipassana, pide a los discípulos que cierren los ojos).

Algunos estudios han utilizado un método "antimeditación" como control activo. En una versión de antimeditación se pide a los voluntarios que se concentren en tantos pensamientos positivos como sea posible, lo que en realidad imita a ciertos métodos contemplativos como la meditación de la amorosa bondad sobre la que nos extenderemos en el capítulo 6. El hecho de que los investigadores pensaran que en efecto se trataba de una "antimeditación" muestra que el objetivo de su estudio es confuso.

Lo que se ejercita, mejora. Una regla de oro que subraya la importancia de relacionar cada estrategia mental de meditación con su resultado. El criterio se aplica tanto a quienes investigan la meditación como a quienes la practican. Ambos deben ser conscientes de los posibles resultados que se obtienen de cada tipo de meditación. No son todos iguales, pese a la confusión de los investigadores e incluso de los meditadores.

En el ámbito de la mente (como en cualquier otro), lo que hacemos determina lo que obtenemos. "Meditación" no es una actividad única sino una amplia gama de prácticas, que actúan de manera particular en la mente y el cerebro.

En *Alicia en el país de las maravillas*, la protagonista pregunta al gato de Cheshire: "¿Qué camino debería tomar? Él responde: "Depende del lugar al que desees llegar". Su consejo es válido también para la meditación.

CONTANDO LAS HORAS

Los meditadores "expertos" de Dan —todos ellos instructores de Meditación Trascendental— habían practicado TM al menos durante dos años. Pero no era posible saber cuántas horas habían dedicado a la meditación a lo largo de esos dos años. Tampoco, cuál había sido la calidad de su práctica. Aun hoy son pocos los investigadores que poseen esa información crucial. Pero, como veremos con más detalle en el capítulo 13 —"Alterando rasgos"— nuestro modelo de cambio registra cuántas horas de práctica tiene un meditador, cotidianamente o en un retiro. El total de horas se relacionan luego con cambios en las cualidades del ser y con las diferencias subyacentes en el cerebro.

A menudo los meditadores se clasifican en categorías groseras como "principiantes" y "expertos", sin otra especificación. Un grupo de investigación informó el tiempo que dedicaban diariamente a meditar las personas que estudiaron. Variaba desde 10 minutos algunos días de la semana hasta 240 minutos diarios. Pero no se indicaba durante cuántos meses o años lo habían hecho, un dato esencial para calcular las horas de práctica a lo largo de la vida. Ese cálculo está ausente en la gran mayoría de las investigaciones sobre meditación. El clásico estudio zen de los años 60 que mostraba la incapacidad para habituarse a sonidos repetitivos —uno de los pocos existentes en esa época y uno de los primeros que despertaron nuestro interés— ofrecía escasos datos sobre la experiencia de los monjes zen en la meditación. ¿Le dedicaban diez minutos, una hora, seis horas todos los días? ¿Dejaban de practicar algún día? ¿A cuántos retiros (sesshins) de práctica más intensiva habían asistido y cuántas horas de práctica implicaba cada uno? No lo sabemos.

Al día de hoy la lista de estudios que padecen esa incertidumbre sigue creciendo. Pero obtener información detallada sobre la cantidad de horas dedicadas a la práctica por un meditador se ha convertido en un procedimiento estándar en el laboratorio de Richie. Cada uno de los meditadores estudiados informa qué tipo de meditación practica, con qué frecuencia y durante cuánto tiempo cada semana. También, si asistió a retiros y, en ese caso, cuál fue la duración de cada uno. Más aun, los meditadores repasan cada retiro y estiman el tiempo dedicado a cada estilo de meditación. Esas cifras permiten que el equipo de Davidson analice sus datos teniendo en cuenta la cantidad total de horas de práctica, el tiempo dedicado a los diferentes estilos, y las horas de meditación en retiros o en el hogar.

Como veremos, los beneficios cerebrales y conductuales de la meditación suelen relacionarse con una dosis: cuanto más se medita, tanto mejor es el resultado. Si los investigadores no conocen las horas de práctica de los meditadores que estudian, están olvidando algo importante. Del mismo modo, numerosos estudios sobre meditación que incluyen un grupo "experto" muestran enorme variación en el significado de ese adjetivo y no calculan con precisión cuántas horas han practicado esos expertos.

Si las personas estudiadas meditan por primera vez —por ejemplo, son instruidos en la atención plena— el cálculo de la cantidad de horas de práctica es sencillo: las horas de instrucción más lo que puedan practicar en su casa. Sin embargo muchos estudios interesantes seleccionan meditadores experimentados sin calcular cuántas horas ha dedicado a la práctica cada uno, pese a que las diferencias pueden ser grandes. Por ejemplo, un estudio agrupó a meditadores cuya experiencia variaba de 1 a 29 años de práctica.

Por otra parte, se debe considerar la idoneidad de los instructores. Pocos estudios de los muchos que hemos revisado consideraron que debían mencionar cuántos años de experiencia en su tarea tenían los instructores (en uno de ellos variaba de cero a quince), aunque ninguno calculó a cuántas horas equivalían.

MÁS ALLÁ DEL EFECTO HAWTHORNE

En la década de 1920, en Hawthorne Works, una fábrica de material eléctrico cercana a Chicago, los experimentadores simplemente mejoraron la iluminación y ajustaron un poco los horarios de trabajo. No obstante, pese a esas pequeñas mejoras los obreros trabajaron más, al menos durante un tiempo.

Una intervención positiva (tal vez, el simple hecho de que alguien observe su conducta) hará que la gente afirme sentirse mejor o experimente otra mejora. El "efecto Hawthorne" no es mérito de una determinada intervención. Cualquier cambio que las personas consideren positivo produciría resultados favorables.

El equipo de Richie, prevenido ante aspectos como el efecto Hawthorne, ha dedicado tiempo y esfuerzo a comparar condiciones apropiadas en sus estudios sobre meditación. El entusiasmo de un instructor por un método puede contagiar a quienes lo aprenden, por lo que el método "de control" debería enseñarse con el mismo nivel de positividad.

Para deslindar este tipo de extraños efectos de los verdaderos impactos de la meditación, Richie y sus colegas desarrollaron el Programa de Mejora de la Salud (PMS), como condición comparativa para estudiar la reducción del estrés basada en la atención plena. El PMS abarca musicoterapia con relajación, educación nutricional, y ejercicios físicos (de postura, equilibrio, fortalecimiento, estiramiento, además de caminar o correr).

En los estudios de laboratorio, los instructores que enseñaban PMS creían en su utilidad, así como los instructores de meditación creían que el suyo era un método útil. Ese "control activo" puede neutralizar factores como el entusiasmo e identificar los beneficios particulares de cualquier intervención —en este caso, la meditación— para observar mejoras que superen el límite de Hawthorne.

El equipo de Richie asignó al azar voluntarios para PMS y para REBAP. Antes y después del entrenamiento les pidió que completaran cuestionarios, que en una investigación anterior habían reflejado mejoras obtenidas a través de la meditación. Pero en este caso ambos grupos informaron mejoras similares en parámetros subjetivos de angustia, ansiedad y síntomas médicos. El equipo de Richie concluyó que buena parte del alivio que los principiantes atribuían a la meditación no parecía ser consecuencia exclusiva de ese método.[13]

Más aun, en un cuestionario creado específicamente para evaluar la atención plena, no se encontró ninguna diferencia entre el nivel de mejora obtenido con REBAP o PMS.[14]

Por lo tanto, el equipo de Richie concluyó que, para la atención plena, y probablemente para cualquier otra forma de meditación, muchos de los beneficios informados en los estadios iniciales de la práctica pueden atribuirse a las expectativas, los lazos sociales del grupo, el entusiasmo del instructor u otros factores que influyen para que los participantes adecuen su conducta al resultado esperado. En lugar de originarse en la meditación per se, cualquier beneficio puede ser simplemente la señal de que la persona tiene esperanzas y expectativas positivas.

Para quienes buscan una práctica meditativa estos datos constituyen una advertencia, una invitación a ser cautelosos ante las exageradas proclamas sobre sus beneficios. También son un llamado de atención a la comunidad científica, que debe diseñar con mayor rigurosidad sus investigaciones sobre meditación. El mero hallazgo de que la gente que practica uno u otro tipo de meditación muestra mejoras en comparación con los integrantes de un grupo control que no medita no significa que esas mejoras se deban a la meditación. Sin embargo, tal vez sea el modelo que se aplica más comúnmente al estudiar los beneficios de meditar. E impide ver con claridad los verdaderos beneficios de la práctica. Podrían esperarse datos igualmente entusiastas de personas que esperan obtener mayor bienestar haciendo pilates, bowling o dieta paleo.

¿Qué es la atención plena?

Existe una confusión con respecto a lo que significa "atención plena", tal vez el método de moda entre los investigadores de hoy. Algunos científicos aplican esa denominación a cualquier tipo de meditación. Su uso se ha generalizado en la sociedad, aunque la atención plena es solo uno entre una gran variedad de métodos para meditar.

Atención plena es la traducción al español de *sati*, una palabra en lengua pali. Los eruditos la traducen de muchas otras maneras: conciencia, concentración e incluso discernimiento.[15] No existe una palabra equivalente aceptada por todos los expertos.[16] En algunas tradiciones de meditación atención plena significa advertir que la mente deambula. En este sentido es parte de una secuencia que comienza cuando la mente se enfoca en una cosa, pasa a otra, luego a otra, hasta que advierte que ha estado vagando. La secuencia finaliza cuando la atención regresa al foco.

Esta secuencia, familiar para cualquier meditador, podría llamarse también concentración, porque la atención plena sirve de apoyo en el esfuerzo de enfocarse en algo. Cuando el foco es un mantra, la instrucción puede ser: "Cuando advierta que su mente está vagando, comience suavemente a recitar el mantra otra vez". En el mecanismo de la meditación, enfocarse en una cosa significa detectar también cuándo la mente se desvía, para traerla de regreso. Por lo tanto, concentración y atención plena van tomadas de la mano.

La atención plena puede asociarse también con la idea de conciencia que fluye, que observa lo que sucede sin juzgar o reaccionar. Tal vez la definición más citada sea la de Jon Kabat-Zinn:

"Es la conciencia que surge al dirigir deliberadamente la atención —en el momento presente, y sin juzgar— al desarrollo de la experiencia.[17]

Desde el punto de vista de la ciencia cognitiva, son otras las implicancias de precisar los métodos utilizados: lo que científicos y usuarios denominan "atención plena" puede hacer referencia a diversos modos de emplear la atención. Por ejemplo, en un contexto zen o theravada la expresión tiene un significado diferente del que adquiere en algunas tradiciones tibetanas. Cada uno de ellos refiere (a veces sutilmente) a un modo de atención y muy posiblemente a distintos correlatos cerebrales. Por lo tanto, es fundamental que los investigadores sepan qué tipo de atención plena estudian e incluso si la variedad de meditación que investigan es, en efecto, atención plena.

En la investigación científica la expresión "atención plena" ha tomado un rumbo extraño. Una de las evaluaciones comúnmente utilizadas no fue desarrollada a partir de lo que ocurre durante la práctica de la atención plena sino a través de un cuestionario respondido por cientos de estudiantes universitarios que, en opinión de los investigadores, podría captar distintas facetas de esa modalidad de meditación.[18] Por ejemplo, se les preguntaba si les parecían verdaderas afirmaciones de este tipo: "Observo mis sentimientos sin ser arrastrado por ellos" o "Me resulta difícil mantenerme enfocado en lo que sucede en este momento". El test incluye cualidades como no juzgarse a sí mismo, por ejemplo, por tener un sentimiento no apropiado. A primera vista, parece correcto. Esta evaluación de la atención plena debería correlacionarse —y lo hace— con los progresos de las personas en programas como REBAP; y las puntuaciones del test correlacionaron con la cantidad y calidad de la práctica de la atención plena.[19] Desde un punto de vista técnico esto es muy bueno. Se lo denomina "validez de constructo".

Pero cuando el equipo de Richie la utilizó en otro test técnico, encontró problemas en la "validez discriminante", es decir, la capacidad de una medición de correlacionar no solo con la variable estudiada, sino de *no* correlacionar con otras. En este caso, el test no debería reflejar los cambios operados en el grupo de control activo de PMS, que fue intencionalmente diseñado para no mejorar la atención plena. No obstante, los resultados de los estudiantes PMS fueron muy parecidos a los del grupo REBAP, una mejora en la atención plena, como se había evaluado en las respuestas del test. Más formalmente, había cero evidencia de que esa medida tuviera validez discriminante.

Otro cuestionario de autoevaluación muy utilizado mostró en un estudio una correlación positiva entre la borrachera y la atención plena: a mayor grado de alcoholización, más atención plena. Algo parecía andar mal.[20] Y una investigación sobre 12 meditadores con un promedio de 5800 horas de práctica y otros 12 más expertos (con un promedio de 11.000 horas de práctica) no mostró diferencias con un grupo de no meditadores en las evaluaciones de dos cuestionarios comúnmente utilizados para la atención plena, tal vez porque son más conscientes de los vagabundeos de su mente que la mayoría de las personas.[21]

Cualquier cuestionario que pide una autoevaluación es susceptible al sesgo o, como dijo más claramente un investigador: "puede acomodarse". Por ese motivo el equipo de Davidson ha ideado una medida que considera más robusta: la habilidad para mantener el enfoque mientras se cuenta la respiración.

No es tan simple como parece. Con cada exhalación se debe presionar en un teclado la flecha que apunta hacia abajo. Y para hacerlo más complejo, cada nueve exhalaciones se debe presionar una tecla diferente —la flecha que apunta a la derecha— y comenzar a contar de nuevo.[22] La fortaleza de este test reside en que la diferencia entre la cuenta y la verdadera cantidad de respiraciones ofrece una medida objetiva mucho menos proclive al sesgo psicológico. Según lo previsto, los meditadores expertos se desempeñan notoriamente mejor que los no meditadores y las puntuaciones de este test mejoran con el entrenamiento en atención plena.[23]

Esta reseña de los inconvenientes de nuestros primeros intentos al investigar sobre meditación, las ventajas de un grupo de control activo, la necesidad de más rigor y precisión al medir los impactos de la meditación, parece una adecuada introducción a nuestra inmersión en el agitado mar de la investigación sobre meditación.

Al sintetizar estos resultados hemos tratado de aplicar los estándares experimentales más estrictos para enfocarnos en los hallazgos más sólidos. Esta decisión implica dejar de lado la amplia mayoría de los estudios sobre el tema, incluidos los resultados que los científicos consideran cuestionables, refutables o defectuosos.

Como hemos visto, los métodos de investigación viciados de nuestra época de estudiantes en Harvard reflejaban la escasa calidad, generalizada en las décadas de 1970 y 1980, de los estudios sobre meditación. Esos primeros intentos no satisfacen hoy nuestros estándares, por lo que no los incluimos en este libro. De hecho, de una u otra manera una gran proporción de los estudios sobre meditación no logran satisfacer los estándares fundamentales para ser publicados en revistas científicas de primer nivel.

Sin duda, con el paso de los años ha aumentado la sofisticación al mismo tiempo que la cantidad de las investigaciones sobre meditación, que suman más de 1000 cada año. Este tsunami de estudios sobre el tema crea un panorama nebuloso, con un confuso maremágnum de resultados. Por lo tanto, además de enfocarnos en los hallazgos más sólidos, tratamos de destacar los criterios significativos dentro de ese caos.

Hemos analizado esta masa de hallazgos de acuerdo con los tipos de transformaciones descritas en la literatura clásica de varias tradiciones espirituales. Esos textos de tiempos remotos ofrecen hipótesis de trabajo a las investigaciones de hoy.

También, cuando los datos lo permiten, hemos relacionado estos cambios de temperamento con los sistemas cerebrales involucrados. Los cuatro sistemas neurales que la meditación transforma son: en primer lugar, los que generan reacción ante hechos perturbadores —es decir, estrés— y la posterior recuperación (Dan trató de documentarlos sin éxito). El segundo sistema cerebral, que rige la compasión y la empatía, parece estar listo para ascender de categoría. El tercero, el circuito de la atención —que interesó tempranamente a Richie— también mejora de diversas maneras, lo que no es sorprendente dado que la meditación reentrena la habilidad de enfocarse. El cuarto sistema neural, que guía nuestro auténtico sentido del ser, tiene escasa prensa en la moderna discusión sobre meditación, aunque tradicionalmente uno de los principales objetivos de la práctica es la transformación interior.

Cuando estos circuitos se conjugan en la práctica contemplativa, producen un doble beneficio: un cuerpo y una mente saludables. Dedicaremos sendos capítulos a la investigación realizada acerca de cada uno de ellos.

La tarea de desvelar los principales efectos cualitativos de la meditación es titánica. La hemos simplificado limitando nuestras conclusiones a las mejores investigaciones. Este criterio riguroso se contrapone a la actitud generalizada de aceptar hallazgos

—y promocionarlos— simplemente porque aparecieron en una revista "revisada por colegas". Considerando que incluso las publicaciones académicas poseen distintos estándares de revisión de los artículos, hemos elegido las que imponen los estándares más altos. Por otra parte, hemos examinado cuidadosamente los métodos utilizados, en lugar de ignorar los cuantiosos inconvenientes y limitaciones de los estudios publicados, que obligadamente se describen al final de los correspondientes artículos.

En principio el equipo de Richie recolectó exhaustivamente los artículos sobre efectos de la meditación dedicados a cada aspecto —por ejemplo, la compasión— que aparecieron en todas las publicaciones. Luego seleccionó los que satisfacían los estándares más altos del diseño experimental. De 231 informes sobre la amorosa bondad o la compasión, solo 37 satisfacían esos estándares. Cuando Richie analizó la rigurosidad del diseño experimental y la importancia del estudio, eliminó —o bien condensó— los artículos que se superponían y de este modo los estudios se redujeron a unos 8. En el capítulo 6, "Preparado para amar", comentamos sus hallazgos junto con algunos otros que plantean temas sugestivos.

Nuestros colegas científicos podrían esperar una descripción mucho más detallada (¿obsesiva?) de todos los estudios relevantes, pero no es el objetivo de este libro. Dicho lo cual, agradecemos las numerosas investigaciones que no incluimos, cuyos hallazgos concuerdan con nuestra exposición (o no concuerdan, o bien añaden un giro), algunas excelentes, otras no tanto. Pero hagamos que esto siga siendo simple.

Notas

1. Richard Lazarus, *Stress, Appraisal and Coping* (New York: Springer, 1984).

2. Daniel Goleman, "Meditation and Stress Reactivity," Harvard PhD thesis, 1973; Daniel Goleman and Gary E. Schwartz, "Meditation Intervention in Stress Reactivity", *Journal of Consulting and Clinical Psychology* 44:3 (June 1976): 456- 66; http:// dx.doi.org/ 10.1037/ 0022- 44.3.456.

3. Daniel T. Gilbert et al., "Comment on 'Estimating Reproducibility of Psychological Science'", *Science* 351:6277 (2016); doi: 10.1126/ science.aad7243.

4. La autoevaluación que Dan utilizó, la medición de estado-rasgo, es aún muy utilizada en la investigación sobre estrés y se la incluye en estudios sobre meditación. Ver: Charles. D. Spielberger et al., *Manual for the State- Trait Anxiety Inventory* (Palo Alto, CA: Consulting Psychologists 1983).

5. Alentado por su tutor de tesis, Dan dedicó semanas a consultar libros de la Biblioteca Baker de Harvard en busca del circuito cerebral relacionado con la sudoración repentina. En aquel momento las nociones de neuroanatomía disponibles no habían logrado delinear ese circuito. El consejero de Dan anhelaba publicar un artículo sobre el tema, una aspiración que nunca se concretó.

6. Los registros eléctricos eran, sin duda, avanzados para la época. Pero la lectura de esos registros ofrece una noción imprecisa de lo que verdaderamente ocurre en el cerebro. En especial, si se los compara con los actuales sistemas de análisis.

7. Peor aún, en el estudio de Dan incluso esas mediciones periféricas fueron algo torpes. Además de la frecuencia cardiaca y la sudoración, había utilizado el electromiograma (EMG) para evaluar el nivel de tensión del músculo frontal (el que acerca nuestras cejas cuando fruncimos el ceño). Pero los resultados del EMG fueron desechados porque Dan cometió un error al indicar el tipo de adhesivo que debía usarse para pegar los sensores en la frente.

8. El tutor de Dan le aconsejó dejar de lado el registro de frecuencia cardiaca en su tesis. Más tarde, cuando ambos presentaron un trabajo

conjunto en una revista académica, consiguió en el departamento fondos que permitieron contratar algunos estudiantes para hacer la medición. Pero solo fueron suficientes para hacer el cálculo en determinados periodos. El tutor seleccionó los más críticos, por ejemplo, la curva de recuperación de los accidentes en las tiendas. Pero nuevamente surgió un problema: ante los accidentes los meditadores mostraron una reacción más fuerte que los controles. Aunque la pendiente de su curva de recuperación era más pronunciada —lo que indicaba un regreso más rápido al estado inicial— no los mostraba más relajados que los controles después de los accidentes. Un punto débil, que destacaron posteriores críticas del estudio. Ver, por ejemplo, David S. Holmes, "Meditation and Somatic Arousal Reduction: A Review of the Experimental Evidence", *American Psychologist* 39:1 (1984): 1- 10.

9. La comparación fundamental para establecer un posible efecto perdurable debería realizarse entre meditadores expertos y novicios, con la salvedad de que ninguno de los grupos meditara antes de ver la película sobre accidentes.

10. Joseph Henrich et al., "Most People Are Not WEIRD", *Nature* 466:28 (2010). Publicado online, 30/6, 2010; doi:10.1038/ 466029a.

11. Anna-Lena Lumma et al., "Is Meditation Always Relaxing? Investigating Heart Rate, Heart Rate Variability, Experienced Effort and Likeability Training of Three Types of Meditation", *International Journal of Psychophysiology* 97 (2015): 38- 45.

12. Eileen Luders et al., "The Unique Brain Anatomy Practitioners' Alterations in Cortical Gyrification", *Frontiers Neuroscience* 6:34 (2012): 1-7.

13. La complejidad de atribuir esos cambios a determinada intervención —ya sea meditación o psicoterapia clínica— más que a efectos "inespecíficos" de las intervenciones es todavía un tema crucial en el diseño experimental.

14. S. B. Goldberg et al., "Does Mindfulness Questionnaire Measure What We Think It Does? Validity Evidence from an Active Controlled Randomized Clinical Trial", *Psychological Assessment* 28:8 (2016): 1009—14; doi:10.1037/ pas0000233.

15. R. J. Davidson y Alfred W. Kazniak, "Conceptual and Methodological Issues in Research Mindfulness and Meditation", *American Psychologist* 70:7 (2015): 581- 92.

16. Ver: Bhikkhu Bodhi, "What Does Mindfulness Really Mean? A Canonical Perspective", *Contemporary Buddhism* 12:1 (2011): 19-39; John Dunne, "Toward Understanding of Non- Dual Mindfulness", *Contemporary Buddhism* 2011) 71- 88.

17. Ver, por ejemplo: http:// www.mindful.org/ jon-kabat-zinn-defining-mindfulness/. También, J. Kabat- Zinn, "Mindfulness-Based Interventions in Context: Past, Present, and Future", *Clinical Psychology Science and Practice* 10 (2003): 145.

18. The Five Facet Mindfulness Questionnaire: R. A. Baer et al., "Using Self-Report Assessment Methods to Explore Facets of Mindfulness", *Assessment* 13 (2009): 27- 45.

19. S. B. Goldberg et al., "The Secret Ingredient in Mindfulness Interventions? A Case for Practice Quality over Quantity," *Journal of Counseling Psychology* 61 (2014): 491- 97.

20. J. Leigh et al., "Spirituality, Mindfulness, and Substance Abuse", *Addictive Behavior* 20:7 (2005): 1335- 41.

21. E. Antonova et al., "More Meditation, Less Habituation: The Effect of Intensive Mindfulness Practice on the Acoustic Startle Reflex", *PLoS One* 10:5 (2015):1- 16; doi:10.1371/ journal.pone.0123512.

22. D. B. Levinson et al., "A Mind You Can Count On: Validating Breath Counting as Behavioral Measure of Mindfulness", *Frontiers in Psychology* 5:1202 (2014); http:// journal.frontiersin.org/ Journal/ 110196/ abstract.

23. Ibid.

5

Una mente serena

"Todo lo que hagas, grande o pequeño, es solo una octava parte del problema. Mantener la calma aunque no logres realizar la tarea equivale a los otros siete octavos", advirtió un monje cristiano del siglo VI a uno de sus cofrades.[1] Una mente serena es uno de los objetivos sobresalientes de los métodos de meditación de las grandes tradiciones espirituales. Thomas Merton, un monje trapense, escribió su versión de un poema tomado de los antiguos anales del taoísmo que alaba esta cualidad. Se refiere a un artesano que podía dibujar círculos perfectos sin utilizar un compás, y poseía una mente "libre y despreocupada". Es decir, una mente desprovista de las angustias que provoca la vida: necesidad de dinero, excesivo trabajo, problemas familiares o de salud.

En la naturaleza, episodios de tensión como el encuentro con un predador son pasajeros y el cuerpo dispone de tiempo para recuperarse. En la vida moderna los estresores son de índole psicológica más que biológica[2] y pueden ser constantes (al menos en nuestros pensamientos), como un jefe terrible o un conflicto familiar. Pero estos estresores disparan las mismas antiguas reacciones biológicas. Si las reacciones ante el estrés perduran largo tiempo pueden enfermarnos.

Nuestra vulnerabilidad ante enfermedades agravadas por el estrés como la diabetes o la hipertensión refleja el aspecto negativo de nuestro diseño cerebral. El aspecto positivo refleja las maravillas del córtex, que ha creado civilizaciones (y la computadora con que escribimos este libro). Pero el centro ejecutivo del cerebro, localizado detrás de la frente en nuestro córtex prefrontal, nos otorga una ventaja única entre todas las especies animales y, al mismo tiempo, una paradójica desventaja: la capacidad de anticipar el futuro y de preocuparnos por él, así como la capacidad de recordar el pasado y de lamentarnos.

El filósofo griego Epicteto afirmó hace siglos que no es inquietante lo que nos sucede sino nuestra manera de entenderlo. El poeta Charles Bukowski aporta una versión moderna de esta idea: no son las cosas importantes las que nos perturban sino "el cordón del zapato que se rompe en el momento inoportuno".

La ciencia muestra que cuanto más percibimos esas molestias tanto más alto es el nivel de hormonas del estrés como el cortisol. Y el aumento crónico del nivel de cortisol tiene efectos perjudiciales, como un mayor riesgo de muerte causada por trastornos cardiacos.[3] ¿La meditación puede ayudar?

AL DORSO DEL SOBRE

Conocimos a Jon Kabat-Zinn en nuestra época de Harvard. Una vez doctorado en biología molecular en el MIT, él exploraba las posibilidades de la meditación y el yoga. Era discípulo del maestro zen coreano Seung Sahn, que tenía un centro de meditación en el barrio de Cambridge donde vivía Dan. Cerca de allí, en el apartamento del segundo piso que ocupaba frente a Harvard Square, poco antes de viajar a India, Richie recibió de Jon su primera instrucción en meditación y yoga.

Jon tenía una manera de pensar similar a la nuestra. Había sido parte de nuestro equipo cuando estudiamos a Swami X en la Escuela de Medicina de Harvard. Acababa de obtener una beca de investigación en anatomía y biología celular en la recién inaugurada Escuela de Medicina de la Universidad de Massachusetts en Worcester, a una hora de Cambridge. La anatomía era su principal interés. Jon ya había comenzado a dar clases de yoga y asistía con frecuencia a retiros en la (Insight Meditation Society o IMS (Sociedad de Meditación de Interiorización), recién fundada en Barre, también a una hora de Boston y cerca de Worcester. En 1974, varios años antes de su fundación, a principios de un gélido mes de abril Jon había pasado dos semanas en un campamento de chicas exploradoras en los Berkshires, alquilado para dictar un curso vipassana. Robert Hover, el instructor, había sido designado por el maestro birmano U Ba Khin, que también fue maestro de S. N. Goenka, a cuyos retiros Dan y Richie asistieron en India.

Al igual que Goenka, durante los primeros tres días del retiro Hover indicaba a sus aprendices que se enfocaran en la respiración para lograr concentración. Luego, durante los siete días restantes, debían explorar las sensaciones de todo el cuerpo —de la cabeza a los pies— con gran lentitud. Durante esa exploración la atención debía dirigirse solo a las sensaciones corporales, una norma de esa modalidad de meditación.

Hover realizaba varias sesiones de meditación de dos horas (las de Goenka duraban una hora). En su transcurso los discípulos juraban no hacer un solo movimiento voluntario. Jon nunca había sentido un nivel de dolor como el que provocaban esas sesiones de inmovilidad. Pero mientras recorría su cuerpo tratando de enfocarse en la experiencia, el dolor intolerable se disipaba transformándose en sensaciones.

En ese retiro Jon descubrió algo que rápidamente escribió al dorso de un sobre. Deseaba compartir los beneficios de la práctica de la meditación con personas que padecían un dolor crónico, imposible de dominar cambiando de postura o interrumpiendo la práctica de meditación. El apunte, junto a una súbita visión que tuvo unos años después, durante un retiro,[4] le permitió reunir piezas sueltas de su propia historia en una forma que sería accesible a cualquier persona: en septiembre de 1979, en el Centro Médico de la Universidad de Massachusetts nació el programa ahora conocido en todo el mundo como Reducción del Estrés basado en la Atención Plena (REBAP).

En su práctica clínica Jon comprendió que muchas personas padecen dolores intolerables, que solo pueden aplacarse con narcóticos que los debilitan. Y comprobó que la exploración corporal y otras prácticas de atención plena contribuían a que estos pacientes pudieran separar el aspecto cognitivo y emocional del dolor de la pura sensación: un giro perceptual que en sí mismo podía ser importante.

No obstante, la mayoría de estos pacientes —una azarosa franja de personas de clase trabajadora de los alrededores de Worcester— no podían permanecer sentados por largos periodos, como los dedicados meditadores instruidos por Hover. De modo que Jon adaptó un método aprendido en sus clases de yoga, que consiste en tenderse en el suelo y meditar explorando el cuerpo. El método se asemejaba al de Hover: después de conectarse con el cuerpo, se lo explora siguiendo una secuencia sistemática que comienza en los dedos del pie izquierdo y concluye en la cabeza. La clave reside en la posibilidad de registrar, y luego investigar y transformar, la relación con cualquier sensación que experimente un lugar del cuerpo, aunque sea muy desagradable.

De su aprendizaje zen y vipassana Jon tomó una meditación que requiere sentarse para prestar atención a la respiración, dejando pasar los pensamientos o sensaciones que surgen, siendo consciente solo de sí mismo en lugar de enfocarse en el objeto de atención: en principio, la respiración, y luego otros como sonidos, pensamientos, emociones y, por supuesto, sensaciones corporales de todo tipo. Y tomando otra clave del zen y el vipassana, agregó la caminata atenta, la alimentación atenta y una conciencia generalizada de las acciones vitales, incluida la de establecer relaciones.

Nos alegró que Jon considerara nuestra investigación de Harvard como evidencia (muy escasa por entonces) de que métodos tomados de caminos contemplativos y adaptados prescindiendo de su contexto espiritual pudieran ser beneficiosos en el mundo moderno.[5] Hoy esa evidencia se ha ampliado. REBAP es la práctica de meditación más sometida a estudio científico. Tal vez sea la modalidad de atención plena más practicada, enseñada en hospitales, clínicas, escuelas e incluso empresas de todo el mundo.

Uno de los muchos beneficios que se le atribuyen es mejorar la manera de manejar el estrés. Pillippe Goldin (uno de los asistentes a SRI) y James Gross, su mentor en la Universidad de Standford, realizaron una de las primeras investigaciones sobre el impacto de REBAP en la reactividad al estrés, en un pequeño grupo de pacientes con trastorno de ansiedad social que realizaron el programa REBAP estándar de 8 semanas.[6]

Antes y después del entrenamiento, se hicieron resonancias magnéticas durante las cuales los participantes oyeron frases tomadas de sus propios relatos de debacle social y de los pensamientos que generaron esos episodios. Por ejemplo: "Soy un incompetente" o "Mi timidez me avergüenza". Al oír esas ideas estresantes, los pacientes apelaban a dos modalidades de atención: se concentraban en su respiración o se distraían haciendo mentalmente operaciones aritméticas. Solo la atención en su respiración disminuyó la actividad de la amígdala —sobre todo, por medio de una recuperación más veloz— y fortaleció los circuitos cerebrales de la atención. Entretanto, los pacientes mostraron menos reactividad al estrés. El mismo patrón beneficioso surgió cuando se comparó a los pacientes que hicieron REBAP con otros que se habían entrenado en ejercicios aeróbicos.[7]

Este es solo uno de los cientos de estudios realizados acerca de REBAP que revelan una multitud de beneficios, como veremos a lo largo de este libro. Pero lo mismo puede decirse de un pariente cercano de REBAP: la atención plena en sí misma.

ATENCIÓN CONSCIENTE

Cuando comenzamos a participar de los diálogos entre el Dalai Lama y científicos en el Mind and Life Institute, nos impresionó la exactitud con que Alan Wallace, uno de sus intérpretes, era capaz de convertir términos científicos en sus significados equivalentes en tibetano, un idioma que carece de ese léxico. Luego supimos que Allan era doctor en teología por la Universidad de Stanford, tenía familiaridad con la física cuántica y una rigurosa formación filosófica, en parte adquirida durante los años en que fue monje budista tibetano.

A partir de su pericia contemplativa Alan desarrolló un programa singular que toma del contexto tibetano una práctica de meditación accesible a todos. Lo denominó Entrenamiento de la Atención Consciente. El programa comienza haciendo foco en la respiración, refina progresivamente la atención para observar el flujo natural de la actividad mental y finalmente descansa en la sutil conciencia de la conciencia misma.[8]

En un estudio realizado en Emory personas que nunca antes habían meditado fueron asignadas al azar al Entrenamiento de la Atención Consciente o bien a la meditación compasiva. Un tercer grupo, de control activo, participó de una serie de discusiones sobre la salud.[9]

Los participantes fueron escaneados antes y después de las 8 semanas de entrenamiento. Como ocurre habitualmente al investigar emociones, en el transcurso de la exploración vieron una serie de imágenes, algunas de ellas perturbadoras, como víctimas de un incendio. El grupo de atención consciente mostró menor actividad de la amígdala en respuesta a las imágenes inquietantes. Los cambios en la función de la amígdala se produjeron en el estado de referencia inicial del estudio, lo que aporta indicio de un efecto cualitativo.

La amígdala tiene un papel privilegiado como radar cerebral de amenazas: recibe información instantánea de nuestros sentidos y la procesa para saber si se trata de un peligro. Si percibe una amenaza, el circuito de la amígdala dispara la respuesta parálisis-lucha-huida, un flujo de hormonas como el cortisol y la adrenalina que nos impulsa a la acción. La amígdala también responde ante cualquier cosa digna de atención, sea agradable o desagradable. La sudoración que Dan medía en su estudio era un lejano indicador de esta reacción dirigida por la amígdala. De hecho, intentaba distinguir un cambio en la función de la amígdala, una recuperación más rápida de la excitación, pero la respuesta de sudoración era una medida rotundamente indirecta. Pasaría mucho tiempo antes de que se inventaran los escáneres que registran directamente la actividad de las regiones cerebrales.

La amígdala se conecta con dos circuitos cerebrales: el que enfoca la atención y el que provoca intensas reacciones emocionales. Este rol dual explica por qué, cuando nos domina la ansiedad, también estamos muy distraídos, en particular por aquello que nos causa ansiedad. En calidad de radar cerebral de amenazas, la amígdala dirige nuestra atención a lo que considera preocupante. Así, cuando algo nos inquieta o nos molesta, nuestra mente vaga constantemente en torno a ese factor de inquietud o molestia, incluso hasta el límite de la obsesión, como ocurría con los espectadores del film sobre accidentes cuando veían que Al acercaba su pulgar a la malvada sierra dentada.

Por la misma época en que se descubría que la atención plena aquieta la amígdala otros investigadores reclutaron voluntarios que nunca habían meditado, para que practicaran atención plena durante 20 minutos diarios a lo largo de una semana y luego pasaran por un resonador magnético.[10] Durante el escaneo vieron imágenes diversas, desde víctimas de incendio hasta lindos conejitos. Las observaron en su estado mental habitual y también mientras practicaban atención plena.

En atención consciente la respuesta de la amígdala a todas las imágenes era mucho más baja (en comparación con no meditadores). Este indicio de menor perturbación era visiblemente mayor en la amígdala correspondiente al lado derecho del cerebro, la que a menudo responde más enérgicamente a cualquier factor de disgusto (hay amígdala en el hemisferio derecho e izquierdo).

En este segundo estudio, la menor actividad de la amígdala se halló solo durante la atención consciente. El hecho de que no se hallara durante el estado de conciencia ordinaria indica un efecto de estado. Un rasgo alterado es siempre el "antes" y no el "después".

EL DOLOR ESTÁ EN EL CEREBRO

Si nos pinchamos la mano, se ponen en funcionamiento diferentes sistemas cerebrales, unos relacionados con la sensación de dolor y otros con nuestro rechazo a ese dolor. El cerebro los unifica en un instantáneo y visceral ¡Ay!

Esa unidad se quiebra cuando practicamos atención plena, dedicada durante horas a percibir con gran detalle nuestras sensaciones corporales. Al sostener el foco, nuestra conciencia muta. Lo que fue una punzada dolorosa se transforma, dividiéndose en sus componentes: la intensidad de la punzada y la sensación dolorosa por un lado, y por otro, el aspecto emocional: no queremos ese dolor, deseamos urgentemente que cese. Pero si seguimos investigando, concentrados, esa punzada se transforma en una experiencia para desmenuzar con interés, incluso con calma. Podemos ver que nuestra aversión desaparece y el dolor se descompone en sensaciones más sutiles: palpitaciones, calor, intensidad.

Imaginemos que oímos el murmullo de un tanque con unos 20 litros de agua cuando esta empieza a hervir y pasa a través de una delgada manguera de goma que atraviesa una placa cuadrada de metal de 5 centímetros sujeta a nuestra muñeca. La placa se calienta. Al principio es agradable. Pero en cuestión de segundos la temperatura del agua asciende varios grados y la sensación rápidamente se transforma en dolor. Finalmente no podemos tolerarlo. Si hubiéramos tocado un horno encendido, instantáneamente habríamos apartado la mano. Pero no podemos quitarnos la placa de metal. Sentimos el terrible calor durante 10 segundos, con la certeza de tener una quemadura.

Pero no es así, la piel está sana. Hemos alcanzado el umbral más alto del dolor. El dispositivo —el estimulador térmico Medoc— fue diseñado para detectarlo. Los neurólogos lo utilizan para evaluar enfermedades como neuropatías, que implican un deterioro del sistema nervioso central. El estimulador térmico posee dispositivos de seguridad para que la piel no se queme, aun cuando su calibración alcanza el máximo umbral de dolor. Y los umbrales de dolor de las personas están lejos del límite en el que se produce una quemadura. Por ese motivo el Medoc fue utilizado para determinar si la meditación modifica nuestra percepción del dolor.

Entre los principales componentes del dolor se encuentran nuestras sensaciones fisiológicas, como el ardor, y nuestras reacciones psicológicas ante esas sensaciones.[11] En teoría, la meditación podría mutar nuestra respuesta emocional al dolor y hacer más tolerable el ardor. Los meditadores zen aprenden a suspender sus reacciones mentales y la categorización de lo que aparece en su mente o en su entorno. Esta actitud mental gradualmente derrama en la vida diaria.[12] El experto practicante de meditación zen (zazen) no necesita permanecer sentado. Los estados de conciencia que en principio se logran solo en la sala de meditación progresivamente se vuelven permanentes, al realizar cualquier actividad, explica la instructora zen Ruth Sasaki.[13]

Los meditadores zen expertos a quienes se les pidió "no meditar" durante un escaneo cerebral toleraron el estimulador térmico.[14] El estudio carecía de grupo control pero es un tema menor en este caso porque existían imágenes cerebrales. Cuando los datos son resultado de informes de los voluntarios (fácilmente sesgados por las expectativas) o incluso conductas observadas por otros (algo menos susceptible al sesgo) el grupo de control activo adquiere gran importancia. Pero cuando se trata de la actividad cerebral las personas no tienen mera idea de lo que sucede y el control activo es menos importante.

Los estudiantes zen más experimentados no solo eran capaces de tolerar el dolor mejor que el grupo control. También mostraban poca actividad en las áreas ejecutiva, evaluativa y emocional durante el dolor. Estas áreas habitualmente se activan y destellan cuando están bajo un estrés tan intenso. Evidentemente sus cerebros parecen desconectar los circuitos ejecutivos que evalúan ("¡Esto hace daño!") del circuito del dolor físico ("Esto quema").

Es decir que los meditadores zen parecían responder al dolor como si fuera una sensación más neutra. En un lenguaje más técnico, sus cerebros mostraban un "desacople funcional" de las regiones cerebrales superiores e inferiores que registran el dolor: mientras el circuito sensorial sentía el dolor los pensamientos y las emociones no reaccionaban ante él. El hallazgo ofrece un nuevo giro en la estrategia que suele utilizarse en la terapia cognitiva: la reevaluación del estrés severo, es decir, considerarlo de una manera menos amenazante, capaz de disminuir su gravedad subjetiva así como la respuesta del cerebro. Sin embargo, los meditadores zen parecían aplicar una estrategia neural de no evaluación, de acuerdo con el encuadre del zazen.

Una lectura más detenida de este artículo revela solo una mención pasajera de un efecto cualitativo importante, en una diferencia hallada entre meditadores zen y el grupo control. En el estado de referencia inicial la temperatura se eleva —como si subiera una escalera— por una serie de peldaños graduados con precisión para calibrar el umbral máximo de dolor de cada persona.

El umbral de los practicantes zen fue 2 grados centígrados (5,6 grados Fahrenheit) más alto que el umbral de los no meditadores.

Tal vez parezca poco pero debido a la manera en que sentimos el dolor que causa el calor, pequeños aumentos de temperatura pueden tener un decisivo impacto tanto en lo subjetivo como en la manera en que responde el cerebro. Aunque esa diferencia de 2 grados pueda parecer insignificante, en el universo de la experiencia de dolor es enorme.

Corresponde a los investigadores ser escépticos con respecto a hallazgos acerca de alteraciones cualitativas porque la diferencia entre quienes deciden perseverar en la meditación y quienes la abandonan podría tener impacto en ellos. Tal vez las personas que deciden meditar durante años ya son diferentes de un modo que podría indicar un efecto cualitativo. En este caso se aplica el principio: correlación no implica causalidad. Pero si un rasgo puede considerarse como un efecto perdurable de la práctica, ofrece una explicación alternativa. Y si en distintos grupos investigados se observan hallazgos similares, la coincidencia permite considerarlos con más seriedad.

Podemos comparar la recuperación de los meditadores zen con la reactividad ante el estrés asociado al *burnout*, el estado de agotamiento y abatimiento producido por años de presión constante, por ejemplo en puestos de trabajo demasiado exigentes.

El burnout se ha vuelto endémico entre los profesionales de la salud —médicos y enfermeras—, y entre las personas que cuidan de seres queridos con enfermedades como el mal de Alzheimer. Por supuesto, también pueden padecer burnout las personas que atienden reclamos de clientes groseros o están sometidas a la exigencia de continuas e implacables fechas límite, características del agitado ritmo de las *start-up*.

Al parecer, esa tensión constante modela el cerebro para peor.[15] Los escaneos cerebrales de personas que durante años ocuparon puestos que les exigían hasta setenta horas semanales de trabajo revelaron una amígdala aumentada y conexiones débiles entre áreas del córtex prefrontal capaces de serenar la amígdala en un momento perturbador. Cuando a esos trabajadores estresados se les pedía que redujeran su reacción ante imágenes inquietantes, eran incapaces de hacerlo, a causa de una falla en la disminución de respuesta al estímulo.

Al igual que las personas que padecen síndrome de estrés postraumático, las víctimas del burnout ya no pueden detener la respuesta cerebral al estrés y nunca gozan del bálsamo sanador del periodo de recuperación.

Resultados tentadores respaldan indirectamente el rol de la meditación en la resiliencia. Un trabajo conjunto entre el laboratorio de Richie y el grupo de investigación dirigido por Carol Ryff estudió a un subconjunto de los participantes de una amplia investigación de nivel nacional sobre la mediana edad en los Estados Unidos. Descubrieron que cuanto más fuerte es el sentido de propósito en la vida, tanto más rápidamente se recuperan las personas de un estresor laboral.[16]

Una vida con propósito y significado puede contribuir a que las personas enfrenten en mejores condiciones los desafíos, desde un nuevo encuadre que les permita recuperarse con más facilidad.

Como vimos en el capítulo 2, según los datos de Ryff la meditación parece aumentar el bienestar, lo que incluye el sentido de propósito. Entonces, ¿cuál es la evidencia directa de que la meditación puede ayudarnos a afrontar disgustos y desafíos con más aplomo?

Más allá de la correlación

En 1975 Dan dictó un curso de psicología de la conciencia en Harvard. Richie, que por entonces cursaba el último año de su carrera de grado, fue su asistente. Entre los estudiantes que asistían al curso se encontraba Cliff Saron, una de las autoridades académicas de Harvard. Cliff tenía un don para la aplicación técnica de la investigación, incluida la electrónica (tal vez heredado de su padre, Bob Saron, que había manejado el equipo de sonido de la NBC). Por su capacidad, Cliff pronto se transformó en coautor de trabajos de investigación de Richie.

Y cuando Richie consiguió su primer puesto docente en la Universidad Estatal de Nueva York en Purchase, llevó consigo a Cliff para dirigir el laboratorio. Al cabo de un periodo y de muchos trabajos científicos compartidos, Cliff obtuvo su doctorado en neurociencia en la Escuela de Medicina Albert Einstein. Ahora dirige un laboratorio en el Centro para la Mente y el Cerebro de la Universidad de California en Davis, y ha sido docente en el SRI. Sin duda su sagaz sentido metodológico lo ayudó a diseñar y dirigir una investigación fundamental, uno de los pocos estudios longitudinales sobre meditación realizados a la fecha.[17] Alan Wallace fue la persona elegida para conducir un retiro de meditación. Cliff implementó una rigurosa batería de evaluaciones para los estudiantes que realizaron un entrenamiento de tres meses en diversos estilos clásicos de meditación como la atención plena y la respiración, orientados a mejorar la concentración, y otros que promueven estados positivos como la amorosa bondad y la serenidad. Los "yoguis" meditaron al menos seis horas diarias durante noventa días. Cliff los sometió a una serie de tests en el principio, la mitad y el final del retiro, y cinco meses después de concluido.[18]

El grupo control estaba formado por voluntarios que comenzaron el retiro una vez que el primer grupo lo había terminado. Esa "lista de espera" control elimina los inconvenientes de las expectativas y demás ambigüedades psicológicas (sin agregar un control activo como el PMS, que significaría una carga logística y financiera para un estudio de este tipo). Defensor de la precisión, Cliff envió integrantes de la lista de espera al lugar del retiro y en idéntico contexto realizó con ellos las mismas evaluaciones.

Uno de los tests presentaba una rápida sucesión de líneas de distinta longitud, con la instrucción de presionar un botón cuando aparecía una línea más corta (una de cada diez). El objetivo era inhibir la tendencia automática a presionar el botón antes de que la línea corta apareciera. A medida que el retiro transcurría, progresaba la habilidad de los meditadores para controlar su impulso. La capacidad de controlar una acción disparada por antojo o impulso constituye una habilidad crítica para manejar nuestra emoción.

Los análisis estadísticos de los informes de los participantes sugerían que esta simple habilidad conduce a una diversidad de mejoras, desde la disminución de la ansiedad hasta un sentido general de bienestar, que incluía la regulación de la emoción (los participantes se liberaban de los impulsos y se recuperaban con más rapidez ante los disgustos). Los miembros de la lista de espera no mostraron cambios en estas mediciones, pero mostraron las mismas mejoras una vez realizado el retiro.

El estudio de Cliff relaciona directamente estos beneficios con la meditación, y apoya con firmeza la noción de rasgos alterados: el seguimiento realizado cinco meses después de finalizado el retiro descubrió que las mejoras permanecían.

El estudio despeja dudas acerca de que los rasgos positivos hallados en los meditadores de largo plazo se deban simplemente a la selección, es decir, a que las personas que ya poseen esos rasgos eligen meditar o siguen haciéndolo a lo largo del tiempo. Este tipo de evidencia sugiere que los estados que se ejercitan en la meditación gradualmente se trasladan a la vida cotidiana para modelar nuestras cualidades. Al menos cuando se trata de manejar el estrés.

UNA ORDALÍA DIABÓLICA

Imaginemos que estamos describiendo nuestras calificaciones para un puesto de trabajo mientras dos entrevistadores nos observan con gesto adusto. Sus rostros no revelan empatía, ni siquiera asienten para alentarnos. Es la situación que se presenta en el Trier Social Stress Test o TSST (Test de Estrés Social), una de las maneras más confiables en que la ciencia dispara los circuitos cerebrales del estrés y su cascada de hormonas.

Imaginemos ahora que, después de esa desalentadora entrevista de trabajo, hacemos una operación aritmética mental bajo presión: de un número como 1232 tenemos que sustraer el número 13 una cantidad de veces, en rápida sucesión. Es la segunda parte del TSST. Los mismos entrevistadores impasibles nos presionan a calcular cada vez más rápido y si cometemos un error debemos empezar de nuevo desde 1232. Esta prueba diabólica provoca una enorme dosis de estrés social, como se denomina al horrible sentimiento de sentirnos evaluados, rechazados o excluidos por otras personas.

Alan Wallace y Paul Ekman crearon un programa para maestros de escuela que combina capacitación psicológica y meditación.[19] Así como Dan había utilizado el film sobre accidentes para provocar estrés, en este caso el estresor era la entrevista de trabajo simulada por el TSST seguida por ese formidable desafío matemático.

A medida que aumentaban las horas de práctica de meditación, la presión sanguínea de los maestros se recuperaba más rápido de un pico durante el TSST. Y seguía ocurriendo 5 meses después de finalizado el programa, lo que sugería al menos un leve efecto en esa característica (5 años más tarde se obtendrían evidencias más firmes).

El laboratorio de Richie utilizó el TSST con expertos meditadores vipassana (con un promedio de 9000 horas de práctica a lo largo de su vida) que meditaron 8 horas durante un día y al siguiente se sometieron al test.[20] Los meditadores y sus pares del mismo género y edad del grupo control fueron evaluados por medio del TSST (y un test de inflamación). Ampliaremos el tema en el capítulo 9, "Mente, cuerpo y genoma".

El resultado indicó que el aumento del nivel de cortisol durante el estrés era menor en los meditadores. Y no menos importante:

los meditadores percibían el temible test como una instancia menos estresante que los no meditadores.

Esta manera más relajada y equilibrada de percibir al estresor no se activaba mientras meditaban sino mientras descansaban, es decir, durante nuestro "antes". Su serenidad a lo largo de la tensa entrevista y el tremendo desafío matemático parecía un auténtico rasgo alterado.

Otras investigaciones realizadas en estos meditadores avanzados ofrecen evidencia adicional.[21] El cerebro de los meditadores fue escaneado mientras veían imágenes perturbadoras de personas que sufrían, como víctimas de incendio. Los cerebros de los meditadores expertos revelaron menor nivel de reactividad en la amígdala, y eran más inmunes al secuestro emocional. La razón: sus cerebros poseen una conectividad operativa más fuerte entre el córtex prefrontal —que administra la reactividad— y la amígdala, que dispara esas reacciones. Cuanto más firme sea esta conexión cerebral, tanto menor será la posibilidad de que una persona sea secuestrada por altibajos emocionales.

Esta conectividad modula el nivel de reactividad emocional de una persona: cuanto más fuerte es el vínculo tanto menor es la reactividad. En efecto, esa relación es tan fuerte que el nivel de reactividad de una persona puede predecirse por medio de la conectividad. Por lo tanto, cuando los meditadores expertos veían la imagen de una víctima de incendio, la reactividad de la amígdala era escasa. Los voluntarios de la misma edad del grupo control no mostraban mayor conectividad ni ecuanimidad al ver las imágenes perturbadoras.

Cuando el equipo de Richie repitió el estudio con personas que participaban de un programa REBAP (de casi treinta horas), y además meditaban un rato a diario en su casa, no observaron una conexión más fuerte entre la región prefrontal y la amígdala durante el desafío de las imágenes perturbadoras. Tampoco cuando el grupo descansaba.

Si bien REBAP reducía la reactividad de la amígdala, el grupo de meditadores de largo plazo mostró esa misma reducción y además, el fortalecimiento de la conexión entre el córtex prefrontal y la amígdala. Este patrón implica que frente a una situación difícil —por ejemplo, en respuesta a un desafío como perder el trabajo— la habilidad para manejar la aflicción (que depende de la conectividad entre el córtex prefrontal y la amígdala) será mayor en los meditadores de largo plazo que en las personas que solo participaron de un programa REBAP.

La buena noticia es que la resiliencia puede ser aprendida, aunque no sabemos cuánto puede durar ese efecto. Sospechamos que es efímero, salvo que los participantes continúen con la práctica, una clave para transformar un estado en un rasgo.

Entre los que muestran una respuesta de la amígdala más breve, las emociones van y vienen, de una manera adaptativa y apropiada. El equipo de Richie sometió a prueba esta idea por medio de escaneos cerebrales de 31 meditadores muy experimentados (con un promedio de 8800 horas de meditación, que comprendía el intervalo de 1200 a más de 30.000 horas). Los meditadores vieron las imágenes habituales, que abarcaban desde personas sufrientes (víctimas de incendio) hasta conejitos. En el primer análisis de la amígdala de los meditadores expertos su manera de reaccionar no mostró diferencias con respecto a las respuestas del grupo control que nunca había meditado.

El equipo de Richie dividió luego a los meditadores expertos en dos grupos: uno de ellos, con el promedio más bajo de horas de meditación a lo largo de su vida (1849 horas) y el otro, con el promedio más alto (7118 horas). Los resultados mostraron que a medida que aumentaban las horas de práctica la amígdala se recuperaba más rápido de la aflicción.[22]

Esta rápida recuperación es signo distintivo de resiliencia. Es decir que la práctica extendida en el tiempo reafirma la ecuanimidad. La comprobación nos dice que entre los beneficios de la meditación, en el largo plazo se encuentra precisamente lo que buscaban los Padres del Desierto: una mente serena.

En síntesis

La amígdala, un nodo clave en el circuito cerebral del estrés, muestra una actividad atenuada al cabo de una práctica de RE-BAP de unas treinta horas (un programa de 8 semanas). Otros entrenamientos en atención plena muestran un beneficio similar. La investigación ofrece indicios de que estos cambios son perdurables: no solo aparecen mientras se recibe la instrucción de percibir conscientemente el estímulo estresante sino incluso en el estado de referencia inicial, con reducciones en la activación de la amígdala de hasta 50%. Esa disminución de las reacciones cerebrales de estrés no solo aparece en respuesta a la observación de las imágenes cruentas utilizadas en el laboratorio sino también ante desafíos de la vida real, como el TSST. La práctica diaria más prolongada parece asociada a la menor reactividad al estrés. Los meditadores zen expertos pueden tolerar niveles más altos de dolor y muestran menos reacción ante este estresor. Un retiro de tres meses ofreció indicadores de mejor regulación emocional y la práctica en el largo plazo se asoció con mayor conectividad funcional entre las áreas prefrontales que administran la emoción y las áreas de la amígdala que reaccionan ante el estrés, resultando de ella una menor reactividad. Una mejora en la habilidad para regular la atención acompaña a algunos de los impactos benéficos de la meditación con respecto a la reactividad al estrés. Finalmente, la rapidez con que los meditadores expertos se recuperan del estrés destaca que los cambios cualitativos surgen con la práctica continua.

Notas

1. St. Abba Dorotheus, citado en E. Kadloubovsky and G. E. H. Palmer, *Early Fathers from the Philokalia* (London: Faber & Faber, 1971), p. 161.

2. Thomas Merton, "When the Shoe Fits," *The Way of Chuang Tzu* (New York: New Directions, 2010), p. 226.

3. Bruce S. McEwen, "Allostasis and Allostatic *Neuropsychoparmacology* 22 (2000): 108- 24.

4. Jon Kabat- Zinn, "Some Ref lections on MBSR, Skillful Means, and the Trouble with Maps," *Contemporary Buddhism* 12:1 (2011); doi:10.1080/ 14639947.2011.564844.

5. Ibid.

6. Philippe R. Goldin y James J. Gross, "Effects of Mindfulness-Based Stress Reduction (MBSR) on Regulation in Social Anxiety Disorder", *Emotion* 10:1 (2010): 83- 91; http:// dx.doi.org/ 10.1037/ a0018441.

7. Phillipe Goldin, "MBSR vs. Aerobic Exercise in Social Anxiety: fMRI of Emotion Negative Self- Beliefs", *Social Cognitive and Affective Neuroscience Access,* publicado agosto 27, 2012; doi:10.1093/ scan/ nss054.

8. Alan Wallace, *The Attention Revolution: Unlocking the Power of the Focused Mind.* (Somerville, MA: Wisdom Publications, 2006). Acerca de los diversos significados de *mindfulness*, ver: Alan Wallace, "A Mindful Balance", *Tricycle* (primavera 2008): 60.

9. Gaelle Desbordes, "Effects of Mindful-Attention and Compassion Meditation Training on Amygdala Response to Emotional Stimuli in an Ordinary, Non-Meditative State", *Frontiers in Human Neuroscience* 6:292 (2012): 1- 15; doi:10.399/ fnhum.2012.00292.

10. V. A. Taylor et al., "Impact of Mindfulness on the Neural Responses to Emotional Pictures in Experienced and Beginner Meditators", *NeuroImage* 57:4 (2011): 1524- 1533; doi:10.1016/ j.neuroimage.2011.06.001.

11. Tor D. Wager et al., "An fMRI- Based Neurologic Signature of Physical Pain", *NE JM* 368:15 (April 11, 013): 1388- 97.

12. Ver: James Austin, *Zen and the Brain: Toward an Understanding of Meditation and Consciousness* (Cambridge, MA: MIT Press, 1999).

13. Isshu Miura and Ruth Filler Sasaki, *The Zen Koan* (New York: Harcourt, Brace &World, 1965), p. xi.

14. Joshua A. Grant et al., "A Non-Elaborative Mental Stance and Decoupling of Executive and Pain- Related Cortices Predicts Low Pain Sensitivity in Zen Meditators," *Pain* 152 (2011): 150- 56.

15. A. Golkar et al., "The Influence of Work-Related Chronic Stress on the Regulation of Emotion and on Functional Connectivity in the Brain", *PloS One* 9:9 (2014): e104550. Stacey M. Schaefer et al., "Purpose in Life Predicts Better Emotional Recovery from Negative Stimuli", *PLoS One* 8:11 (2013): e80329; doi:10.1371/ journal.pone.0080329.

16. Stacey M. Schaefer et al., "Purpose in Life Predicts Better Emotional Recovery from Negative Stimuli", *PLoS One* 8:11 (2013): e80329; doi:10.1371/ journal.pone.0080329.

17. Clifford Saron, "Training the Mind- The Shamatha Project", en Fraser, ed., *The Healing Power of Meditation* (Boston, MA: Shambhala Publications, 2013), pp. 45- 65.

18. Baljinder K. Sahdra et al., "Enhanced Response During Intensive Meditation Training Predicts Improvements in Self-Reported Adaptive Socioemotional Functioning", *Emotion* 11:2 (2011): 299- 312.

19. Margaret E. Kemeny et al., "Contemplative/ Emotion Training Reduces Negative Emotional Behavior and Promotes Prosocial Responses", *Emotion* 1:2 (2012): 338.

20. Melissa A. Rosenkranz et al., "Reduced Stress and Inflammatory Responsiveness in Experienced Meditators Compared to a Matched Healthy Control Group", *Psychoneuroimmunology* 68 (2016): 117- 25. Todos los meditadores de largo plazo habían practicado meditación vipassana y de amorosa bondad por un periodo mínimo de tres años, con una práctica diaria de al menos treinta minutos. También habían participado de varios retiros intensivos. Cada uno de ellos fue comparado con un voluntario —no meditador, de la misma edad y género— para crear un grupo control. Las muestras de saliva tomadas en distintos momentos del experimento revelaron sus niveles de cortisol. No hubo grupo control activo por dos motivos. Cuando los datos utilizados son biológicos en lugar de autoinformados, los resultados son menos susceptibles al sesgo. Y ni siquiera en tres años era posible crear un control activo con 9000 horas de meditación.

21. T. R. A. Kral et al., "Meditation Training Is Associated with Altered Amygdala Reactivity to Emotional Stimuli", en revisión, 2017.

22. Si Richie hubiera analizado los datos tal como lo hacían la mayoría de los estudios, no habría aparecido ninguna de estas diferencias. El pico de respuesta de la amígdala fue idéntico en estos grupos. No obstante, la respuesta de los meditadores con más tiempo de práctica mostró la recuperación más veloz. Tal vez sea un eco neural del "desapego": se observa una apropiada respuesta inicial ante la imagen perturbadora, pero luego esa respuesta no se mantiene.

6

Preparado para amar

En la antigüedad, en los territorios áridos las uvas eran raras, un sabroso manjar que se cultivaba en regiones lejanas. No obstante, existe registro de que en el siglo II d. C. alguien llevó esa exquisitez hasta el desierto donde vivía Macario, un ermitaño cristiano.[1] Pero Macario no comió las uvas. Se las ofreció a otro ermitaño que se sentía débil y parecía necesitarlas.

Ese ermitaño, aunque agradecido por el bondadoso gesto de Macario, pensó en otro monje que se beneficiaría al comer las uvas y se las entregó. Así las uvas fueron pasando por toda la comunidad de ermitaños hasta que regresaron a las manos de Macario.

Los antiguos ermitaños cristianos, conocidos como los Padres del Desierto, alababan las mismas maneras saludables de ser que los actuales yoguis del Himalaya. La disciplina, las costumbres y las prácticas meditativas que hoy cultivan estos yoguis son sorprendentemente similares. Comparten una ética de altruismo y generosidad, viven aislados, inmersos en la meditación.

¿Qué fuerza impulsó el recorrido de esas jugosas uvas en la comunidad del desierto? La compasión y la amorosa bondad, la actitud de anteponer las necesidades de otros a las propias.

La expresión "amorosa bondad" hace referencia al deseo de que otras personas sean felices. Su pariente cercano, la "compasión", refiere al deseo de que las personas sean liberadas del sufrimiento. Ambas actitudes (a las que nos referiremos simplemente como "compasión") pueden fortalecerse por medio del entrenamiento mental. Si es exitoso, dará por resultado la actitud de ayudar a otros, de la que dieron testimonio los Padres del Desierto y ese puñado de uvas.

Consideremos ahora una situación más actual. Los estudiantes de teología que participaban de un seminario debían dar un sermón por el que serían evaluados. La mitad de ellos recibió una selección al azar de temas bíblicos para su sermón. Para la otra mitad el tema fue la parábola del buen samaritano, el hombre que se detuvo para ayudar a un forastero tendido junto al camino mientras otros lo dejaban atrás, indiferentes.

Después de haber preparado su sermón, uno tras otro se dirigieron a otro edificio para ser evaluados. En el camino atravesaron un jardín, donde un hombre encorvado gemía de dolor. ¿Se detuvieron para ayudar al desconocido?

Al parecer el hecho de que un estudiante de teología lo ayudara, o no, dependía de la medida en que se sentía presionado por el horario. Si sentía que llegaría tarde, era menos proclive a detenerse.[2] Cuando nos apresuramos para cumplir nuestras obligaciones diarias, preocupados por llegar a tiempo, tendemos a ignorar a la gente que nos rodea, ni qué hablar de sus necesidades.

Existe un espectro que va de las preocupaciones egoístas ("¡Es tarde!") a advertir la presencia de las personas que nos rodean y entrar en sintonía, empatizar con ellas para ayudarlas si fuera necesario.

Ser compasivo significa, simplemente, defender la virtud de plasmar la compasión en nuestros actos. Tal vez los estudiantes apreciaran la compasión del buen samaritano, aunque no fueran muy proclives a ser compasivos.

Diversos métodos de meditación se orientan a cultivar la compasión. ¿Cuál es su importancia desde el punto de vista científico (y ético)? ¿Promueve en las personas la actitud compasiva?

QUE TODOS LOS SERES SE LIBEREN DEL SUFRIMIENTO

En diciembre de 1970, durante su primera temporada en India, Dan dictó una conferencia en un cónclave sobre yoga y ciencia realizado en Nueva Delhi. Entre los muchos viajeros occidentales que fueron a escucharlo se encontraba Sharon Salzberg, por entonces una joven de 18 años, que durante ese año fue una estudiante tutoreada a distancia por sus profesores de la Universidad Estatal de Nueva York en Búfalo. Sharon se sumaba a la multitud de jóvenes occidentales que en los años 70 pasaban por Europa y Medio Oriente para llegar a India. Hoy las guerras y la política harían virtualmente imposible el trayecto.

Dan mencionó que había regresado de Bodh Gaya, donde había asistido a un retiro de diez días guiado por S. N. Goenka, y que allí seguían ofreciéndose esas actividades. Sharon fue una de las pocas occidentales que partió de Delhi hacia el *vihara* birmano en Bodh Gaya para participar de un retiro. Se convirtió en ferviente aprendiz del método y continuó sus estudios sobre meditación con maestros de India y Burma. De regreso en los Estados Unidos se convirtió en instructora. En Massachusetts —junto a Joseph Goldstein, al que había conocido en el vihara— fundó la Insight Meditation Society. Sharon se había convertido en la mayor defensora de un método aprendido de Goenka. En pali se lo denomina *metta* y podría traducirse como "amorosa bondad", un concepto que alude a la benevolencia y la buena voluntad incondicionales, similar al concepto griego de ágape.[3]

Este método indica repetir frases como "que me sienta seguro", "que tenga salud" y "que mi vida transcurra en calma". Después de formular estos deseos en primera persona, se dedican a otras personas y finalmente a todos los seres, incluidos los que nos parecen complicados o los que nos han dañado. En sus distintas variantes, este formato de meditación compasiva es al día de hoy el más difundido.

Esta versión de la bondad amorosa puede incluir el deseo de que las personas se liberen del sufrimiento. Aunque en cierto modo la compasión es consecuencia de la amorosa bondad, en el mundo de la investigación esta distinción no suele tenerse en cuenta.

En 1989, transcurridos algunos años de su regreso de India, Sharon fue panelista en un diálogo con el Dalai Lama, del que Dan fue moderador.[4] Sharon dijo que muchos occidentales se odiaban a sí mismos. El Dalai Lama nunca había oído algo semejante. Siempre había dado por sentado que las personas se amaban a sí mismas. No obstante, señaló que la palabra compasión implica desear el bien a los demás pero no incluye a la propia persona mientras que en su propio idioma, el tibetano, y en pali y sánscrito, la compasión es un sentimiento hacia los demás y hacia uno mismo. Por lo tanto, explicó, se debería acuñar la expresión autocompasión.

En el ámbito de la psicología esa expresión fue incluida una década más tarde por Kristin Neff, una psicóloga de la Universidad de Texas en Austin, cuando publicó su investigación sobre una medida de autocompasión. Según su definición ser autocompasivo implica que, en lugar de criticarse, las personas sean compasivas consigo mismas. Se trata de entender las imperfecciones y los errores como parte de la condición humana más que como defectos individuales, advertirlas sin rumiar sobre ellas. Es la actitud opuesta a la constante autocrítica, habitual en el pensamiento depresivo. La amorosa bondad dirigida a la propia persona podría ofrecer el antídoto. Un grupo israelí puso a prueba esta idea, y descubrió que las personas proclives a la autocrítica que son instruidas en la amorosa bondad logran atenuar la dureza de sus juicios y aumentar la autocompasión.[5]

Empatía significa "sentir con"

Las investigaciones sugieren que existen tres tipos de empatía.[6] La empatía cognitiva nos permite comprender cómo piensa otra persona, entender su perspectiva. Si tenemos empatía emocional, sentimos lo que el otro siente. Y el tercer tipo, que despierta solidaridad, es el núcleo de la compasión.

La palabra empatía ingresó en nuestro lenguaje hace apenas unos años, en el siglo XX. Es una traducción del vocablo alemán *Einfühlung*, que significa "sentir con". La empatía puramente cognitiva carece de esos sentimientos solidarios, mientras que el signo característico de la empatía emocional es sentir en el propio cuerpo el sufrimiento de otra persona.

Si lo que sentimos nos disgusta, nuestra respuesta será desconectarnos. De este modo nos sentiremos mejor pero impediremos la acción compasiva. En el laboratorio esta retirada instintiva se presenta cuando las personas desvían la mirada de imágenes de intenso sufrimiento, como un hombre desollado a causa de una terrible quemadura. Del mismo modo, las personas que viven en la calle lamentan ser invisibles para los transeúntes, que los ignoran: otra forma de desviar la mirada ante el sufrimiento.

Si la compasión comienza por aceptar lo que sucede sin apartarse —el primer paso, fundamental para adoptar una actitud útil—, ¿los meditadores que cultivan la compasión podrían inclinar la balanza?

Investigadores del Instituto Max Planck de Leipzig enseñaron a un grupo de voluntarios una versión de la meditación de amorosa bondad.[7] Los voluntarios intentaron generar esa cualidad en una sesión de seis horas y luego por sí mismos, una vez en casa. Antes de aprender el método, al ver videos de personas que sufrían, solo se activaban los circuitos negativos para la empatía emocional: sus cerebros reflejaban el estado de las víctimas, como si fueran ellos mismos. Como consecuencia, se sentían angustiados, un eco del padecimiento que las víctimas les habían transferido.

Luego se pidió a los voluntarios que empatizaran con los videos, que compartieran las emociones de las personas que veían. Las resonancias magnéticas revelaron que esa empatía activaba circuitos en la ínsula, que se encienden cuando nosotros mismos sufrimos. La empatía implicaba que las personas sintieran el dolor de los que estaban sufriendo.

Otro grupo recibió la instrucción de ser compasivo, es decir, de sentir amor por los que sufrían. Sus cerebros activaron un conjunto de circuitos totalmente diferentes, los que se relacionan con el amor de un niño hacia sus padres.[8] Su "firma cerebral" fue claramente distinta de la que mostraron las personas instruidas en la empatía. ¡Y ocurrió al cabo de apenas 8 horas!

La observación positiva de una víctima de sufrimiento implica que podemos afrontar su dificultad y lidiar con ella. De esta manera, pasamos de la percepción de lo que sucede al resultado, es decir, a la ayuda. En varios países del este asiático el nombre Kuan Yin, el venerado símbolo del despertar a la compasión, se traduce como "el que escucha los lamentos del mundo para acudir en su ayuda".[9]

DE LA ACTITUD A LA ACCIÓN

Los científicos escépticos deben hacerse esta pregunta: ¿un patrón neural observable implica que la persona efectivamente ofrecerá su ayuda, en especial si hacerlo significa atravesar una situación incómoda o incluso un sacrificio? El registro de la actividad cerebral durante un escaneo e incluso el hallazgo de que la configuración neural relacionada con la bondad y la disposición a la acción se fortalece es fascinante, pero no convincente. Al fin y al cabo, en aquel seminario los estudiantes que reflexionaron sobre el buen samaritano no fueron más proclives a ayudar a los necesitados.

Pero alguna evidencia sugiere un resultado más esperanzador. En el laboratorio de Richie se escanearon los cerebros de voluntarios antes de que realizaran un entrenamiento de dos semanas en compasión o en reevaluación cognitiva, un enfoque para pensar de una manera diferente acerca de las causas de hechos negativos. Después sus cerebros fueron escaneados mientras veían imágenes de sufrimiento humano. Concluido el escaneo participaron del Juego de la Redistribución. En primer lugar un "tirano" engañaba a una víctima: en lugar de los 10 dólares que le correspondían le entregaba solo 1 dólar. Las reglas del juego proponían que los voluntarios donaran 5 dólares a la víctima y obligaban al tirano a entregar el doble.

Los voluntarios entrenados en compasión ofrecieron casi el doble que el grupo entrenado en reevaluar sus sentimientos. Y su cerebro mostró mayor activación de los circuitos de la atención, la toma de perspectiva y los sentimientos positivos. A mayor activación, más altruismo.

En referencia a la historia del buen samaritano, es oportuno recordar el comentario de Martin Luther King Jr.: "Los que no ayudaron se preguntaron: '¿Qué me sucederá si me detengo a ayudar?'. Pero el buen samaritano se preguntó: '¿Qué le sucederá a este hombre si no me detengo a ayudar?'"

Dispuesto a amar

Para cualquier persona medianamente sensible es doloroso mirar la foto de un niño al borde de la inanición, sus grandes ojos tristes entrecerrados, su aspecto sombrío, su vientre distendido y los huesos de su cuerpo escuálido.

La imagen de estos niños, al igual que las imágenes de víctimas de incendio, se han utilizado en varios estudios sobre la compasión. Son parte de un test estándar de la habilidad para afrontar el sufrimiento. El despertar de sentimientos de amorosa bondad energiza la transición que abarca ignorar el dolor de otra persona a percibir, empatizar y luego ayudar. Estudios realizados con aprendices de la amorosa bondad muestran un temprano precursor de la fuerte reacción de la amígdala ante imágenes de dolor y sufrimiento hallado en meditadores expertos.[10] El hallazgo es notoriamente más débil que el observado en meditadores de largo plazo, apenas un atisbo de que el patrón podría aparecer pronto. ¿Cuándo? Tal vez en unos minutos, al menos cuando se trata de estados de ánimo. Un estudio descubrió que 7 minutos de práctica de amorosa bondad impulsan en una persona buenos sentimientos y sentido de pertenencia social, al menos temporalmente.[11] Y el equipo de Davidson halló que, al cabo de unas 8 horas de entrenamiento en amorosa bondad, en los voluntarios se observaban ecos más firmes de patrones cerebrales observados en meditadores más experimentados.[12] La oleada de dulces sentimientos que surgía en los principiantes podría ser un temprano precursor de los cambios más llamativos observados en el cerebro de personas que practican la amorosa bondad durante semanas, meses o años.

Consideremos a un grupo aleatorio de personas que aceptaron realizar a través de la web una instrucción en meditación de 3 horas (en veinte sesiones de 10 minutos). Como resultado de este breve entrenamiento las personas se sintieron más relajadas y donaron a obras de caridad más dinero que los miembros de un grupo control que dedicó una cantidad de tiempo similar a ejercicios de estiramiento.[13]

Reuniendo los hallazgos del laboratorio de Richie y otros, podemos armar un perfil neural de reacciones ante el sufrimiento. Los circuitos de la angustia conectados con la ínsula, incluida la amígdala, responden con particular vigor, un patrón típico de la empatía hacia el dolor de otros. La ínsula monitorea las señales de nuestro cuerpo y también activa respuestas autónomas como la frecuencia cardiaca y la respiración. Cuando empatizamos, los circuitos neurales del dolor y la angustia hacen eco de lo que tomamos del otro. Y la amígdala señala algo sobresaliente en el ambiente, en este caso el sufrimiento de otra persona. Cuanto más profundamente inmersa en la meditación compasiva se encuentra una persona, tanto más firme es su patrón empático. La compasión parece lograr su objetivo, es decir, ampliar la empatía ante el sufrimiento.

En otro estudio llevado a cabo por el laboratorio de Richie, los meditadores compasivos de larga trayectoria mostraron un claro aumento en la respuesta de la amígdala a sonidos angustiosos (como un grito femenino), mientras que en los integrantes del grupo control se observó escasa diferencia con la condición neutral de control.[14] Una compañía realizó una investigación que escaneó los cerebros de los participantes mientras se concentraban en un foco de luz al oír esos sonidos angustiosos.[15] La amígdala de los voluntarios que no practicaban meditación se encendió al oír los sonidos mientras que en los meditadores la respuesta de la amígdala fue débil. Incluso los voluntarios a quienes se había prometido recompensa si hacían su máximo esfuerzo por enfocarse en la luz sin importar lo que oyeran, de todos modos fueron distraídos por los ruidos.

En conjunto, estos hallazgos ofrecen varias claves sobre el efecto del entrenamiento mental. Por una parte, a menudo la meditación comprende una serie de prácticas. Los meditadores vipassana (que constituyen la mayoría en los estudios de largo plazo incluidos aquí) en un retiro suelen combinar atención plena enfocada en la respiración con amorosa bondad.

Los programas REBAP y otros similares ofrecen distintos tipos de entrenamiento mental. Esta variedad de métodos de entrenamiento guía al cerebro de manera diferente. Durante una práctica de compasión la amígdala se expande, mientras que al enfocar la atención, por ejemplo, en la respiración, se encoge. Los meditadores aprenden a modificar la relación con sus emociones por medio de diferentes prácticas.

Los circuitos de la amígdala se encienden cuando estamos frente a una persona que siente una emoción muy negativa, miedo, ira, u otras similares. Esa señal de la amígdala alerta al cerebro acerca de que está sucediendo algo importante: la amígdala funciona como radar neural para detectar la relevancia de lo que ocurre. Si algo parece urgente, como el grito aterrorizado de una mujer, por medio de sus extensas conexiones recurre a otros circuitos para dar respuesta.

Entretanto la ínsula utiliza sus conexiones con los órganos (como el corazón), preparando al cuerpo para actuar (por ejemplo, aumenta el flujo sanguíneo hacia los músculos). Una vez que el cerebro predispone al cuerpo para responder, quienes practicaron meditación compasiva son más proclives a acudir en ayuda de alguien.

Nos preguntamos entonces cuánto dura el efecto del entrenamiento mental para la compasión. ¿Es solo un estado pasajero o se convierte en una cualidad perdurable? Siete años después de haber concluido su experimento con el retiro de tres meses de duración, Cliff Saron investigó a los participantes.[16] Descubrió algo sorprendente entre las personas que durante y después del retiro eran capaces de sostener la atención ante imágenes perturbadoras de sufrimiento —una medida psicofisiológica de aceptación— a diferencia de las que adoptaban una expresión de asco y desviaban la mirada (la actitud generalizada en todas las personas).

Siete años después los participantes que asimilaban el dolor sin apartar la vista podían recordar mejor esas imágenes. Para la ciencia cognitiva esa memoria es indicio de un cerebro capaz de resistir un secuestro emocional, y en consecuencia, de aprehender una imagen trágica más plenamente, recordarla más efectivamente y, presumiblemente, actuar.

A diferencia de otros beneficios de la meditación, que surgen gradualmente —como la recuperación más rápida ante el estrés— el aumento de la compasión es más inmediato.

Sospechamos que cultivar la compasión puede beneficiarse de la "disposición biológica", una programación para aprender determinada habilidad. Puede observarse, por ejemplo, en la rapidez con que los niños aprenden a hablar. Tal como ocurre con el lenguaje, el cerebro parece preparado para aprender a amar.

En buena medida parece deberse al circuito cerebral de la protección, que tenemos en común con los demás mamíferos. Estas redes se encienden cuando amamos a nuestros hijos, amigos, a cualquier persona que pertenece al círculo de nuestros afectos. Estos circuitos se fortalecen incluso con periodos breves de entrenamiento para desarrollar la compasión. Como hemos visto, una actitud compasiva implica estar dispuesto a ayudar al necesitado aun cuando signifique un costo personal. Esa intensa resonancia con el sufrimiento de otros se ha descubierto en otro grupo de extraordinario altruismo: las personas que donaron uno de sus riñones a un desconocido con urgente necesidad de un trasplante. Los escaneos cerebrales descubrieron que en esas almas compasivas el lado derecho de la amígdala es más grande, en comparación con otras personas del mismo género y edad.[17]

Considerando que esta región se activa cuando empatizamos con alguien que sufre, una amígdala aumentada puede conferir una habilidad inusual para sentir el dolor de otros, lo que motivaría su altruismo, incluso en un nivel tan extraordinario como el de donar un riñón para salvar una vida. Los cambios neurales resultantes de la meditación de amorosa bondad (cuyos indicios se perciben incluso entre los principiantes) se alinean con los hallados en los cerebros de los supersamaritanos donantes de órganos.[18]

Cultivar un amoroso interés por el bienestar de otras personas produce un beneficio sorprendente y singular: el circuito cerebral de la felicidad se energiza con la compasión.[19] La amorosa bondad impulsa también las conexiones entre los circuitos cerebrales de la alegría y el córtex prefrontal, una zona crítica para guiar la conducta.[20]

Y cuanto más aumenta la conexión entre esas regiones, tanto más altruista se vuelve una persona que practica la meditación compasiva.

Compasión nutritiva

En su juventud Tania Singer pensaba que podría hacer carrera en los escenarios, tal vez como directora de teatro y ópera. Y desde sus años de universidad se ha sumergido en retiros de meditación de distinto tipo, organizados por una diversidad de instructores. Los métodos iban de vipassana a la práctica de la gratitud del padre David Steindl-Rast. Le atraían los maestros que personificaban el amor incondicional.

Los misterios de la mente humana condujeron a Tania hacia la psicología, el campo en que obtuvo su doctorado con una investigación sobre el aprendizaje a edad avanzada. A partir de allí se interesó en la plasticidad neuronal. Su estudio postdoctoral sobre la empatía reveló que cuando somos testigos del dolor y el sufrimiento de otros activamos los circuitos relacionados con estos sentimientos en nosotros mismos. El descubrimiento, que fue objeto de gran interés, sentó las bases de la investigación sobre empatía en las neurociencias.[21]

Tania Singer descubrió que nuestra resonancia empática con el dolor de otros activa una suerte de alarma neural que de inmediato nos pone en sintonía con el sufrimiento del otro, y puede alertarnos sobre la presencia de un peligro. No obstante, la compasión, el sentimiento de *preocupación* por la persona que sufre, parecía involucrar un conjunto diferente de circuitos cerebrales, relacionados con los sentimientos de protección, amor e incumbencia.

El descubrimiento surgió de los experimentos que Tania realizó junto a Matthieu Ricard, un monje tibetano con un doctorado en ciencias y décadas de práctica de la meditación. Tania pidió a Matthieu que lograra diversos estados de meditación mientras se escaneaba su cerebro. Le interesaba ver qué sucedía en el cerebro de un meditador experto, para diseñar prácticas de meditación que cualquier persona pudiera utilizar.

Cuando Ricard cultivó la empatía, compartiendo el sufrimiento de otra persona, ella observó que se activaban las redes neurales relacionadas con el dolor. Pero una vez que él empezó a generar sentimientos de amorosa compasión por la persona que sufría, se activó el circuito cerebral para los sentimientos positivos, la recompensa y la vinculación. Los hallazgos obtenidos en Matthieu se reprodujeron mediante el entrenamiento de grupos de meditadores principiantes, que empatizaron con el sufrimiento de una persona o sintieron compasión por su padecimiento. Tania descubrió que la compasión atenuaba la angustia empática que puede llevar al agotamiento emocional y al burnout (como suele suceder en profesiones que se ocupan del cuidado de otros, como la enfermería). En lugar de sentir la angustia de la otra persona, cultivar la compasión activaba circuitos cerebrales completamente distintos, los del amoroso interés, los sentimientos positivos y la resiliencia.[22]

Ahora Tania dirige el Departamento de Neurociencia Social en el Instituto Max Planck para las Ciencias Cognitivas en Leipzig, Alemania. Fusionando su interés por la ciencia y la meditación, y a partir de su promisoria investigación sobre la influencia del entrenamiento en empatía y compasión sobre la plasticidad neuronal, Tania ha realizado una investigación decisiva sobre la meditación como medio para cultivar cualidades mentales saludables, como la concentración, la atención plena, la toma de perspectiva, la empatía y la compasión.

Para llevar a cabo un atractivo programa de investigación denominado ReSource Project el equipo de Tania reclutó alrededor de 300 voluntarios que se comprometieron a dedicar 11 meses a diferentes tipos de prácticas contemplativas, divididas en tres módulos de varios meses, y un grupo control que no recibió entrenamiento y fue sometido a los mismos tests cada tres meses.

El primer entrenamiento mental, "Presencia", requería explorar el cuerpo y enfocarse en la respiración. En otro, "Perspectiva", se observaban los pensamientos por medio de la novedosa práctica interpersonal de "diadas contemplativas", en la que dos participantes compartían el fluir de sus pensamientos durante diez minutos diarios, de manera presencial o a través de una app en su teléfono celular.[23] El tercero, "Afecto", incluía la práctica de la amorosa bondad.

Como resultado de la exploración aumentó la conciencia corporal y disminuyó la dispersión mental.

La observación de los pensamientos mejoró la metaconciencia, un subproducto de la atención plena.

Por su parte, la amorosa bondad impulsó pensamientos y sentimientos afectuosos hacia los demás.

En pocas palabras, la manera más efectiva de desarrollar nuestros sentimientos de bondad es ejercitar precisamente esos sentimientos.

¿Cuál es el ingrediente activo?

"Samantha tiene HIV. Contrajo la enfermedad en otro país, a través de una aguja infectada que utilizó un médico. Todos los meses participa de manifestaciones a favor de la paz. Fue una buena alumna en la escuela secundaria", leemos. Junto a esta breve reseña vemos la foto de Samantha, una mujer de veintitantos años con el cabello hasta los hombros.

¿Estamos dispuestos a donar dinero para ayudarla?

Para saber cuáles son los factores internos que influyen en la respuesta, investigadores de la Universidad de Colorado enseñaron una meditación compasiva a un grupo de voluntarios, mientras un ingenioso grupo control tomaba diariamente una dosis placebo de "oxitocina" —una sustancia cerebral estimulante— que según les habían dicho aumentaría sus sentimientos de conexión y compasión. La falsa droga creaba expectativas positivas similares a las que tenían los meditadores compasivos.[24]

Después de cada meditación o dosis de placebo, una app mostraba a cada participante una foto y una breve descripción de una persona necesitada, como Samantha, con la opción de donar una parte del dinero que se pagaba al voluntario.

Claramente, el hecho de practicar meditación compasiva no fue el predictor más firme de que una persona haría la donación. De hecho, en este estudio los meditadores no fueron más proclives a donar que los voluntarios que recibían la falsa dosis de oxitocina, o un grupo al que no le ocurría ninguna de esas cosas.

Puede parecer insistente, pero nuevamente este estudio señala un punto clave sobre los métodos utilizados al investigar acerca de la meditación. Si bien el diseño de este estudio era notable en muchos aspectos (como la ingeniosa falsificación de la oxitocina en el grupo control), al menos en un aspecto es turbio: la naturaleza de la meditación compasiva era difusa, parecía haberse modificado en el transcurso de la investigación e incluía meditación que cultiva la ecuanimidad.

Estos ejercicios contemplativos fueron tomados de un conjunto diseñado para ayudar a personas que trabajan con los moribundos (consejeros pastorales, trabajadores de asilos) a mantenerse sensibles ante el sufrimiento y conservar la calma frente a un moribundo. Al fin y al cabo es poca o ninguna la ayuda que se puede ofrecer en esa instancia, salvo una presencia compasiva. Y si bien no eran más proclives a donar dinero, los voluntarios que hicieron meditación compasiva sentían más ternura hacia las personas necesitadas. Nos preguntamos si la ecuanimidad puede tener un efecto muy diferente al de la compasión al momento de hacer donaciones. Tal vez hace que alguien sea menos propenso a ofrecer dinero, aunque el sufrimiento lo sensibilice.

Surge entonces un aspecto relacionado: ¿es necesario enfocarse en la amorosa bondad para realizar actos compasivos? Por ejemplo en la Northeastern University un grupo de voluntarios fue entrenado en atención plena o en meditación de amorosa bondad.[25] Al cabo de dos meses de instrucción, cada uno de ellos se encontró en una sala de espera con una mujer apoyada en muletas, aparentemente dolorida. Otras dos personas sentadas la ignoraban y solo había tres asientos.

Como en el estudio del buen samaritano, cada meditador podía elegir ceder su asiento a la mujer con muletas. Los que habían aprendido atención plena y los que practicaban amorosa bondad, en comparación con el grupo que no hacía ninguna de estas prácticas, seguían el camino de la amabilidad y cedían su asiento (en el grupo control de no meditadores el 15% cedió el asiento mientras que entre los meditadores lo hizo alrededor del 50%). Pero este estudio por sí solo no permite saber si la atención plena y la práctica de la amorosa bondad aumentan la empatía, o si otras fuerzas interiores como una mayor consideración de las circunstancias impulsó el acto de compasión.

Los primeros indicios sugieren que a cada variedad de meditación le corresponde un perfil neural. Veamos los resultados de la investigación encabezada por el Geshe Lobsang Tenzin Negi, graduado en la misma tradición filosófica y práctica del Dalai Lama (*geshe* es el equivalente tibetano de nuestro doctorado), y en la Emory University, donde es profesor. Geshe Negi se fundó en su experiencia de estudioso y monje para crear CBCT: Cognitively Based Compassion Training (entrenamiento compasivo basado en la cognición), una metodología para comprender de qué manera nuestras actitudes facilitan o dificultan una respuesta compasiva. Incluye una variedad de modalidades de meditación de amorosa bondad, con la aspiración de contribuir a que otros sean felices, libres de sufrimientos y actúen decididamente en esa dirección.[26]

En la investigación realizada en Emory un grupo practicó CBCT. El otro, el método utilizado por Alan Wallace (que describimos en el capítulo 5, "Una mente serena"). El hallazgo principal consistió en que la amígdala derecha del grupo compasivo tendía a aumentar su actividad en respuesta a imágenes de sufrimiento. Y a medida que aumentaban las horas de práctica, mayor era la respuesta. Compartían la angustia de la persona sufriente.

Pero en un test de pensamiento depresivo, el grupo compasivo también mostró ser más feliz en general. Para compartir los sentimientos angustiosos de otra persona no es necesario ser un depresivo. El doctor Aaron Beck, que diseñó ese test para la depresión, dijo que cuando nos enfocamos en el sufrimiento de otro olvidamos nuestros propios problemas.

También debemos considerar la diferencia de género. Los investigadores de la Universidad Emory, por ejemplo, descubrieron que, en respuesta a imágenes emotivas —alegres o tristes, incluidas las de sufrimiento—, las mujeres muestran niveles más altos de reactividad de la amígdala derecha que los hombres. Este hallazgo no es exactamente nuevo en psicología. Los estudios cerebrales han mostrado desde hace tiempo que las mujeres tienen más sintonía con las emociones de otras personas que los hombres.[27] Podría ser otro caso en el que la ciencia demuestra lo que es obvio: las mujeres, en promedio, parecen ser más receptivas que los hombres a las emociones de los demás.[28]

Paradójicamente, las mujeres no parecen más dispuestas a actuar que los hombres cuando se encuentran ante una oportunidad de ayudar. Tal vez porque suelen sentirse más vulnerables.[29] En la acción compasiva hay más factores en juego que una firma cerebral, y los investigadores de este campo siguen debatiéndose con esa realidad. Factores como sentirse presionado por el tiempo, identificarse con la persona necesitada, estar solo o entre una multitud pueden tener importancia.

¿Cultivar una perspectiva compasiva puede predisponer a una persona lo suficiente para vencer a estas otras fuerzas ante la presencia de un prójimo que necesita ayuda? La pregunta sigue abierta.

AMPLIAR NUESTRO CÍRCULO DE PROTECCIÓN

Un consumado meditador tibetano sometido a estudio en el laboratorio de Richie dijo que una hora dedicada a practicar amorosa bondad hacia una persona difícil equivale a cien horas dedicadas a la misma práctica hacia un amigo o un ser querido.

La meditación de amorosa bondad nos conduce al círculo en constante expansión de las personas hacia las que intentamos tener sentimientos afectuosos. El gran salto consiste en prodigar amor más allá de las personas que conocemos y queremos, a personas que no conocemos e incluso a las que nos parecen difíciles. Luego, la gran aspiración es amar a todos sin excepción.

¿Cómo podemos extender la compasión que sentimos por nuestros seres queridos a la humanidad entera, incluidas las personas que no nos agradan? Si este gran salto en la amorosa bondad fuera más que un deseo, podría resolver muchos enfrentamientos que causan dolor y conflicto en el mundo. El Dalai Lama propone una estrategia: reconocer la "unicidad" de la humanidad, incluidos los grupos que nos desagradan, para comprender que "todos ellos, tal como nosotros, no quieren sufrir: quieren felicidad".[30]

¿El sentimiento de unicidad es útil? Desde el punto de vista de la investigación, aún no lo sabemos. Es fácil hablar y difícil hacer. Un test riguroso de ese giro hacia el amor universal podría medir el sesgo inconsciente: los actos prejuiciosos hacia un grupo que realizamos más allá de nuestra conciencia, creyendo incluso que no albergamos prejuicios.

Los sesgos ocultos pueden detectarse por medio de estudios inteligentes. Por ejemplo, una persona puede decir que no tiene prejuicios raciales, pero ante un test de tiempo de reacción en el que aparecen ciertas palabras con connotaciones agradables o desagradables que deben asociarse a las palabras *blanco* o *negro*, las palabras con significado agradable se asocian más rápidamente con la palabra blanco y viceversa.[31]

Investigadores de la Universidad de Yale aplicaron una medición de sesgo implícito antes y después de un curso de meditación de amorosa bondad de seis semanas de duración.[32] La investigación utilizó un sólido grupo control: los participantes fueron instruidos en el valor de la meditación de amorosa bondad sin enseñarles la práctica. Al igual que los estudiantes de teología que debían reflexionar sobre el buen samaritano, este grupo no practicante mostró cero beneficio en el test de sesgo implícito. La caída del prejuicio inconsciente provino de los practicantes de la amorosa bondad.

El Dalai Lama relata que trabajó medio siglo para cultivar la compasión. Al principio sentía gran admiración por aquellos que habían desarrollado genuina compasión por todos los seres, pero no confiaba en su capacidad de lograrlo.

Intelectualmente sabía que ese amor incondicional era posible, pero se necesitaba cierto tipo de trabajo interior para construirlo. Con el paso del tiempo descubrió que la práctica y la familiaridad con los sentimientos de compasión fortalecían su coraje para desarrollarlos al más alto nivel.

Esta forma superior de compasión, explica el Dalai Lama, significa imparcialidad en nuestra preocupación, que llega a cualquier lugar, a todas las personas, incluso a las que nos detestan. Más aun, idealmente este sentimiento no aparece esporádicamente, de vez en cuando, sino que se convierte en una energía persuasiva y estable, un principio fundamental que organiza nuestra vida.

Y aunque no alcancemos las cumbres del amor, en el camino surgen otros beneficios. La compasión energiza el circuito cerebral del amor. Como suele decir el Dalai Lama: "La persona que siente compasión es la primera en beneficiarse".

El Dalai Lama recuerda un encuentro en Montserrat, un monasterio cercano a Barcelona, con el padre Basili, un monje cristiano que había pasado cinco años aislado, en una ermita de la montaña. ¿Qué hacía allí? Meditaba sobre el amor.

"Había un brillo en sus ojos", dijo el Dalai Lama, y agregó que ese resplandor indicaba la profundidad de su paz mental y la belleza de convertirse en una persona maravillosa. El Dalai Lama había conocido personas que poseían todo lo que desearon y aun así eran miserables. Y destacó que la mayor fuente de paz se encuentra en la mente, que por encima de las circunstancias, es la que determina nuestra felicidad.[33]

En síntesis

El saber sobre la compasión no necesariamente significa actuar de manera más compasiva. La meditación compasiva o de amorosa bondad aumenta la probabilidad de que la empatía con una persona que sufre se transforme en auténtica determinación de ayudarla. Existen tres modalidades de empatía: la empatía cognitiva, la empatía emocional y la preocupación empática. A menudo las personas empatizan emocionalmente con alguien que sufre e inmediatamente se desconectan para aliviar sus propios sentimientos de malestar. Pero por medio de la meditación compasiva es posible aumentar la preocupación empática y activar circuitos cerebrales relacionados con los buenos sentimientos y el amor, así como otros circuitos que registran el sufrimiento de los demás y preparan a una persona para actuar cuando se encuentra con los sufrientes.

La compasión y la amorosa bondad acentúan la activación de la amígdala ante el sufrimiento mientras que la atención enfocada a un objetivo neutro, como la respiración, debilitan la actividad de la amígdala. La amorosa bondad actúa con rapidez, en menos de ocho horas de práctica. El sesgo inconsciente habitualmente incorregible se reduce al cabo de seis horas. Y cuanto más tiempo se dedica a la práctica, tanto más se fortalecen las manifestaciones cerebrales y conductuales tendientes a la compasión. La firmeza de estos efectos desde los primeros días de meditación podría indicar nuestra predisposición biológica al bien.

Notas

1. Los Padres del Desierto eran ermitaños que en los primeros siglos de la era cristiana vivían en comunidad, en zonas remotas del desierto egipcio. Allí podían concentrarse en sus prácticas religiosas, ante todo en recitar el *Kyrie Eleison* (en griego, "Señor, ten piedad"), algo así como un "mantra" cristiano. Estas comunidades de ermitaños fueron las predecesoras históricas de las órdenes cristianas de monjes y monjas. La repetición del *Kyrie Eleison* sigue siendo fundamental entre los monjes de la iglesia ortodoxa, por ejemplo, los del Monte Athos. Los datos históricos sugieren que los monjes cristianos de Egipto se establecieron en el Monte Athos en el siglo VII, huyendo de los conquistadores musulmanes. Helen Waddell, *The Desert Fathers* (Ann Arbor: University of Michigan Press, 1957).

2. El experimento del buen samaritano fue parte de una serie de estudios sistemáticos sobre las condiciones que estimulan o inhiben acciones. Ver: Daniel Batson, *Altruism in Humans* (New York: Oxford University Press, 2011).

3. Sharon Salzberg, *Lovingkindness: The Revolutionary Art of Happiness* (Boston:Sham bhala, 2002).

4. Arnold Kotler, ed., *Worlds in Harmony: Dialogues on Compassionate Action* (Berkeley: Parallax Press, 1992).

5. Los investigadores notan que la autocrítica no se limita a la depresión. Aparece en diversos trastornos emocionales. Al igual que ellos, desearíamos disponer de algún estudio que muestre un aumento de la autocompasión asociado a un cambio en los circuitos correspondientes. Ver: Ben Shahar, "A Wait-List Randomized Controlled Loving-Kindness Meditation Programme for Self-Criticism", *Clinical Psychology and Psychotherapy* (2014); doi:10.1002/ cpp.1893.

6. Ver: Jean Decety, "The Neurodevelopment of Empathy", *Developmental Neuroscience* 32 (2010): 257- 67.

7. Olga Klimecki et al., "Functional Neural Plasticity and Associated Changes in Positive Affect after Compassion Training", *Cerebral Cortex* 23:7 (July 2013) 1552- 8.

8. Olga Klimecki et al., "Differential Pattern of Functional Brain Plasticity after Compassion and Empathy Training", *Social Cogni-*

tive and Affective Neuroscience (junio 2014): 873-79; doi:10.1093/scan/nst060.

9. Thich Nhat Hanh, "The Fullness of Emptiness", *Lion's Roar,* agosto 6, 2012. "Kuan" suele escribirse "Kwan," "Guan," o "Quan".

10. Gaelle Desbordes, "Effects of Mindful-Attention and Compassion Meditation Training on Amygdala Response to Emotional Stimuli in an Ordinary, Non-Meditative State", *Frontiers in Human Neuroscience* 6:292 (2012): 1- 15; doi: 10.399/fnhum.2012.00292.

11. Cendri A. Hutcherson et al., "Loving-Kindness Meditation Increases Social Connectedness", *Emotion* 8:5 (2008): 720-24.

12. Helen Y. Weng et al., "Compassion Training Alters Altruism and Neural Responses to Suffering", *Psychological Science,* published online May 21, 2013; http://pss.sagepub.com/ content/ early/ 2013/ 05/ 20/ 956797612469537.

13. Julieta Galante, "Loving-Kindness Meditation Effects on Well- Being and Altruism: A Mixed-Methods Online RCT", *Applied Psychology: Health and Well-Being* (2016); doi:10.1111/aphw.12074.

14. Antoine Lutz et al., "Regulation of the Neural Circuitry of Emotion by Compassion Meditation: Effects of Meditative Expertise," *PLoS One* 3:3 (2008): e1897; doi:10.1371/ journal.pone.0001897.

15. J. A. Brefczynski-Lewis et al., "Neural Correlates of Attentional Expertise Long-Term Meditation Practitioners", *Proceedings of the National Academy of Sciences* 104:27 (2007): 11483-88.

16. Clifford Saron, presentación en la 2a Conferencia Internacional de Ciencia Contemplativa, San Diego, noviembre 2016.

17. Abigail A. Marsh et al., "Neural and Cognitive Characteristics Extraordinary Altruists", *Proceedings of the National Academy of Sciences* 111:42 (2014), 15036-41; doi: 10.1073/ pnas.1408440111.

18. Son muchos los factores que inciden en el altruismo. La capacidad de sentir el sufrimiento de otra persona parece ser un elemento clave. Sin duda, los cambios en los meditadores no eran tan firmes ni tan perdurables como los patrones estructurales singulares de los cerebros de donantes de riñones. Ver: "Effects of Mindful-Attention and Compassion Meditation Training Amygdala Response to Emotional Stimuli in an Ordinary, Non- Meditative State", 2012.

19. Tania Singer y Olga Klimecki, "Empathy and Compassion", *Current Biology* 24:15 (2014): R875-R878.

20. Weng et al., "Compassion Training Alters Altruism and Neural Responses to Suffering", 2013.

21. Tania Singer, "Empathy for Pain Involves the Affective but Not Sensory Pain", *Science* 303:5661 (2004): 1157- 62; doi:10.1126/ science.

22. Klimecki et al., "Functional Neural Plasticity and Associated Changes in Positive Affect after Compassion Training".

23. Bethany E. Kok y Tania Singer, "Phenomenological Fingerprints of Four Meditations: Differential State Changes in Affect, Mind-Wandering, Meta-Cognition, and Interoception Before and After Daily Practice Across 9 Months of Training", *Mindfulness*, publicado online agosto 19, 2016; doi: 10.1007/s12671- 016- 0594-9.

24. Yoni Ashar et al., "Effects of Compassion Meditation on a Psychological Model of Charitable Donation", *Emotion*, publicado online marzo 28, 2016, http://dx.doi.org/ 10.1037/ emo0000119.

25. Paul Condon et al., "Meditation Increases Compassionate Response to Suffering", *Psychological Science* 24:10 (agosto 2013): 1171- 80; doi:10.1177/ 0956797613485603.

26. Desbordes et al., "Effects of Mindful-Attention and Compassion Meditation Training on Amygdala Response to Emotional Stimuli in an Ordinary, Non-Meditative State", 2012. Ambos grupos practicaron al menos 20 horas en total. Los cerebros de todos los voluntaries fueron escaneados antes y después del entrenamiento. El segundo grupo fue escaneado mientras se encontraba en reposo, sin meditar.

27. Ver: Derntl et al., "Multidimensional Assessment of Empathic Abilities: Neural Correlates and Gender Differences", *Psychoneuroimmunology* 35 (2010): 67- 82.

28. L. Christov-Moore et al., "Empathy: Gender Effects in Brain and Behavior", *Neuroscience & Biobehavioral Reviews* 4:46 (2014): 604- 27; doi:neubiorev.2014.09.001.Empathy.

29. M. P. Espinosa and J. Kovářík, "Prosocial Behavior and Gender", *Frontiers in Behavioral Neuroscience* 9 (2015): 1- 9; doi:10.3389/ fnbeh.2015.00088.

30. El Dalai Lama extiende infinitamente este sentimiento. Aunque no existe prueba de ello, posiblemente existan otros mundos en galaxias

más o menos cercanas, con sus propias formas de vida. Si así fuera, él supone que también ellos desearían evitar el sufrimiento y ser felices.

31. A. J. Greenwald y M. R. Banaji, "Implicit Cognition: Attitudes, Self-Esteem, and Stereotypes", *Psychological Review* 102:1 (1995): 4-27; doi:10.1037/ 0033- 295X.102.1.4.

32. Kang et al., "The Nondiscriminating Lovingkindness Meditation Heart: Training Decreases Implicit Intergroup Bias", *Journal of Experimental Psychology* 143:3 (2014): 1306-13; doi:10.1037/ a0034150.

33. El Dalai Lama hizo estos comentarios en Dunedin, Nueva Zelanda, el 10 de junio de 2013, según lo registrado por Jeremy Russell en www.dalailama.org.

7

¡Atención!

Un discípulo pidió a su maestro zen que creara para él una pincelada de caligrafía, "algo de gran sabiduría".

Sin dudar, el maestro zen tomó su pincel y escribió: *Atención*. Un poco desalentado, el discípulo preguntó: "¿Eso es todo?"

En silencio, el maestro tomó de nuevo su pincel y escribió: *Atención. Atención.*

El discípulo lo consideró poco profundo. Un poco irritado, se quejó diciendo que no había demasiada sabiduría en esa respuesta.

Una vez más, sin decir nada el maestro escribió: *Atención. Atención. Atención. Atención.*

Frustrado, el discípulo exigió saber qué intentaba decir con la palabra *atención*.

El maestro respondió: "Atención significa atención".[1]

William James hizo explícita la sugerencia del maestro zen: "La facultad de volver a enfocar una y otra vez la atención que se dispersa es la raíz de la razón, el carácter y la voluntad". Así lo enunció en su obra *Principios de psicología*, publicada en 1890. James agregó que "una educación que mejorara esta facultad sería *la educación por excelencia*". A esta audaz declaración le seguía una objeción: "...pero es más fácil definir este ideal que ofrecer indicaciones prácticas para alcanzarlo".

Richie había leído a James antes de viajar a India y después de sus vivencias transformadoras en el retiro de Goenka, esas palabras reaparecieron en su mente, como cargadas de electricidad. Fue un momento fundamental, un viraje intelectual. Tuvo la sensación visceral de haber encontrado esa educación excelente que James buscaba: la meditación.

En la mayoría de sus modalidades, los métodos de meditación implican reeducar la atención, aunque en los años 70, cuando Richie y yo éramos estudiantes universitarios, el campo de la investigación poco sabía sobre el tema. El único estudio que relacionaba la meditación con una mejora de la atención se había realizado en Japón.[2]

El experimento consistió en instalar un electroencefalógrafo en un zendo y medir la actividad cerebral de los monjes que meditaban oyendo una monótona serie de sonidos. La mayoría de los monjes no ofrecieron evidencias destacables. Pero los cerebros de tres monjes "avanzados" respondieron con la misma firmeza al primer y al vigésimo sonido. Habitualmente el cerebro se desconecta, no reacciona al décimo sonido, mucho menos al vigésimo.

El hecho de ignorar un sonido repetitivo refleja el proceso neural conocido como habituación. La atención que se diluye ante cualquier señal monótona puede afectar a los operadores de radar, que deben permanecer vigilantes, en busca de señales en un cielo generalmente ocioso. La fatiga en la atención de los operadores de radar fue motivo de intensa investigación durante la Segunda Guerra Mundial. Solo entonces la atención se convirtió en objeto de estudio científico: los psicólogos debían encontrar una manera de mantener en alerta a los operadores.

En general percibimos algo inusual durante el tiempo suficiente para asegurarnos de que no presenta una amenaza o simplemente para clasificarlo. Luego, por medio de la habituación, el cerebro ahorra energía, deja de prestar atención a lo que ya considera seguro o familiar. Esta dinámica cerebral tiene una desventaja: nos habituamos a cualquier cosa repetitiva, pinturas en las paredes, la misma comida todas las noches y tal vez incluso a nuestros seres queridos. La habituación hace que la vida sea manejable pero un poco aburrida.

El cerebro se habitúa utilizando un circuito que compartimos con los reptiles, el sistema de activación reticular (SAR), uno de los pocos circuitos relacionados con la atención que se conocen al día de hoy. En la habituación, los circuitos corticales inhiben el SAR, manteniendo esta región sosegada cuando vemos lo mismo una y otra vez. Por el contrario, en la sensibilización —que se produce cuando descubrimos algo nuevo o sorprendente— los circuitos corticales activan el SAR, que luego acude a otros circuitos cerebrales para procesar el nuevo objeto.

Elena Antonova, una neurocientífica británica que ha asistido al SRI, descubrió que los meditadores que habían pasado tres años en un retiro de tradición tibetana mostraban menos habituación del parpadeo al oír ruidos estrepitosos.[3] En otras palabras, sus parpadeos no disminuían, lo que replicaba —al menos conceptualmente— el estudio japonés en el que expertos meditadores zen no se habituaban a sonidos repetitivos.

Ese estudio fue fundamental para nosotros. Al parecer los cerebros de los monjes zen podían sostener la atención en situaciones en las que otros cerebros se dispersaban. Esta idea concordaba con nuestra propia experiencia en retiros dedicados a la atención plena, donde pasamos horas concentrando nuestra atención para advertir mínimos detalles en lugar de dispersarnos.

Al hacer foco en detalles de lo que veíamos, oíamos, paladeábamos, y en sensaciones a las que solemos habituarnos, nuestra atención plena transformaba lo habitual en novedoso e interesante. Este entrenamiento de la atención podía enriquecer nuestra vida, nos ofrecía la posibilidad de revertir la habituación enfocándonos en la textura del aquí y ahora, renovándolo todo.

Nuestra temprana perspectiva de la habituación considera-ba que la atención plena modificaba voluntariamente el reflejo de la desconexión. Hasta allí llegaba nuestro razonamiento, y ya expandía los límites del pensamiento científico aceptado. En la década de 1970, la ciencia entendía a la atención como una fun-ción —generalmente producida por estímulos, automática, in-consciente y "ascendente"— del tronco cerebral, una estructura primitiva situada arriba de la médula espinal, más que como una función "descendente" del área cortical.

Según este criterio, la atención es involuntaria. Algo suce-de en nuestro entorno —suena el teléfono— y nuestra atención automáticamente es atraída por ese sonido. Si se repite hasta la monotonía, nos habituamos.

La ciencia no opinaba que la atención pudiera ser contro-lada voluntariamente, pese a que los psicólogos apelaban a su atención voluntaria para escribir acerca de que esa habilidad no existía. Para ajustarse a los estándares científicos de la época, ig-noraban la realidad de su propia experiencia.

Esta idea de la atención contaba solo parte de la historia. La habituación describe una modalidad de la atención sobre la cual no tenemos control consciente. Pero en nuestro circuito neural, por encima de los mecanismos básicos del cerebro se observan otras dinámicas.

Consideremos los centros emocionales del sistema límbico del cerebro medio (o mesencéfalo), donde se origina buena parte de la acción cuando las emociones atraen nuestra atención.

Cuando Dan escribió *La inteligencia emocional* se fundó en la investigación realizada por Richie y otros neurocientíficos so-bre los descubrimientos —por entonces novedosos— de la dan-za de la amígdala —el radar cerebral que detecta amenazas en los circuitos del cerebro medio relacionados con la emoción— con el circuito prefrontal (situado detrás de la frente), que es el cen-tro ejecutivo del cerebro, capaz de aprender, reflexionar, decidir y perseguir objetivos de largo plazo.

Si se dispara la ira o la ansiedad, la amígdala maneja el circuito prefrontal. Cuando esas emociones perturbadoras alcanzan el nivel máximo, un secuestro de la amígdala paraliza la función ejecutiva. Pero cuando tomamos el control activo de nuestra atención —por ejemplo, cuando meditamos— utilizamos el circuito prefrontal y la amígdala se aquieta. Richie y su equipo han descubierto que la amígdala se encuentra en ese estado en los expertos meditadores vipassana y que indicios más débiles del mismo patrón se observan después de un entrenamiento en REBAP.[4]

A lo largo de su carrera Richie ha rastreado la localización de la atención mientras asciende por el cerebro. En la década de 1980 contribuyó a sentar las bases de la neurociencia afectiva, el campo que estudia los circuitos emocionales del mesencéfalo y la manera en que las emociones manejan la atención. En los años 90, cuando los investigadores se dedicaron a la neurociencia contemplativa y comenzaron a observar el cerebro durante la meditación, supieron que los circuitos del córtex prefrontal manejan la atención voluntaria. Hoy esta área se ha convertido en el punto álgido de la investigación sobre meditación. Cada aspecto de la atención involucra de alguna manera al córtex prefrontal.

En los seres humanos el córtex prefrontal ocupa una porción del neocórtex —la capa superior del cerebro— más grande que en otras especies y ha experimentado los cambios evolutivos más importantes, los que nos hacen humanos. Como veremos, esta zona neural contiene las semillas del acceso al bienestar perdurable, pero también se entrelaza con el sufrimiento emocional. Podemos avizorar maravillosas posibilidades y también podemos tener pensamientos inquietantes: ambos son señales de que el córtex prefrontal está funcionando.

William James consideraba la atención como una entidad simple. Hoy la ciencia nos dice que el concepto abarca muchas habilidades. Entre ellas:

- La atención selectiva permite enfocarse en un elemento e ignorar otros.
- La vigilancia sostiene un nivel de atención constante en el transcurso del tiempo.
- La asignación de atención hace posible advertir variaciones pequeñas o rápidas en lo que experimentamos.
- El foco en la meta o control cognitivo se orienta a sostener mentalmente una meta o tarea específica pese a las distracciones.
- La metaconciencia permite registrar la calidad de la propia conciencia. Por ejemplo, advirtiendo que la mente se dispersa o que hemos cometido un error.

SELECCIONAR LA ATENCIÓN

Desde la infancia Amishi Jha recuerda a sus padres meditando todas las mañanas, pasando las cuentas de un rosario mientras recitaban mantras, tal como habían aprendido en su India natal.

Pero Amishi no estaba interesada en la meditación y se convirtió en neurocientífica cognitiva, dedicada al riguroso estudio de la atención.

Mientras Amishi estudiaba en la Universidad de Pennsylvania, Richie dictó allí una conferencia. En su transcurso no mencionó la meditación, aunque exhibió imágenes de las resonancias magnéticas de dos cerebros: uno en profunda depresión; el otro, alegre. Amishi le preguntó: "¿Cómo consigue que un cerebro se transforme en el otro?"

"Meditación", respondió Richie. De esa manera consiguió despertar el interés personal y profesional de Amishi, que comenzó a meditar y a investigar el impacto que el método puede tener en la atención, pese a que sus colegas le advirtieron que era riesgoso y tal vez no fuera de interés científico para la psicología. Al año siguiente asistió al segundo encuentro del SRI, que resultó transformador. Los estudiantes y graduados que conoció allí formaban una comunidad tolerante que la alentó.

Richie recuerda vívidamente un emotivo testimonio que Amishi ofreció en esa oportunidad acerca de la meditación como parte de su cultura de origen. La academia había restringido la posibilidad de investigar el tema pero finalmente había encontrado su lugar entre científicos que pensaban como ella. Amishi se ha convertido en líder de una nueva generación de investigadores comprometidos con la neurociencia contemplativa y sus beneficios para la sociedad. Ella y sus colegas han dirigido uno de los primeros estudios rigurosos sobre el impacto de la meditación en la atención.[5] Su laboratorio, que ahora funciona en la Universidad de Miami, descubrió que los aprendices entrenados en REBAP mejoraban significativamente su orientación, un componente de la atención selectiva que dirige la mente a su meta entre la variedad virtualmente infinita de estímulos sensoriales.

Supongamos que durante una fiesta, mientras escuchamos música, prestamos atención a una conversación que otras personas mantienen muy cerca de nosotros. Si nos preguntaran qué se acaba de decir, no lo sabríamos. Pero si una de las personas que dialogan pronunciara nuestro nombre, nos concentraríamos en ese dulce sonido como si hubiéramos estado escuchando toda la conversación. La ciencia cognitiva denomina "efecto cóctel" a esta súbita concentración, que ilustra parte del diseño de nuestros sistemas cerebrales relacionados con la atención: del flujo de información disponible tomamos más de lo que conscientemente sabemos. Aunque ignoramos ciertos sonidos que nos parecen irrelevantes, de todos modos los analizamos en algún lugar de la mente. Y nuestro nombre siempre es relevante.

Por lo tanto, existen varios canales para la atención, el que elegimos conscientemente y los que descartamos. La investigación de tesis de Richie analizó la posibilidad de que la meditación reforzara nuestra habilidad para enfocarnos selectivamente.

Pidió a los voluntarios que prestaran atención a lo que veían (un destello de luz) e ignoraran lo que sentían (una vibración en la muñeca) o viceversa, mientras un electroencefalograma registraba lo que sucedía en el córtex visual o táctil para medir la firmeza de su foco. (El uso del EEG para estudiar este aspecto en seres humanos fue innovador, hasta entonces solo se había utilizado con ratas y gatos).

Los voluntarios que meditaban mostraron un modesto aumento de lo que se denomina "especificidad cortical", es decir, más actividad en la correspondiente área sensorial del córtex. Así, cuando prestaban atención a lo que veían, el córtex visual se activaba más que el táctil.

Cuando elegimos concentrarnos en sensaciones visuales e ignorar lo que tocamos, las luces son "señal" y el tacto, "ruido". Si nos distraemos, el ruido ahoga la señal. Concentración es mucho más señal que ruido. Richie no halló aumento en la señal pero hubo cierta reducción del ruido que modificó la proporción, menos ruido significa más señal.

La tesis de Richie, como la de Dan, ofrecía un leve indicio del efecto que deseaba encontrar. Varias décadas más tarde, mediciones mucho más sofisticadas de conciencia sensorial dirigida se aplicaron al asunto que Richie había tratado de demostrar. Un grupo del MIT utilizó la magneto encefalografía (MEG) —capaz de seleccionar áreas cerebrales con una exactitud impensable para el anticuado EEG de Richie—, en voluntarios asignados al azar a un programa REBAP de 8 semanas, y otros que recibirían ese entrenamiento cuando el experimento hubiera finalizado.[6]

Recordemos que REBAP invita a practicar diariamente la atención plena en la respiración, la exploración sistemática de sensaciones en todo el cuerpo, yoga, y la conciencia permanente de pensamientos y sentimientos. Al cabo de 8 semanas los participantes mostraron una habilidad mucho mayor para enfocarse en sensaciones —en este caso, una palmada cuidadosamente calibrada en la mano o el pie— que antes de empezar el entrenamiento, y que los voluntarios que esperaban el momento de empezar con el programa REBAP.

Era posible entonces concluir en que la atención plena —al menos en esta modalidad— refuerza la habilidad del cerebro para enfocarse en un objetivo e ignorar distracciones. Los circuitos neurales relacionados con la atención selectiva pueden ser entrenados, pese a que se suponía que la atención estaba programada y más allá de cualquier intento de entrenarla.

Un fortalecimiento similar de la atención selectiva se halló en el Insight Meditation Center en meditadores vipassana, que fueron testeados antes y después de un retiro de tres meses.[7] El retiro ofrece estímulo explícito para concentrar la atención, no solo durante las 8 horas diarias de meditación formal sino a lo largo de todo el día. Antes de ese entrenamiento, cuando los voluntarios prestaban atención a determinados sonidos, cada uno de ellos con un tono diferente, la precisión con que detectaban tonos era estándar. Al cabo de los tres meses su atención selectiva era un 20% más certera.

SOSTENER LA ATENCIÓN

El estudioso zen D. T. Suzuki era panelista de un simposio realizado al aire libre. Sentado detrás de un escritorio con los demás panelistas, Suzuki se mantenía completamente quieto, con los ojos fijos en un punto delante de él, aparentemente absorto en su mundo interior. Pero cuando una súbita ráfaga de viento desparramó papeles en el escritorio, el único de los panelistas que los recogió a la velocidad del rayo fue Suzuki. No estaba ausente, prestaba atención a la manera zen.

Recordemos que la habilidad de los meditadores zen para sostener la atención sin habituación fue uno de los magros hallazgos científicos sobre la meditación obtenido al comenzar esta búsqueda científica. La investigación, pese a sus limitaciones, nos incentivó.

La atención fluye en la mente a través de un estrecho cuello de botella y la distribuimos con mezquindad. Asignamos la mayor parte a lo que elegimos enfocar en determinado momento. Pero mientras nos enfocamos en ese objetivo, nuestra atención inevitablemente se disipa, nuestra mente se distrae con otros pensamientos y cosas por el estilo. La meditación desafía esa inercia mental. Un objetivo común a todos los estilos de meditación consiste en sostener la atención de cierta manera o dirigida a un objetivo determinado como la respiración. Numerosos informes, anecdóticos o científicos, apoyan la idea de que la meditación permite lograr una atención más sostenida, lo que técnicamente se denomina vigilancia.

Un escéptico podría preguntar si la atención mejora debido a la meditación o por efecto de otro factor. Por ese motivo son necesarios los grupos control. También, para mostrar más convincentemente que el vínculo entre meditación y atención sostenida no es mera asociación sino una relación causal que requiere un estudio longitudinal.

El estudio de Clifford Saron y Alan Wallace cumplió con esos requisitos. Los voluntarios asistieron a un retiro de meditación de tres meses cuyo instructor era Wallace.[8] Durante 5 horas diarias se concentraron en su respiración. Saron los testeó al comienzo del retiro, al cabo de 1 mes y 5 meses después de concluida la actividad.

La vigilancia de los meditadores mejoró, sobre todo durante el primer mes. Cinco meses después de que finalizara el retiro se hizo un test de seguimiento de la vigilancia. Sorprendentemente, la mejora obtenida durante el retiro todavía era firme.

Seguramente la mejora se mantenía por medio de la hora diaria de práctica que informaron esos voluntarios. No obstante, se trata de uno de los mejores tests directos disponibles a la fecha de una modificación perdurable en la atención inducida por la meditación. Por supuesto, la evidencia sería más convincente si estos meditadores mostraran la misma característica 5 años más tarde.

Cuando la atención parpadea

Si observamos a un niño de 5 años que explora detenidamente a la multitud en una ilustración de ¿Dónde está Wally?, veremos su alegría cuando finalmente detecta a Wally, con su característico suéter rojo y blanco entre la abigarrada muchedumbre. La emoción del descubrimiento marca un momento clave en el mecanismo de la atención: el cerebro nos recompensa por la victoria con una dosis de neuroquímicos placenteros.

Por unos instantes el sistema nervioso nos aleja del foco y nos relaja, podría decirse que ofrece un breve festejo neural. Si durante ese festejo apareciera otro Wally, nuestra atención estaría ocupada en otra cosa. El segundo Wally pasaría inadvertido.

Esos instantes de ceguera son semejantes a un parpadeo de la atención, una breve pausa en la habilidad de la mente para explorar lo que nos rodea, denominada periodo refractario. Durante ese parpadeo, la capacidad de la mente para captar queda cegada y la atención pierde sensibilidad. Un leve cambio que en otra circunstancia atraería nuestra mirada pasa desapercibido. El parpadeo refleja la "eficiencia cerebral", es decir que el hecho de no ser capturados por determinada cosa permite que nuestros reducidos recursos atencionales queden disponibles para la siguiente. En términos prácticos, la ausencia de parpadeo refleja una mayor habilidad para percibir pequeños cambios, por ejemplo, indicios no verbales de las emociones de una persona, telegrafiadas por modificaciones fugaces de los pequeños músculos que rodean los ojos. La insensibilidad ante señales tan mínimas puede hacer que pasemos por alto un mensaje importante.

En un test del parpadeo se exhibe una larga serie de letras en la que se intercalan números. Cada letra o número aparece muy brevemente —durante 50 milisegundos, equivalente a la veintea-va parte de un segundo— a una velocidad de diez por segundo. Se advierte a la persona examinada que cada serie de letras inclu-ye uno o dos números a intervalos irregulares. Después de cada serie de quince caracteres se pregunta al participante si vio nú-meros y cuáles eran. Si dos números aparecen en una secuencia muy veloz la mayoría de las personas tienden a pasar por alto el segundo: he aquí el parpadeo atencional.

Los científicos que estudian la atención pensaron durante mucho tiempo que esta brecha en la atención inmediatamente después de haber detectado un objetivo buscado estaba progra-mada. Es decir, que era un aspecto del sistema nervioso central inevitable e inalterable.

Luego sucedió algo sorprendente. Los mismos meditado-res que habían mostrado un desempeño alentador en el test de atención selectiva ingresaron en el curso vipassana de tres meses en la Insight Meditation Society. La meditación vipassana podía disminuir el parpadeo, debido a que cultiva una permanente con-ciencia no reactiva ante lo que surge en la experiencia, un "mo-nitoreo abierto", receptivo a todo lo que ocurre en la mente. Un curso vipassana intensivo crea algo similar a la atención plena en los esteroides: un estado hiperalerta no reactivo a cualquier cosa que aparezca en la mente.

El equipo de Richie midió el parpadeo atencional de los me-ditadores vipassana antes y después de ese curso de tres meses. Después del retiro se observaba una reducción del 20% en el parpadeo atencional.[9] El cambio neural clave fue una caída en la respuesta a la aparición del primer número (solo captaban su presencia), con lo cual la mente permanecía lo suficientemente serena para captar también el segundo número, aunque aparecie-ra muy poco después del primero.

El resultado fue una enorme sorpresa para los científicos cog-nitivos. Hasta entonces creían que el parpadeo atencional estaba programado y que, por lo tanto, ningún tipo de entrenamiento podía atenuarlo. Una vez que la noticia se difundió en los círculos científicos un grupo de investigadores de Alemania quiso saber si la meditación podía compensar el efecto del paso del tiempo en el parpadeo atencional, que lo volvía más frecuente y causaba brechas más largas en la conciencia a medida que las personas envejecen.[10] Sí, los meditadores que practicaban con regularidad alguna forma de "monitoreo abierto" (una amplia conciencia de todo lo que acude a la mente) detenían la habitual escalada de parpadeos atencionales debida al envejecimiento e incluso mostraban mejor desempeño que un grupo formado por personas más jóvenes.

Los investigadores alemanes consideraron la posibilidad de que la conciencia abierta no reactiva —captar y aceptar lo que llega a la mente tal como es, en lugar de continuar con una serie de pensamientos al respecto— se convierta en una habilidad cognitiva que se transfiere a la observación de un target como las letras y números del test, sin ser capturada por esa actividad. De ese modo la atención queda disponible para el target que sigue en la secuencia, una manera más eficiente de ser testigo de lo que sucede en el mundo.

Una vez que el parpadeo atencional mostró ser reversible, científicos holandeses se preguntaron: ¿cuál es el entrenamiento mínimo que logra disminuir el parpadeo? Utilizando una versión de la atención plena, enseñaron a monitorear su mente a personas que nunca habían meditado.[11] Las sesiones de entrenamiento duraban solo 17 minutos. Después se testeaba el parpadeo atencional de los voluntarios. Se observó que "parpadeaban" menos que el grupo control, instruido en una meditación para concentrarse que no tuvo efecto en esta habilidad mental.

EL MITO DE LA MULTITAREA

Todos padecemos la versión catastrófica de la vida en la era digital: recibimos e-mails, textos urgentes, mensajes telefónicos y más, todos al mismo tiempo, por no mencionar los posteos de Facebook, Instagrams y memos urgentes de nuestro universo personal de medios sociales. Debido a la omnipresencia de los smartphones y otros aparatos hoy las personas parecen recibir mucha más información que antes de la era digital.

Algunas décadas antes de que comenzáramos a ahogarnos en un mar de distracciones, el científico cognitivo Herbert Simon hizo esta profética observación: "La información consume atención. Riqueza de información significa pobreza de atención".

También nuestras relaciones sociales sufren. Posiblemente todos tuvimos alguna vez el impulso de decirle a un niño que deje su teléfono y mire a los ojos a la persona con quien está hablando. Esa recomendación se vuelve más necesaria a medida que las distracciones digitales exigen otra clase de víctima: habilidades humanas básicas como la empatía y la presencia social.

Hacer contacto visual, o interrumpir una tarea para conectarnos con otra persona tiene un significado simbólico: indica respeto, cuidado e incluso amor. La falta de atención hacia quienes nos rodean envía un mensaje de indiferencia.

Esas normas sociales acerca de la atención para con los demás han variado silenciosa e inexorablemente. No obstante, somos bastante impermeables a esta realidad. Muchos moradores del mundo digital suelen enorgullecerse de su capacidad de realizar multitareas, por ejemplo, no desatender su trabajo mientras revisan todos los mensajes que llegan por Whatsapp. Pero una convincente investigación de la Universidad de Stanford muestra que esta idea es un mito. El cerebro no hace tareas múltiples sino que pasa rápidamente de una tarea (el trabajo) a otras (videos divertidos, notificaciones de amigos, textos urgentes...).[12]

En realidad, las tareas que requieren atención no se realizan en paralelo, como sugiere la palabra "multitarea". Exigen cambiar rápidamente de una cosa a otra. Y cuando la atención regresa a la tarea original su potencia ha disminuido apreciablemente. Puede requerir varios minutos alcanzar plena concentración otra vez.

El daño se derrama al resto de nuestra vida. Por una parte, la incapacidad para filtrar el ruido (todas esas distracciones) de la señal (el objetivo de nuestra atención) crea una confusión respecto de lo que es importante y en consecuencia, una disminución en nuestra capacidad para retener lo importante. Los investigadores de Stanford descubrieron que, en general, los defensores de la multitarea son más distraídos. Y cuando tratan de enfocarse en algo que deben realizar, su cerebro activa muchas áreas además de las implicadas en la tarea que tienen entre manos, un indicador neural de distracción.

Incluso la habilidad para la multitarea padece. El difunto Clifford Nass, uno de los investigadores, sostuvo que los individuos multitarea "tienen debilidad por la intrascendencia", lo que no solo dificulta la concentración sino también la capacidad analítica y la empatía.[13]

CONTROL COGNITIVO

El control cognitivo nos permite enfocarnos en un objetivo o tarea específicos, resistiendo distracciones, es decir, conservando las habilidades que la multitarea deteriora. Ese férreo foco es fundamental para puestos de trabajo como el de controlador de tráfico aéreo, ya que las pantallas pueden estar repletas de distracciones —como la llegada de un avión— que desvían el foco del controlador, o tan solo para realizar nuestra lista diaria de tareas.

La buena noticia para los multitarea es que el control cognitivo puede fortalecerse. Un grupo de estudiantes voluntarios realizaron sesiones de diez minutos enfocados en contar sus respiraciones o en una tarea comparable: curiosear el *Huffington Post*, Snapchat o BuzzFeed.[14]

Solo tres sesiones de 10 minutos contando la respiración fueron suficientes para medir un aumento apreciable de sus habilidades de atención mediante una batería de tests. Las mejoras más evidentes se encontraron entre los acérrimos multitarea, que inicialmente habían obtenido peores resultados en estos tests.

Si la multitarea tiene por resultado una atención débil, un ejercicio de concentración como contar la respiración ofrece una manera de tonificarla, al menos en el corto plazo. Pero no hubo indicio de que la mejora de la atención fuera perdurable. Se produjo inmediatamente después de la "ejercitación", por lo que nuestro radar la registra como un estado pasajero. Como veremos, los circuitos cerebrales relacionados con la atención necesitan esfuerzos más sostenidos para crear una cualidad duradera.

No obstante, incluso los meditadores principiantes pueden agudizar sus habilidades de atención con beneficios sorprendentes. Por ejemplo, investigadores de la Universidad de California en Santa Bárbara ofrecieron a los voluntarios una instrucción de 8 minutos sobre atención plena dirigida a su respiración y hallaron que después de esa sesión —breve en comparación con la lectura de un periódico o simplemente, la relajación— disminuyó la dispersión de su mente.[15]

Si el hallazgo es interesante, el seguimiento es aun más convincente. A lo largo de 2 semanas los mismos investigadores ofrecieron un curso de atención plena enfocada a la respiración, y a ocupaciones cotidianas como comer, por un total de seis horas, más sesiones de refuerzo de 10 minutos diarios en el hogar.[16]

El grupo de control activo dedicó la misma cantidad de tiempo a estudiar sobre nutrición. Nuevamente, la atención plena mejoró la concentración y disminuyó la dispersión mental.

Sorprendentemente, la atención plena también mejoró el funcionamiento de la memoria operativa: la que almacena temporalmente la información para ser transferida a la memoria de largo plazo. La atención es fundamental para la memoria operativa. Si no prestamos atención, los datos no se registran.

El entrenamiento en atención plena se llevó a cabo con estudiantes que aún cursaban sus carreras de grado. El estímulo a su atención y su memoria operativa posiblemente ayude a explicar algo más sorprendente: la atención plena elevó en más de 30% las calificaciones del examen de ingreso a las escuelas de posgrado. Estudiantes, tomen nota.

El control cognitivo nos ayuda también a manejar nuestros impulsos, lo que técnicamente se conoce como "inhibición de la respuesta". Como vimos en el capítulo 5, "Una mente serena", en el estudio de Cliff Saron el entrenamiento mejoraba la capacidad de un meditador para inhibir impulsos a lo largo de tres meses y la mejora permanecía en el seguimiento realizado a los 5 meses.[17]

La mayor inhibición de los impulsos era paralela a una mejora del bienestar emocional informado por los participantes.

METACONCIENCIA

Cuando hicimos nuestros primeros cursos vipassana en India, nos sumergimos en la observación de los vaivenes de nuestra mente, para desarrollar estabilidad simplemente captando nuestros pensamientos en lugar de ir hacia donde los pensamientos, impulsos, deseos o sentimientos nos habrían llevado.

Esa intensa atención dirigida a los movimientos de nuestra mente es metaconciencia. Para la metaconciencia no tiene importancia cuál es el foco de nuestra atención sino reconocer la conciencia misma. Habitualmente lo que percibimos es una silueta, con la conciencia en el fondo. La metaconciencia conecta figura y fondo en nuestra percepción, de modo tal que la conciencia pasa al primer plano.

Esta conciencia de la conciencia misma nos permite monitorear nuestra mente sin ser arrastrados por los sentimientos y pensamientos que captamos. "De ese modo, quien es consciente de la tristeza no está triste. Quien es consciente del miedo no teme. Cuando me pierdo en mis pensamientos, estoy tan confundido como cualquier otra persona", observa el filósofo Sam Harris.[18]

Los científicos denominan "descendente" a la actividad cerebral que refleja nuestra mente consciente y sus operaciones. La actividad "ascendente" alude a lo que sucede en la mente más allá de la conciencia, lo que técnicamente se denomina "inconsciencia cognitiva". Gran parte de los pensamientos que consideramos producto de la actividad descendente son en realidad producto de la actividad ascendente. Al parecer camuflamos nuestra conciencia con una pátina de actividad descendente de modo tal que la pequeña porción de inconsciencia cognitiva que captamos crea la ilusión de ser toda nuestra mente.[19]

Permanecemos inconscientes a la maquinaria mental, mucho más amplia, de los procesos ascendentes, al menos a través de la conciencia convencional de nuestra vida cotidiana.

La metaconciencia nos permite ver una franja más ancha de operaciones ascendentes. Podemos registrar nuestra propia atención, detectar por ejemplo que nuestra mente se ha dispersado del objetivo en el que deseábamos enfocarnos. Esta habilidad de monitorear la mente sin ser arrastrado por ella ofrece una posibilidad fundamental: podemos recuperar el enfoque en la tarea que estamos realizando. Esta sencilla habilidad mental nos permite fortalecer una enorme gama de actividades que nos hacen efectivos, desde aprender hasta descubrir que tenemos intuición creativa para generar un proyecto y llevarlo a cabo.

Es posible experimentar la "mera conciencia" de algo que nos ofrece nuestra conciencia habitual o bien saber que somos conscientes de ese algo, reconociendo la conciencia misma sin establecer juicios o responder con otras reacciones emocionales. Por ejemplo, cuando miramos una película apasionante nos dejamos llevar por la historia y olvidamos que nos encontramos en una sala de cine. Pero también podemos mirar atentamente la película conservando la conciencia del encontrarnos en una sala de cine mirando esa película. Esta conciencia del entorno no afecta nuestra valoración o nuestra complicidad con la película, es solo un modo de conciencia diferente.

Tal vez junto a nosotros una persona come palomitas de maíz haciendo ruidos a los que no prestamos atención pero aun así nuestro cerebro los registra. Durante ese proceso inconsciente, disminuye la actividad de un área cortical clave, el córtex prefrontal dorsolateral (CPD). A medida que somos más conscientes de ser conscientes, el CPD aumenta su actividad.

La meditación puede aumentar la actividad del CPD y disminuir nuestro sesgo inconsciente, es decir, los prejuicios que tenemos aunque creemos no tenerlos (como vimos en el capítulo 6, "Preparado para amar").[20]

Los psicólogos cognitivos testean la metaconciencia por medio de operaciones mentales muy exigentes, en las que es inevitable cometer errores. Luego registran la cantidad de errores y el hecho de que la persona testeada advierta que podría haber un error (una manifestación de metaconciencia). Las operaciones asignadas son deliberadamente diabólicas, diseñadas y calibradas para garantizar que cualquier persona que las realice cometerá cierto porcentaje de errores, y más aún, que podría modificar su confianza respecto de sus propias respuestas.

Imaginemos una sucesión de palabras que pasa a toda velocidad, a razón de una palabra cada 1,5 segundos. Luego vemos otra serie de 320 palabras, de las cuales ya hemos visto la mitad en la primera presentación. Tenemos que presionar uno de dos botones para decir si las palabras que vemos estaban incluidas, o no, en la lista anterior. De ese modo calificamos la confianza en nuestra precisión, es decir, hacemos una apreciación metaconsciente de la medida en que creemos que la respuesta fue correcta y confiamos en que lo sea.

Este desafío mental fue presentado por psicólogos de la Universidad de California en Santa Bárbara a personas que hacían sus primeros pasos en la atención plena y a un grupo que recibió un curso de nutrición.[21] En el grupo de meditadores la metaconciencia aumentó. En cambio, no se modificó en absoluto entre los que recibieron el curso de nutrición.

¿Será perdurable?

El laboratorio de Amishi Jha testeó el efecto de un retiro intensivo de atención plena en el que los participantes meditaron más de 8 horas diarias durante 1 mes.[22] El retiro estimuló el "alerta", la disposición a responder a lo que se nos presente. Aunque en un estudio previo Amishi había encontrado una mejora de la orientación en principiantes que recibieron un breve curso de atención plena, en este retiro los aprendices no exhibieron esa mejora.

Este no hallazgo constituye un dato importante para observar el panorama completo de los alcances de la meditación. Nos ayuda a considerar de qué manera varían, o no, diversos aspectos de la atención, con diferentes tipos de meditación, a diferentes niveles.

Algunos cambios podrían producirse de inmediato mientras que otros llevarían más tiempo: mientras la orientación varía inicialmente y luego se estanca, el alerta parece mejorar con la práctica. Sospechamos que sería necesario sostener la meditación a lo largo del tiempo para conservar los cambios en la atención.

Por la misma época en que Richie investigaba en Harvard las respuestas de los meditadores ante ciertos sonidos, científicos cognitivos como Anne Treisman y Michael Posner señalaban que la "atención" es un concepto demasiado amplio. Sostenían que deberían considerarse varios tipos de atención y los circuitos neurales involucrados en cada uno. Los hallazgos muestran hoy que la meditación parece ampliar muchos de ellos, aunque todavía no hay una definición al respecto. Los resultados obtenidos por Amishi descubren diversas facetas.

Es necesario ser prudente. Si bien algunos aspectos de la atención mejoran en unas horas (tal vez, minutos) de práctica, de ningún modo significa que esas mejoras sean perdurables. Somos escépticos acerca de la posibilidad de que intervenciones breves y esporádicas produzcan resultados, más allá de mejoras pasajeras que pronto se disipan. Por ejemplo, no hay evidencia de que la supresión del parpadeo atencional inducido por 17 minutos de atención plena tenga por resultado una diferencia detectable unas horas después, una vez desvanecido ese estado. Lo mismo ocurre con esas sesiones de atención plena de 10 minutos que revertían la dispersión del foco producido por la multitarea. Sospechamos que, salvo que la práctica se continúe todos los días, la multitarea seguirá debilitando la atención. Para impulsar de manera perdurable un sistema neural como el de la atención, más que breves entrenamientos es necesaria una práctica diaria y sostenida, junto con sesiones intensivas. Tal fue el caso de las personas que participaron del retiro shamatha y fueron testeados por Cliff Saron 5 meses después. De otro modo el cableado cerebral regresa a su estado anterior: una vida de distracción salpicada por periodos de concentración.

Aun así, es alentador que esas breves prácticas de meditación mejoren la atención. El hecho de que esas mejoras se produzcan con rapidez confirma la conjetura de William James: es posible adiestrar la atención. En Cambridge, a solo 15 minutos de caminata desde el lugar donde James vivía, existen hoy centros de meditación. Si hubieran estado allí en su época, y él hubiera meditado en uno de ellos, sin duda habría encontrado su educación por excelencia.

En síntesis

La meditación reeduca la atención. Diferentes tipos de práctica estimulan diversos aspectos de la atención. REBAP fortalece la atención selectiva. Más aún, las prácticas vipassana de largo plazo. Cinco meses después del retiro shamatha de 3 meses los meditadores mostraban mayor vigilancia, la habilidad de sostener su atención. El parpadeo atencional disminuía mucho después de 3 meses de retiro vipassana, si bien esta disminución comenzaba a manifestarse inmediatamente después de 17 minutos de atención plena, lo que sin duda es un estado transitorio para los principiantes y un rasgo más duradero para personas que participan de retiros.

El concepto de que la práctica es el camino a la perfección se aplica a otras meditaciones breves: 10 minutos de atención plena redujeron el daño a la concentración que provoca la multitarea. Al menos en el corto plazo. Solo 8 minutos de atención plena disminuyeron la dispersión de la mente durante un rato. Alrededor de 10 horas de atención plena practicadas en un periodo de 2 semanas reforzaron la atención y la memoria operativa y contribuyeron a lograr calificaciones mucho mejores en el examen de ingreso a una escuela de posgrado.

Si bien la meditación estimula diversos aspectos de la atención, los logros son de corto plazo: beneficios más duraderos requieren sin duda de una práctica continua.

Notas

1. Charlotte Joko Beck, *Nothing Special: Living Zen* (New York: HarperCollins, 1993), p. 168. Akira Kasamatsu y Tomio Hirai, "An Electroencephalographic Study on Zen Meditation (Zazen)", *Psychiatry and Clinical Neurosciences* 20:4 (1966): 325- 36.

2. Akira Kasamatsu y Tomio Hirai, "An Electroencephalographic Study on Zen Meditation (Zazen)", *Psychiatry and Clinical Neurosciences* 20:4 (1966): 325- 36.

3. Antonova et al., "More Meditation, Less Habituation: The Effect of Intensive Mindfulness Practice on the Acoustic Startle Reflex", *PLoS One* 10:5 (2015): 1- 16; doi:10.1371/ journal.pone.0123512. Los meditadores recibieron la instrucción de mantener una "conciencia abierta" al oír los ruidos. A los controles se les pidió permanecer alertas y despiertos durante el experimento… y recuperar la conciencia de lo que ocurría a su alrededor si detectaban que su mente se había dispersado.

4. T. R. A. Kral et al., "Meditation Training Is Associated with Altered Amygdala Reactivity to Emotional Stimuli", en revisión, 2017.

5. Amishi Jha et al., "Mindfulness Training Modifies Subsystems of Attention", *Cognitive, Affective, & Behavioral Neuroscience* 7:2 (2007): 109- 19; http:// www.ncbi.nlm.nih.gov/ pubmed/ 17672382.

6. Catherine E. Kerr et al., "Effects of Mindfulness Meditation Training on Anticipatory Alpha Modulation in Primary Somatosensory Cortex", *Brain Research Bulletin* 85 (2011): 98- 103.

7. Antoine Lutz et al., "Mental Training Enhances Attentional Stability: Neural and Behavioral Evidence", *Journal of Neuroscience* 29:42 (2009): 13418- 27; Heleen A. Slagter et al., "Theta Phase Synchrony and Conscious Target Perception: Impact of Intensive Mental Training", *Journal of Cognitive Neuroscience* 21:8 (2009): 1536- 49. Un grupo control active, que recibió una instrucción de 1 hora en atención plena al inicio y al final del periodo de 3 meses, y debía practicar 20 minutos diarios, transcurridos los 3 meses no mostró mejores resultados que al principio.

8. Katherine A. MacLean et al., "Intensive Meditation Improves Perceptual Discrimination and Sustained Attention", *Psychological Science* 21:6 (2010): 829- 39.

9. H. A. Slagter et al., "Mental Training Affects Distribution of Limted Brain Resources", *PLoS Biology* 5:6 (2007): e138; doi: 10.1371/ journal.pbio.0050138. Los tests realizados en los mismos intervalos mostraron que el parpadeo atencional no variaba en los controles que no meditaban.

10. Sara van Leeuwen et al., "Age Effect on Attentional Blink Performance in Meditation", *Consciousness and Cognition*, 18 (2009): 593- 99.

11. Lorenzo S. Colzato et al., "Meditation Induced States Predict Attentional Control over Time", *Consciousness and Cognition* 37 (2015): 57- 62.

12. E. Ophir et al., "Cognitive Control in Multi- Taskers", *Proceedings of the National Academy of Sciences* 106:37 (2009): 15583-87.

13. Clifford Nass, entrevista citada en *Fast Company*, febrero 2, 2014.

14. Thomas E. Gorman y C. Shawn Gree, "Short-Term Mindfulness Intervention Reduces Negative Attentional Effects Associated with Heavy Media Multitasking", *Scientific Reports* 6 (2016): 24542; doi:10.1038/ srep24542.

15. Michael Mrazek et al., "Mindfulness and Mind Wandering: Finding Convergence through Opposing Constructs", *Emotion* 12:3 (2012): 442- 48.

16. Michael D. Mrazek et al., "Mindfulness Training Improves Working Memory Capacity and GRE Performance While Reducing Mind Wandering", *Psychological Science* 24:5 (2013): 776- 81.

17. Bajinder K. Sahdra et al., "Enhanced Response Inhibition During Intensive Meditation Predicts Improvements in Self-Reported Adaptive Socioemotional Functioning", *Emotion* 11:2 (2011): 299- 312.

18. Sam Harris, *Waking Up: A Guide to Spirituality Without Religion* (NY: Simon & Schuster, 2015), p. 144.

19. Ver: Daniel Kahneman, *Thinking, Fast and Slow* (New York: Farrar, Straus and Giroux, 2011).

20. R. C. Lapate et al., "Awareness of Emotional Stimuli Determines the Behavioral Consequences of Amygdala Activation and Amygdala-Prefrontal Connectivity", *Scientific Reports* 20:6 (2016): 25826; doi:10.1038/ srep25826.

21. Benjamin Baird et al., "Domain-Specific Enhancement of Metacognitive Ability Following Meditation Training" *Journal of Experimen-*

tal Psychology: General 143:5 (2014): 1972-79; http:// dx.doi.org/ 10.1037/ a0036882. Tanto el grupo entrenado en atención plena como el grupo control tomaron clases de 45 minutos, 4 veces a la semana, durante dos semanas, y practicaron diariamente en su casa durante 15 minutos.

22. Amishi Jha et al., "Mindfulness Training Modifies Subsystems of Attention", *Cognitive Affective and Behavioral Neuroscience* 7:2 (2007): 109- 19; doi: 10.3758/cabn.7.2.109.

8

La levedad del ser

Regresemos al retiro en Dalhousie organizado por S. N. Goenka al que asistió Richie. Al séptimo día, durante la hora de quietud, que comenzaba con el voto de no hacer un solo movimiento voluntario aunque la incomodidad fuera espantosa, Richie tuvo una revelación.

Casi desde el inicio de esa hora interminable sintió el dolor habitual en la rodilla derecha, que intensificado por el voto de inmovilidad se volvió una tortura. Entonces, cuando el dolor alcanzó el punto de lo intolerable, algo cambió: su conciencia.

De pronto lo que había sido dolor se transformó en un conjunto de sensaciones: hormigueo, ardor, presión, pero la rodilla ya no dolía. El "dolor" se disolvió en oleadas de vibraciones sin rastro de reactividad emocional. Concentrarse solo en las sensaciones implicaba reevaluar por completo la naturaleza del daño. En lugar de obsesionarse con el dolor, la noción misma de dolor se descomponía en sensaciones simples. Se eliminaba un aspecto crítico: la resistencia psicológica y los sentimientos negativos hacia esas sensaciones.

El dolor no había desaparecido pero Richie había modificado su relación con él. Solo había sensación, en lugar de *mi* dolor con la correspondiente sucesión de pensamientos guiados por la ansiedad. En general, cuando estamos sentados no percibimos nuestros sutiles cambios de postura, y cosas por el estilo, que alivian el estrés de nuestro cuerpo. Cuando no movemos un solo músculo, es posible que ese estrés aumente hasta convertirse en terrible dolor. Si, como Richie, estamos explorando esas sensaciones, puede ocurrir un cambio notorio en la relación con la propia experiencia: el "dolor" se transforma en una mezcla de sensaciones físicas.

En el transcurso de esa hora, Richie comprendió a través de su realidad personal que el "dolor" era la conjunción de una infinidad de sensaciones somáticas. En su nueva y alterada percepción se trataba solo de una idea, una etiqueta mental que dotaba de un barniz conceptual a una heterogénea coincidencia de sensaciones, percepciones y pensamientos obstinados.

Richie supo vívidamente que gran cantidad de nuestras actividades mentales transcurren inadvertidamente. Comprendió que buena parte de nuestra experiencia no está fundada en la percepción directa de lo que sucede sino en nuestras expectativas y proyecciones, los pensamientos y reacciones habituales con los que hemos aprendido a responder, un mar insondable de procesos neurales. Vivimos en un mundo construido por nuestra mente en lugar de percibir los infinitos detalles de lo que ocurre.

Esta revelación condujo a Richie a una noción científica: la conciencia opera como integrador, amalgamando gran cantidad de procesos mentales primarios, que en su mayoría ignoramos. Conocemos su resultado, *mi* dolor, pero en general no tenemos conciencia de los numerosos elementos que se combinan en esa percepción.

Esa comprensión, habitual para la ciencia cognitiva de hoy, no lo era en aquella época. Richie no tenía más indicio que la transformación de su propia conciencia.

En los primeros días del retiro Richie cambiaba de posición con frecuencia para aliviar las molestias en la rodilla o la espalda.

Después del adelanto perceptual resultante de la inmovilidad fue capaz de permanecer quieto como una roca durante maratónicas sesiones de 3 o más horas. Este radical giro interior hizo que se sintiera capaz de atravesar cualquier circunstancia. Comprendió que si prestáramos la debida atención a la naturaleza de nuestra experiencia, cambiaría drásticamente. La hora de quietud muestra que en cada momento de vigilia construimos nuestra experiencia en torno a una historia de la que somos protagonistas, y que podemos deconstruir esa historia centrada en nosotros mismos utilizando la conciencia adecuada.

EL CEREBRO SE CONSTRUYE A SÍ MISMO

Marcus Raichle estaba sorprendido y preocupado. El neurocientífico de la Universidad Washington en St. Louis era autor de estudios cerebrales pioneros para identificar qué áreas neurales se activaban durante diversas tareas mentales. En 2001, para hacer esa investigación Raichle se valió de una estrategia común para la época: comparar la actividad con un estado de referencia en el que el participante no hacía nada. Su preocupación era resultado de observar que durante tareas cognitivas muy exigentes —como restar sucesivamente el número 13 a partir del número 1475— un conjunto de regiones cerebrales se desactivaban. En general se suponía que una tarea mental tan esforzada siempre aumentaría la activación de áreas cerebrales. Pero esa desactivación hallada por Raichle constituía un modelo sistemático, que acompañaba el paso de "hacer nada" a la realización de todo tipo de tareas mentales.

En otras palabras, mientras no hacemos nada ciertas áreas cerebrales se encuentran muy activas, mucho más que las implicadas en una compleja tarea cognitiva. Cuando tratamos de resolver un desafío mental como esa ardua sustracción, esas regiones cerebrales se aquietan.

Su observación confirmó un hecho misterioso que había rondado a la ciencia: aunque el cerebro constituye solo el 2% de la masa corporal, consume alrededor del 20% de la energía metabólica del organismo medida a través del consumo de oxígeno. Y la tasa de consumo de oxígeno permanece más o menos constante sin importar lo que hagamos, incluso cuando no hacemos absolutamente nada. Al parecer, cuando nos relajamos el cerebro está tan ocupado como cuando nos encontramos bajo una exigencia mental.

¿Dónde están entonces todas esas neuronas que conversan mientras no hacemos nada en particular? Raichle identificó un conjunto de áreas, en particular en el córtex prefrontal medial (CPM) y el córtex cingulado posterior (CCP), un nodo comunicado con el sistema límbico. Definió a estos circuitos como red neuronal por defecto.[1]

Cuando el cerebro emprende una tarea activa —ya sea una operación matemática o la meditación— mientras las áreas esenciales para esa tarea se preparan las áreas de la red por defecto se aquietan y se aceleran nuevamente cuando la tarea finaliza. De este modo se explicaba cómo el cerebro podía mantener su nivel de actividad mientras nada sucedía.

Cuando los científicos preguntaban a las personas qué pasaba por su mente durante esos periodos de "hacer nada", como era previsible, informaron que sus mentes "hacían algo": divagaban. A menudo, los pensamientos giraban en torno a la propia persona: "¿Cómo estoy haciendo este experimento?", "¿Qué estarán descubriendo sobre mí?", "Tengo que responder el mensaje de Joe". Como puede observarse, la actividad mental se concentraba en el yo:[2] mis pensamientos, mis emociones, mis relaciones, a quién le gustó el nuevo posteo de mi página de Facebook, todas las minucias de nuestra vida. Al encuadrar los hechos en el impacto que nos causan, la red por defecto nos convierte en el centro del universo. A partir de recuerdos fragmentarios, esperanzas, sueños, planes y demás, centrados en los conceptos de "yo", "a mí" y "mío" esas ilusiones entretejen nuestro sentido de "ser". Nuestra red por defecto reescribe continuamente el guión de una película de la que cada uno de nosotros es protagonista, proyectando principalmente nuestras escenas favoritas o perturbadores, una y otra vez.

La red por defecto se enciende cuando nos relajamos, cuando no hacemos algo que requiere concentración y esfuerzo. Alcanza su apogeo en los periodos de descanso de la mente. Por el contrario, cuando nos concentramos en un desafío como descubrir lo que sucede con la señal de Wi-Fi, la red por defecto se apaga.

Si nada captura nuestra atención, la mente vaga, a menudo en torno a las cosas que nos preocupan: esta es la causa básica de la ansiedad cotidiana. Por este motivo, cuando los investigadores de Harvard pidieron a miles de personas que informaran en qué se concentraba su mente y cuál era su estado de ánimo en ciertos momentos del día, llegaron a la conclusión de que "una mente dispersa es una mente infeliz".

Este sistema del yo reflexiona sobre nuestra vida, en especial sobre los conflictos que afrontamos, las dificultades de nuestras relaciones, nuestros temores y ansiedades. Debido a que el yo rumia sobre lo que nos molesta, nos sentimos aliviados cuando podemos desconectarnos. Uno de los atractivos de los deportes de alto riesgo como el montañismo parece residir en que el peligro exige total concentración para dar el siguiente paso. Así, las preocupaciones más mundanas quedan en segundo plano.

Algo similar ocurre en el "fluir", el estado en que una persona se desempeña mejor. La investigación al respecto muestra que dedicar toda la atención a lo que sucede en el presente ocupa el primer lugar en la lista de actitudes que crean y mantienen un estado dichoso. Las dispersiones mentales del yo se suprimen.

Como hemos visto en el capítulo anterior, el manejo de la atención es fundamental en todas las modalidades de meditación. Si mientras meditamos nos distraen nuestros pensamientos, significa que el modo por defecto, la mente errática, se ha impuesto.

En casi todas las formas de meditación es necesario advertir que la mente se ha dispersado y recuperar el foco en el objetivo elegido, que puede ser un mantra o la respiración. Es una instancia habitual de los caminos contemplativos. Este simple desplazamiento mental tiene un correlato neural: activa la conexión entre el córtex prefrontal dorsolateral y la red por defecto. Esta conexión suele ser más fuerte en los meditadores de largo plazo que en los principiantes.[3]

Cuanto más fuerte es esta conexión, tanto más probable será que los circuitos reguladores del córtex prefrontal inhiban las áreas de la red por defecto, aquietando el incesante diálogo interno que a menudo colma "la mente del mono" si nada la apremia.

Un poema sufi alude a este cambio cuando alude a que "mil pensamientos" se transforman en uno: "Nada queda sino Dios".[4]

Deconstruir el yo

En el siglo V el sabio indio Vasubhandu observó: "En tanto te aferres al yo permanecerás en el mundo del sufrimiento".

Mientras que la mayoría de los métodos para aliviarnos de la carga del yo son temporales, los caminos de la meditación se proponen que el alivio sea permanente: un rasgo perdurable. Las corrientes meditativas tradicionales comparan nuestros estados mentales cotidianos —el flujo de pensamientos, muchos de ellos cargados de ansiedad, o de interminables listas de cosas por hacer— con una manera de ser libre de esas cargas. Cada camino, con sus particularidades, considera que aligerar nuestro sentido del yo es clave para esa liberación interior.

Cuando el dolor de la rodilla de Richie dejó de ser terrible y se volvió repentinamente tolerable, también hubo un cambio en la manera en que él se identificaba con el dolor. Ya no era "su" dolor. El sentido de la posesión se había esfumado. La hora que Richie pasó en completa quietud permite vislumbrar de qué manera nuestro yo habitual puede reducirse a una ilusión óptica de la mente. Si esta visión se fortalece, alcanza el punto en que nuestro sólido sentido del yo se quiebra y se modifica la manera en que nos percibimos, o bien, percibimos el dolor y todo lo que nos vincula a él. Se trata de uno de los principales objetivos de cualquier práctica espiritual: aligerar el sistema que construye nuestro sentido de "yo", "a mí", y "mío".

Para explicar este concepto Buda asemejó el yo a un carro: lo forman las ruedas, los ejes, el yugo y demás partes pero algo inexistente las mantiene unidas.

Una versión actual de la metáfora diría que no hay "auto" en los neumáticos, el tablero de mandos o el chasis pero si todos ellos y —muchos otros componentes— se unen, aparece lo que consideramos un auto.

Del mismo modo, la ciencia cognitiva nos dice que una cantidad de subsistemas neurales entrelazados —entre otros, los que generan nuestros recuerdos, percepciones, emociones y pensamientos— hacen posible nuestro sentido del ser. Cualquiera de ellos por sí mismo sería insuficiente pero en la combinación correcta nos brindan la agradable sensación de nuestro ser singular.

Todas las tradiciones meditativas comparten un objetivo: soltar el apego a los pensamientos, emociones e impulsos que nos guían a través de la vida. Técnicamente se lo denomina "desreificación". Este concepto clave permite al meditador comprender que los pensamientos, sentimientos e impulsos son episodios mentales pasajeros, insustanciales. Desde este punto de vista, no debemos creer en nuestros pensamientos. En lugar de seguir su trayectoria podemos dejarlos pasar.

Dogen, fundador de la escuela soto zen, enseñaba: "Si aparece un pensamiento, deben registrarlo y luego desecharlo. Cuando olviden decididamente todos los apegos, naturalmente se convertirán en zazen.

Muchas otras tradiciones consideran que aligerar el yo es el camino a la libertad interior. El Dalai Lama se refiere a menudo al "vacío", es decir, a que nuestro yo —y todos los objetos visibles de nuestro mundo— surgen en realidad de la combinación de sus componentes.

Algunos teólogos cristianos denominan *kenosis*, a la supresión del yo, en la que nuestros deseos y necesidades disminuyen mientras nuestra receptividad a las necesidades de otros aumenta y se convierte en compasión. Dijo un maestro sufí que "cuando estamos ocupados de nosotros, estamos separados de Dios. El camino hacia Dios consiste en dar un solo paso: el que nos permite salir de nosotros".[5]

Ese paso sugiere que se debilita el circuito que por defecto mantiene los recuerdos, pensamientos, impulsos, y otros procesos mentales semiindependientes, unidos en el cohesivo sentido del "yo" y lo "mío".

La materia de nuestra vida se vuelve menos "densa" cuando adoptamos un vínculo menos apegado a ella. El entrenamiento mental puede disminuir la actividad de nuestro yo, para que lo "mío" pierda su poder hipnótico. Nuestras preocupaciones se alivianan.

Aunque aún tengamos que saldar una deuda, cuanto más liviano sea nuestro yo, tanto menor será la angustia que la deuda nos causa, y tanto más libres nos sentiremos. Hallaremos la manera de pagarla sin la carga extra del equipaje emocional.

Si bien para casi todos los caminos contemplativos la levedad del ser es un objetivo primordial, son pocas las investigaciones científicas referidas a ese objetivo. Los escasos estudios realizados hasta ahora sugieren que existirían tres fases para que la meditación produzca el desapego del yo.

Cada una de estas fases utiliza una estrategia neural diferente para aquietar el modo por defecto del cerebro y así liberarnos un poco de nuestro yo.

Los datos

David Creswell, un científico que trabaja ahora en la Universidad Carnegie Mellon, fue otro de los jóvenes investigadores cuyo interés en la meditación se acentuó al asistir al SRI. Para evaluar la fase inicial, observada en los meditadores novatos, el equipo de Creswell midió la actividad cerebral de los voluntarios que participaron de un curso intensivo de atención plena durante 3 días.[6] Los participantes, que nunca habían meditado, aprendieron en el curso que cuando una persona está inmersa en un melodrama (un favorito del modo por defecto) puede liberarse voluntariamente de él identificándolo, dirigiendo la atención a la respiración o siendo consciente del momento presente. Es decir, interviniendo activamente para aquietar "la mente del mono". Esos esfuerzos aumentan la actividad del área prefrontal dorsolateral, un circuito clave para administrar el modo por defecto. Como hemos visto, esta área pasa a la acción cada vez que nos proponemos serenar nuestra mente agitada. Por ejemplo, cuando tratamos orientar nuestra mente hacia algo más agradable que un hallazgo inquietante en el que no podemos dejar de pensar.

Tres días de práctica de atención plena aumentaron las conexiones entre los circuitos de control y los circuitos por defecto del córtex cingulado posterior, un área fundamental para el pensamiento enfocado en el yo. Por lo tanto, al parecer los meditadores novicios evitan que su mente se disperse activando el cableado neural capaz de silenciar el área de la red neuronal por defecto.

En los meditadores más expertos, la fase siguiente en el desapego del yo agrega una disminución de actividad en sectores clave de la red por defecto —un debilitamiento de los mecanismos del yo—, manteniendo las conexiones reforzadas con las áreas de control.

Investigadores dirigidos por Judson Brewer, por entonces en la Universidad de Yale (también asistente al SRI), exploraron el correlato cerebral de la atención plena comparando novicios con meditadores expertos (con un promedio de 10.500 horas de práctica a lo largo de la vida).[7]

Durante la meditación se pidió a todos los participantes que hicieran la distinción entre percibir lo que ocurría (hace calor) e identificarse con lo que ocurría (tengo calor), y luego la abandonaran. Esta distinción parece un paso fundamental para distender el yo activando la metaconciencia, y lograr un "yo mínimo" que simplemente percibe el calor en lugar de "tener calor".

Como mencionamos, cuando miramos una película estamos atrapados por la trama, pero si de pronto advertimos que nos encontramos en un cine es porque salimos del mundo de la película y tenemos un encuadre más amplio. Esa metaconciencia nos permite monitorear nuestros pensamientos, sentimientos y acciones, administrarlos como deseamos y preguntarnos acerca de su dinámica.

Nuestro sentido del yo queda atrapado en una constante narración personal que entrelaza trozos dispares de nuestra vida formando un argumento coherente. El narrador se encuentra principalmente en la red neuronal por defecto pero reúne impulsos de diversas áreas cerebrales que por sí mismas no tienen influencia en el sentido del yo.

En el estudio de Brewer los meditadores expertos mostraron la misma firmeza que se había observado en los principiantes en la conexión del circuito de control con el circuito por defecto y, además, una menor activación de las áreas de la red por defecto. En particular, cuando practicaban meditación de amorosa bondad, lo que corroboraría que cuanto más deseamos el bienestar de otros, tanto menos nos enfocamos en nosotros.[8]

Sorprendentemente, en los meditadores avanzados la disminución de la conectividad del circuito por defecto parecía ser prácticamente la misma antes y durante la práctica de atención plena. Podría ser un rasgo duradero y una buena señal: estos meditadores se entrenan para ser tan conscientes en su vida cotidiana como durante las sesiones de meditación. La misma disminución de la conectividad, en comparación con no meditadores, se encontró en un estudio realizado en Israel con practicantes de atención plena con un promedio de 9.000 horas de entrenamiento.[9]

Un estudio de la Universidad Emory ofrece más evidencia indirecta sobre este cambio en meditadores de largo plazo. Se realizaron escaneos cerebrales de un grupo de expertos meditadores zen (con 3 o más años de práctica efectiva más incontables horas a lo largo de su vida) que comparados con los controles parecían mostrar menor actividad en partes del área por defecto mientras se enfocaban en su respiración. Cuanto mayor era ese efecto tanto mejor fue su desempeño en un test de atención sostenida, lo que sugiere una disminución duradera en la dispersión de la mente.[10]

Finalmente, un pequeño pero sugestivo estudio de meditadores zen (con un promedio de 1700 horas de práctica) realizado por la Universidad de Montreal descubrió menor conectividad en el área por defecto durante el reposo en comparación con un grupo de voluntarios que recibió entrenamiento zazen solo durante una semana.[11]

Una teoría postula que si algo captura nuestra atención implica un apego, y cuanto mayor sea el apego, más a menudo seremos capturados. Un experimento puso a prueba este supuesto. Se ofreció dinero a un grupo de voluntarios y a un grupo de meditadores expertos (4200 horas de práctica promedio) si lograban reconocer ciertas figuras geométricas entre un conjunto de ellas, [12] lo que en cierto modo generaba un mínimo grado de apego.

En una fase posterior, cuando se les pidió que se concentraran en su respiración, ignorando esas figuras, los meditadores se distraían menos con las formas geométricas que los integrantes del grupo control.

Por su parte, el equipo de Richie descubrió que los meditadores con un promedio de 7500 horas de práctica promedio, comparados con otras personas de su misma edad, mostraban una disminución del volumen de la materia gris en un área clave: el núcleo accumbens.[13] Era la única región del cerebro que mostraba una diferencia estructural en comparación con los controles. Un núcleo accumbens más pequeño disminuye la conectividad entre estas regiones interrelacionadas y los demás módulos neurales que habitualmente se conjugan para crear el sentido del yo.

Es asombroso, porque el núcleo accumbens tiene una función importante en los circuitos cerebrales de "recompensa", una fuente de sensaciones placenteras de la vida. Pero también es un área clave para el apego emocional y las adicciones, es decir, para lo que nos atrapa. La disminución de materia gris en el núcleo accumbens podría reflejar un menor apego en los meditadores, en particular con respecto al yo narrador.

¿Este cambio hacía que los meditadores fueran indiferentes y fríos? Ante esa pregunta surge la imagen del Dalai Lama y otros practicantes expertos, como los estudiados en el laboratorio de Richie, que son ejemplo de alegría y calidez.

Los textos de meditación sostienen que los practicantes de largo plazo obtienen dicha y compasión continua, aunque acompañada por un "vacío" que indica desapego. Por ejemplo, los caminos contemplativos hindúes hacen referencia al *vairagya*, un estadio de la práctica en que desaparecen los apegos de una manera espontánea, sin mediación de la fuerza de voluntad. Y simultáneamente surge otra fuente de placer del profundo sentido del ser.[14]

¿Es posible que un circuito neural proporcione un placer sereno, e incluso que los apegos que surgen del núcleo accumbens se desvanezcan? Consideraremos esa posibilidad en el capítulo 12, "Tesoro oculto", utilizando estudios cerebrales de yoguis avanzados.

Arthur Zajonc, el segundo presidente del Mind and Life Institute, que es físico cuántico y por si fuera poco, filósofo, dijo alguna vez que si abandonamos el apego "nos volvemos personas más abiertas a nuestra propia experiencia y a los demás. Esa apertura es una forma de amor que nos permite acercarnos más fácilmente al sufrimiento de otros". Y agregó que "las grandes almas parecen encarnar la habilidad de involucrarse en el sufrimiento y manejarlo sin desmayar. Abandonar el apego es liberador, crea un eje moral para la acción y la compasión.[15]

UN LADRÓN EN UNA CASA VACÍA

Los antiguos manuales de meditación dicen que, en principio, soltar los apegos requiere cierto esfuerzo, semejante al que se necesita para desenrollar una serpiente. Luego, a cualquier pensamiento que llegue a la mente le ocurrirá lo mismo que a un ladrón cuando ingresa en una casa vacía: lo único que puede hacer es marcharse.

Aunque poco conocida, la secuencia de esfuerzo seguido por fluidez aparece en todos los senderos de meditación. El sentido común nos dice que cualquier aprendizaje implica esfuerzo al principio y con la práctica se vuelve gradualmente más fácil. La neurociencia cognitiva nos dice que el paso a la fluidez indica una transición neural: cuando los ganglios basales toman el control, las áreas prefrontales ya no tienen que esforzarse por hacer la tarea.

En los tempranos estadios de meditación la coerción activa los circuitos reguladores prefrontales. No obstante el paso a la práctica fluida podría corresponder a otra dinámica: una menor conectividad entre diversos nodos de los circuitos por defecto y menor actividad en el córtex cingulado posterior cuando ya no es necesario un control coactivo. En este nivel la mente comienza a aquietarse verdaderamente y la autonarración es mucho menos intensa, tal como se observó en otro estudio realizado por Judson Brewer. Meditadores expertos informaban sobre su experiencia mientras sucedía, para que los científicos identificaran qué actividad cerebral se correlacionaba con ella. Cuando la actividad del córtex cingulado posterior disminuía, los meditadores informaban sentimientos como "concentración consciente" o "acción sin esfuerzo".[16]

En el estudio científico de cualquier actividad, de la odontología al ajedrez, a la hora de distinguir entre profesionales e improvisados es fundamental la cantidad de horas dedicadas a esa actividad. Tareas tan diversas como nadar o tocar el violín siguen el mismo patrón: al gran esfuerzo inicial le sigue un menor esfuerzo, unido a una mayor eficacia en la tarea. Como hemos visto, en los cerebros de quienes habían practicado más horas de meditación se observaba menor esfuerzo para mantener el foco de su atención pese a las distracciones, mientras que las personas con pocas horas de práctica requerían más esfuerzo. Desde el inicio, los principiantes mostraban un aumento en los indicadores biológicos de esfuerzo mental.[17]

Es normal que el cerebro de un novicio se esfuerce y que el cerebro del experto consuma poca energía. Cuando dominamos una actividad, el cerebro ahorra su combustible poniendo esa actividad en "automático". De esa manera, pasa de los circuitos de la parte superior del cerebro a los ganglios basales, que se encuentran muy por debajo del neocórtex. Todos hemos vivido esa difícil transición mientras aprendíamos a caminar y a dominar cualquier otro hábito. Lo que al principio exige atención y esfuerzo se vuelve automático y fluido.

Suponemos que al llegar al tercer y último nivel para abandonar la autorreferencia, el circuito de control deja de cumplir su rol mientras la acción principal disminuye la conectividad en el modo por defecto, el hogar del yo. El grupo de Brewer observó esa disminución.

El paso espontáneo a la fluidez implica un cambio en la relación con el yo, que ya está libre de apego. Tal vez en la mente surge el mismo tipo de pensamientos, pero más leves, menos persuasivos, con menos carga emocional. Por eso, fluyen con más facilidad. Lo dicen los yoguis avanzados que se estudiaron en el laboratorio de Davidson y los manuales clásicos de meditación. Pero no tenemos datos al respecto. Es todavía un interrogante para los investigadores, que podría tener una respuesta sorprendente. Por ejemplo: tal vez el cambio en la relación con el yo no tenga como correlato un cambio en los sistemas neurales del yo sino en otros circuitos todavía no descubiertos.

El menor apego al yo, uno de los grandes objetivos de los meditadores, ha sido ignorado por los investigadores que —tal vez comprensiblemente— se enfocan en otros, más populares, como la relajación y la salud. De este modo, como veremos en el capítulo siguiente, los datos sobre el desapego son pobres mientras que las mejoras en la salud son objeto de numerosas investigaciones.

LA FALTA DE APEGO

Las lágrimas cayeron por las mejillas del Dalai Lama cuando supo de una trágica situación en Tibet: la inmolación de un tibetano que protestaba contra la ocupación de su tierra por parte de China. Richie lo vio. Y unos instantes después, lo vio reír cuando una persona hizo algo gracioso. No fue desconsideración por la tragedia que había provocado su llanto sino una fluida y acabada transición de una emoción a otra.

Paul Ekman, un experto mundial en emociones y su transición, sostiene que la notable flexibilidad afectiva del Dalai Lama le pareció excepcional desde el momento en que lo conoció. El Dalai Lama refleja en su propia conducta las emociones que percibe en otra persona y las abandona no bien aparece otra realidad emocional.[18]

La vida emocional del Dalai Lama parece albergar un espectro sumamente dinámico de emociones fuertes y coloridas, que van de la intensa tristeza a la potente alegría. Sus rápidas e impecables transiciones de una a otra son únicas y denotan falta de apego.

Al parecer el apego refleja la dinámica de los circuitos cerebrales relacionados con las emociones, como la amígdala y el núcleo accumbens. En estas regiones subyace lo que, según los textos tradicionales, es la raíz del sufrimiento: el apego y el rechazo. En el primer caso la mente desea obsesivamente algo que considera gratificante; en el segundo, desea librarse de algo desagradable.

El completo apego puede impedir que nos liberemos de emociones perturbadoras y deseos adictivos. En el otro extremo del espectro, el desapego del Dalai Lama le permite liberarse al instante de cualquier aflicción. La positividad —e incluso la alegría— constantes, parecen surgir como resultado de vivir sin apego. En una ocasión se preguntó al Dalai Lama cuándo había sido más feliz en su vida. Él respondió: "Creo que ahora, en este momento".

EN SÍNTESIS

Cuando nuestras actividades no exigen esfuerzo mental, se activa el modo por defecto del cerebro, nuestra mente puede vagar. Nos instalamos en pensamientos y sentimientos (a menudo desagradables) enfocados en nosotros mismos, con los que se construye la narración que percibimos como nuestro "yo". Los circuitos del modo por defecto se aquietan con la atención plena y la meditación de la amorosa bondad. En los primeros estadios de meditación esta calma del sistema del yo involucra circuitos cerebrales que inhiben las áreas por defecto. Posteriormente las conexiones y la actividad de esas áreas disminuyen.

El aplacamiento del circuito del yo comienza como un estado pasajero, visible durante o inmediatamente después de la meditación. Pero en los meditadores de largo plazo se convierte en un rasgo perdurable, junto con una menor actividad del modo por defecto. La disminución del apego resultante implica que los pensamientos y sentimientos centrados en el yo tienen mucho menos poder y capacidad de secuestrar la atención.

Notas

1. Marcus Raichle et al., "A Default Mode of Brain Function", *Proceedings of the National Academy of Sciences* 98 (2001): 676- 82.

2. M. F. Mason et al., "Wandering Minds: The Network and Stimulus-Independent Thought", *Science* 315:581 95; doi:10.1126/ science.1131295.

3. Judson Brewer et al., "Meditation Associated with Differences in Default Mode Network Activity and Connectivity", *Proceedings of the National Academy of Sciences* 108:50 (2011): 1- 6; doi:10.1073/ pnas.1112029108.

4. Fakhruddin Iraqi, poeta sufi del siglo XIII, citado en James Fadiman y Robert Frager, *Essential Sufism* (New York: HarperCollins, 1997).

5. Abu Said of Mineh, citado en P. Rice, *The Persian Sufis* (London: Allen & Unwin, 1964), p. 34.

6. David Creswell et al., "Alterations in Resting-State Functional Connectivity Link Mindfulness Meditation with Reduced Interleukin-6: A Randomized Controlled Trial", *Biological Psychiatry* 80 (2016): 53- 61.

7. Judson Brewer et al., "Meditation Experience is Associated with Differences in Default Mode Activity and Connectivity".

8. Kathleen A. Garrison et al., "BOLD Signals and Functional Connectivity Associated with Loving Kindness Meditation", *Brain and Behavior* 4:3 (2014): 337- 47.

9. Aviva Berkovich-Ohana et al., "Alterations in Task-Induced Activity and Resting-State Fluctuations in Visual and DMN Areas Revealed in Long-Term Meditators", *NeuroImage* 135 (2016): 125- 34.

10. Giuseppe Pagnoni, "Dynamical Properties of BOLD Activity from the Ventral Posteromedial Cortex Associated with Meditation and Attentional Skills", *Journal of Neuroscience* 32:15 (2012): 5242- 49.

11. V. A. Taylor et al., "Impact of Meditation Training on the Default Mode Network during a Restful State", *Social Cognitive and Affective Neuroscience* 8 (2013): 4- 14.

12. D. B. Levinson et al., "A Mind You Can Count On: Validating Breath Counting as a Behavioral Measure of Mindfulness",

Frontiers in Psychology 5 (2014); http://journal.frontiersin.org/ Journal/ 110196/ abstract.

13. Cole Koparnay, Center for Healthy Minds, University of Wisconsin, en preparación. El estudio aplicó a los cambios cerebrales criterios más estrictos que los anteriores, en los que se informaban diversos aumentos en el volumen cerebral de los meditadores.

14. Nuevamente, tal vez algún grupo de meditadores sigue un camino que los vuelve más distantes, fríos o indiferentes. Es posible que para contrarrestar esta tendencia muchas tradiciones pongan énfasis en la compasión y la devoción, que son "provechosas".

15. Arthur Zajonc, comunicación personal.

16. Kathleen Garrison et al., "Effortless Awareness: Using Real Time Neurofeedback to Investigate Correlates of Posterior Cingulate Cortex Activity in Meditators' Self- Report", *Frontiers in Human Neuroscience* 7:440 (agosto 2013):1- 9.

17. Anna-Lena Lumma et al., "Is Meditation Always Relaxing? Investigating Heart Rate, Heart Rate Variability, Experienced Effort and Likeability During Training of Three Types of Meditation", *International Journal of Psychophysiology* 97 (2015): 38- 45.

18. Ver: Daniel Goleman, *Emociones destructivas,* op.cit.

9

Mente, cuerpo y genoma

Mientras Jon Kabat-Zinn desarrollaba el REBAP en el Centro Médico de la Universidad de Massachusetts en Worcester, conversó con cada uno de los médicos del centro. Los invitó a referir casos de pacientes que padecían síntomas crónicos —como dolor que no cedía con ningún tratamiento— considerados "fracasos" para la medicina porque ni siquiera los narcóticos lograban ayudarlos. O pacientes que debían lidiar toda la vida con enfermedades como la diabetes o los trastornos cardiacos. Jon nunca dijo que podía curarlos. Su misión consistía en mejorar la calidad de vida de esos pacientes.

Tal vez parezca sorprendente, pero los médicos prácticamente no opusieron resistencia. Desde el principio, los médicos de cabecera, los traumatólogos y los especialistas en dolor se mostraron dispuestos a enviar a esos pacientes al Programa de Relajación y Reducción del Estrés, como Jon lo había denominado, que se ofrecía ciertos días de la semana en una sala cedida por el departamento de fisioterapia. A medida que el programa hacía más tolerable la vida de enfermos incurables, las alabanzas de los pacientes se difundían, hasta que en 1995 se trasladó al Centro para la Atención

Plena en la Medicina, los Servicios de Salud y la Sociedad, donde llevaría a cabo sus programas de investigación, de práctica clínica y de capacitación profesional. Hoy los hospitales y clínicas de todo el mundo ofrecen REBAP, uno de los tipos de meditación que se difunde con más rapidez y, hasta el momento, el que ofrece mayor evidencia empírica sobre sus beneficios. REBAP no se limita al campo de la salud, está a la vanguardia de la corriente que adhiere a la atención plena en psicoterapia, educación, e incluso en las empresas. El programa estándar, que se enseña en la mayoría de los centros médicos de Norteamérica y en muchos lugares de Europa, es objeto de estudio científico. A la fecha se han publicado más de 600 investigaciones sobre el método, que revelan una variedad de beneficios y también presentan aleccionadoras objeciones.

Por ejemplo, la medicina suele vacilar cuando debe tratar el dolor crónico. Los efectos colaterales de la aspirina y otros medicamentos de venta libre impiden utilizarlos diariamente durante años. Los esteroides ofrecen alivio temporario pero también suelen tener efectos secundarios perjudiciales. Y los opioides han demostrado ser demasiado adictivos, por lo que no pueden administrarse indiscriminadamente. La práctica de la atención plena no tiene habitualmente efectos colaterales negativos, por lo que REBAP no presenta esas desventajas, y concluido el programa de 8 semanas la práctica continua puede seguir contribuyendo a que los enfermos crónicos convivan mejor con su dolencia y con el estrés que genera, lo que no siempre consiguen por sí mismos o por medio de los tratamientos médicos convencionales.

Un factor clave para lograr beneficios de largo plazo es la continuidad de la práctica. Pese a que REBAP tiene una larga historia, prácticamente no contamos con información confiable sobre la cantidad de personas que siguen practicando la atención plena después del entrenamiento inicial.

En los ancianos, el dolor es agotador. Uno de los efectos más temidos de la vejez es la pérdida de la independencia debida a las limitaciones en la movilidad que puede causar la artritis de cadera, rodilla o columna. Investigaciones correctamente diseñadas mostraron que REBAP es sumamente efectivo para reducir el dolor y la discapacidad en personas de edad avanzada.[1] La disminución del dolor se comprobó en un seguimiento realizado 6 meses después de finalizada la instrucción REBAP.

Como de costumbre, se aconsejó a los participantes que continuaran la práctica diariamente en su casa. El hecho de contar con un método para aliviar el dolor que podían utilizar por sí mismos les brindó sensación de eficacia. Se sintieron capaces de gobernar en alguna medida su destino, lo que implica una mejora aun cuando el dolor persista.

Investigadores holandeses analizaron docenas de estudios sobre atención plena como tratamiento para el dolor. Concluyeron que era una buena opción para sumar al tratamiento médico.[2] No obstante, hasta ahora ninguna investigación ha descubierto que la meditación produzca mejoras clínicas en el dolor crónico porque elimina la causa biológica de ese dolor: el alivio se debe a la manera en que las personas se relacionan con su dolor.

La fibromialgia ofrece un buen ejemplo. Esta dolencia constituye un misterio para la medicina: no se conoce la explicación biológica del dolor crónico, la fatiga, la rigidez y el insomnio típicos de este trastorno extenuante. Al parecer habría un daño en la función reguladora del corazón, aunque esta hipótesis es muy discutida. Un estudio riguroso que utilizó REBAP en mujeres que padecían fibromialgia no logró hallar impacto en la actividad cardiaca.[3] Pero otro estudio correctamente diseñado mostró que REBAP producía mejoras significativas en síntomas psicológicos como el grado de estrés de los pacientes con fibromialgia, y que atenuaba varios síntomas subjetivos.[4] La mayor frecuencia en la práctica hogareña de REBAP daba mejores resultados. Aun así, no hubo cambios físicos en los pacientes. Y los niveles de cortisol, la hormona clave del estrés, siguieron altos. La relación de los pacientes con su dolor mejoraba con REBAP pero no mejoraba la causa biológica del dolor.

¿Es aconsejable que una persona que padece dolor crónico o fibromialgia practique algún tipo de meditación o inicie un programa REBAP?

Los investigadores, en su eterna búsqueda de resultados definitivos, tienen un criterio. Los pacientes, otro. Los médicos desearían encontrar datos rigurosos sobre los progresos que se obtienen, mientras que los pacientes solo quieren sentirse mejor, sobre todo si es poco lo que puede hacerse para tratar su enfermedad. Aunque la investigación no presenta clara evidencia de que se reviertan las causas biológicas del dolor, desde el punto de vista del paciente, la atención plena ofrece un medio de alivio.

Los pacientes suelen encontrar alivio a su dolor después de participar del programa REBAP de 8 semanas. Pero muchos de ellos abandonan la práctica al cabo de un tiempo. Podría ser el motivo de que varios estudios hallaran buenos resultados inmediatamente después de haber completado el programa REBAP y resultados pobres en un seguimiento realizado 6 meses después. Por lo tanto, como diría Jon, la clave para una vida relativamente libre de dolor físico y emocional es continuar la práctica de la atención plena todos los días durante meses, años y décadas.

LO QUE MUESTRA LA PIEL

Nuestra piel ofrece una asombrosa ventana al impacto que el estrés causa en nuestra salud. Por ser el tejido que entra en contacto directo con agentes extraños del mundo que nos rodea (al igual que el tracto gastrointestinal o los pulmones), es la primera línea defensiva contra los gérmenes invasores. La inflamación indica una maniobra biológica de defensa: poner un cerco a la infección para que no se expanda por el tejido sano. Una mancha roja e inflamada es señal de que la piel fue atacada por un agente patógeno.

El grado de inflamación del cerebro y el cuerpo tiene un papel fundamental en la gravedad de enfermedades como el Alzheimer, el asma o la diabetes. El estrés, a menudo de origen psicológico, acentúa la inflamación. Al parecer, es parte de una antigua respuesta biológica a advertencias de peligro que organiza los recursos del organismo para su recuperación. (Otro signo de esa respuesta es la necesidad de descanso que surge cuando tenemos gripe). En la prehistoria las amenazas que disparaban esta respuesta eran físicas (un animal que podía devorarnos) mientras que hoy son psicológicas (una esposa malhumorada, un *tweet* sarcástico). Pero las reacciones del cuerpo son las mismas, incluida la perturbación emocional.

La piel humana tiene una enorme cantidad de terminaciones nerviosas (alrededor de 500 en una superficie de 6 centímetros cuadrados). Cada una de ellas es una vía a través de las cual el cerebro envía señales para provocar una inflamación, que se denomina "neurogénica".

Los dermatólogos observan desde hace tiempo que el estrés puede provocar brotes neurogénicos de trastornos inflamatorios como la psoriasis y el eczema. Por este motivo la piel es un interesante laboratorio para estudiar el impacto de los disgustos en nuestra salud.

Las vías nerviosas por medio de las cuales el cerebro le ordena a la piel que se inflame son sensibles a la capsaicina, la sustancia química que hace picantes a los chilis. El laboratorio de Richie utilizó esa característica para crear zonas de inflamación controladas con el fin de observar si el estrés acentuaba la reacción y la meditación, por el contrario, la mitigaba. Entretanto Melissa Rosenkranz, una de las científicas del laboratorio, creó una ingeniosa manera de analizar los compuestos químicos que inducen la inflamación: generó en el área inflamada ampollas artificiales (e indoloras) que se llenaban de líquido.

Melisa generó las ampollas en un aparato construido por ella, que utiliza un sistema de vacío para levantar la primera capa de piel en pequeñas áreas circulares en 45 minutos. Si se realiza con lentitud, el método es bastante indoloro. Los participantes apenas lo notaron. La extracción del líquido permitió medir los niveles de citocinas proinflamatorias, un tipo de proteína que causa esas zonas enrojecidas.

El equipo de Richie comparó un grupo que fue entrenado en REBAP con otro que pasó por el Programa de Mejora de la Salud (el tratamiento de control activo) mientras se sometían al TSST, la terrible experiencia de la desalentadora entrevista laboral seguida por un complejo ejercicio matemático. Una manera segura de disparar el estrés.[5] La amígdala, el radar cerebral que detecta amenazas, ordena al circuito del eje hipotalámico-pituitario-adrenal (HPA) que libere epinefrina, una sustancia importante para la reacción de lucha o huida, y cortisol, la hormona del estrés, que a su vez aumenta la energía disponible para responder al estresor.

Además, para que el organismo defienda las heridas del ataque de bacterias, las citosinas proinflamatorias aumentan el flujo sanguíneo, que transporta hacia esa zona los factores inmunológicos que engullen sustancias extrañas. La inflamación resultante hace que el cerebro active diversos circuitos neurales, incluido el de la ínsula y sus extensas conexiones a través del cerebro. Los mensajes de la ínsula activan el córtex cingulado anterior (CCA), que articula la inflamación, conecta nuestros pensamientos y sentimientos, y controla las acciones involuntarias (como los latidos del corazón). El equipo de Richie descubrió que si el CCA se activa en respuesta a un alergeno, las personas asmáticas tendrán más ataques al cabo de 24 horas.[6]

Regresemos al estudio sobre la inflamación. Los dos grupos informaron molestias similares. No hubo diferencias en los niveles de citosina que disparaban la inflamación. Tampoco en los niveles de cortisol, el precursor hormonal de enfermedades que se agravan a causa del estrés crónico, como la diabetes, la rigidez de las arterias y el asma.

Pero el grupo entrenado en REBAP mostró mejores resultados en un aspecto ineludible: después del test de estrés las zonas inflamadas de los participantes eran mucho más pequeñas y la piel se curaba más rápido. La diferencia se mantenía incluso 4 meses después.

Si bien los beneficios subjetivos y biológicos producto de REBAP no parecen excepcionales, este impacto en la inflamación sin duda parece destacable. Las personas que practicaron REBAP diariamente durante 45 minutos o más mostraron una disminución más pronunciada de citosinas proinflamatorias, las proteínas que provocaban el área enrojecida, que los participantes que realizaron PMS. Curiosamente, estos datos apoyaban un temprano hallazgo de Jon Kabat-Zinn y algunos especialistas en enfermedades de la piel: REBAP parecía acelerar la cura de la psoriasis, una condición agravada por las citosinas inflamatorias. No obstante, transcurridos 30 años, el estudio todavía no fue replicado por investigadores en dermatología.[7]

Para comprender mejor si la práctica de la meditación es capaz de curar enfermedades inflamatorias, el equipo de Richie repitió el estudio de estrés utilizando expertos meditadores vipassana (con unas 9000 horas de práctica a lo largo de su vida).[8] Para los meditadores el TSST era menos estresante que para un grupo de novicios (como vimos en el capítulo 5) y después de realizarlo las zonas inflamadas eran más pequeñas. Más importante aun, los niveles de cortisol eran un 13% más bajos que los del grupo control. Una diferencia sustancial que probablemente tenga correlato clínico. Los meditadores mostraron mayor salud mental que los voluntarios del mismo género y edad que no meditaban. Cabe destacar que los meditadores expertos no meditaban mientras se hacían las mediciones, es decir que el efecto era perdurable. Al parecer, la práctica de la atención plena disminuye la inflamación día tras día, más allá de los periodos de meditación. Los beneficios suelen aparecer al cabo de 4 semanas de práctica de atención plena (alrededor de 30 horas en total), y de meditación de amorosa bondad.[9] En tanto los recién iniciados en REBAP mostraban una leve tendencia a la disminución del cortisol, la práctica continua parece producir en cierto momento una mayor caída del cortisol en condiciones de estrés. Sería una especie de confirmación biológica de los dichos de los meditadores: es más sencillo manejar las angustias de la vida.

El estrés y la preocupación constantes dañan nuestras células, las envejecen. El mismo efecto tienen las distracciones permanentes y la mente dispersa, causados por los tóxicos efectos de rumiar sobre nuestros problemas sin resolverlos jamás.

David Creswell (mencionamos su investigación en el capítulo 7), reclutó personas que buscaban empleo —un grupo con altos niveles de estrés— y les ofreció un programa intensivo de atención plena durante 3 días o bien un programa de relajación.[10] Las muestras de sangre tomadas antes y después revelaron disminución de una citosina proinflamatoria clave en los meditadores, no así en las personas que hicieron relajación.

Y las resonancias magnéticas mostraron que a medida que aumenta la conectividad entre la región prefrontal y las áreas por defecto que generan nuestro diálogo interno, es más pronunciada la reducción de los niveles de citosina. Podría decirse que poner freno al diálogo interno destructivo, que nos inunda de ideas depresivas y desesperadas —comprensibles en personas desempleadas— también disminuye los niveles de citosina. La relación que establecemos con nuestro pesimista diálogo interno tiene impacto directo en nuestra salud.

¿Hipertensión? A relajarse

Hoy, al despertar, ¿inhaló o exhaló el aire?

El difunto monje birmano y maestro de meditación Sayadaw U Pandita formuló a uno de los participantes de un retiro esa pregunta difícil de responder, un reflejo de la versión de atención plena extremadamente consciente y precisa que le había dado fama como maestro.

El sayadaw era sucesor directo del gran maestro birmano Mahasi Sayadaw. Fue el guía espiritual de Aung San Suu Kyi durante sus largos años de arresto domiciliario antes de convertirse en consejera de estado de Birmania. En sus ocasionales viajes a Occidente, Mahasi Sayadaw había sido instructor de muchos de los maestros vipassana más renombrados.

Dan había viajado en temporada baja a un campamento infantil de verano en el desierto de Arizona para pasar unas semanas bajo la guía de Pandita. Como escribió en el *New York Times Magazine*: "Pasaba todo el día absorto en la tarea de forjar una precisa atención en mi respiración, advirtiendo todos los matices de cada inhalación y exhalación; su velocidad, su levedad, su aspereza, su calidez".[11] De esa manera Dan se proponía despejar la mente y así serenar el cuerpo.

El retiro fue uno entre varios que Dan deseaba realizar anualmente al regresar de sus viajes como becario en Asia. No solo tenía la expectativa de progresar como meditador. A lo largo de unos 15 años desde su última estadía prolongada en India, su presión sanguínea había aumentado demasiado y esperaba que el retiro pudiera controlarla, al menos por un tiempo. A su médico le preocupaban las mediciones por encima de 140/90, el límite inferior de la hipertensión. Finalizado el retiro, cuando Dan regresó a casa se alegró de encontrarse muy por debajo de ese límite.

La idea de que es posible disminuir la presión arterial a través de la meditación se debe en buena medida al doctor Herbert Benson, un cardiólogo de la Escuela de Medicina de Harvard. Cuando estudiábamos en esa universidad, Benson acababa de publicar uno de los primeros estudios sobre el tema, proponiendo que la meditación podía ayudar a disminuir la presión arterial.

Herb había participado del jurado de tesis de Dan y era uno de los pocos profesores de Harvard que simpatizaba con los estudios sobre meditación. La investigación posterior sobre meditación y presión arterial mostró que su orientación era acertada.

Consideremos un estudio bien diseñado de hombres afroamericanos con alto riesgo de hipertensión, y de padecer trastornos renales y cardíacos. Solo 14 minutos de práctica de atención plena en un grupo que padecía enfermedad renal atenuó los patrones metabólicos que, sostenidos en el tiempo, causan estas dolencias.[12]

El paso siguiente, por supuesto, sería poner a prueba la atención plena (u otro tipo de meditación) con un grupo similar que aún no hubiera desarrollado francamente la enfermedad, compararlo con un grupo que hiciera algo como PMS y llevar a cabo un seguimiento durante varios años para observar si la meditación detiene el progreso de la enfermedad (tal como desearíamos, aunque todavía debe hacerse el estudio y la comprobación).

Por otra parte, cuando analizamos un conjunto más amplio de investigaciones encontramos noticias diversas. En un metanálisis de 11 estudios clínicos en los que pacientes con enfermedades como insuficiencia cardiaca o isquemia fueron asignados al azar a un entrenamiento en meditación o a un grupo de comparación, los resultados fueron para los investigadores "alentadores" pero no concluyentes.[13] Como de costumbre, el metanálisis exigía mayor cantidad de estudios que fueran más rigurosos.

La cantidad de investigaciones aumenta, pero siguen siendo pocos los estudios bien diseñados. Muchos tienen diseños con grupo de lista de espera pero habitualmente carecen de un grupo control activo, que sería lo mejor. Solo con un control activo podemos conocer que los beneficios se deben a la meditación más que al impacto "no específico" de un instructor estimulante y un grupo comprensivo.

GENÓMICA

"Es ingenuo creer que veremos cambios en la expresión de los genes durante un día de meditación", le dijo a Richie un revisor de becas. Había recibido la misma opinión en un informe del Instituto Nacional de Salud que rechazaba su propuesta para investigar esa posibilidad.

Después de haber mapeado el genoma humano, los genetistas comprendieron que no era suficiente saber si poseemos tal o cual gen. Son otras las preguntas que importan: ¿el gen está expresado? ¿Está produciendo la proteína que según su programación debe sintetizar? ¿En qué cantidad? ¿Su diseño incluye un "control de cantidad"?

El paso siguiente consiste en descubrir qué activa o desactiva nuestros genes. Si heredamos un gen que nos hace proclives a la diabetes, tal vez nunca desarrollemos la enfermedad si, por ejemplo, adquirimos el hábito de hacer ejercicio físico y no comer azúcar a lo largo de nuestra vida.

El azúcar activa los genes que codifican la diabetes. El ejercicio los desactiva. Azúcar y ejercicio son factores de influencia "epigenética": hacen posible que un gen se exprese. La epigenética se ha convertido en un horizonte de los estudios genómicos. Y Richie creía que la meditación podía tener el impacto epigenético de atenuar la expresión de los genes relacionados con la respuesta inflamatoria. Aunque como hemos visto, si bien la meditación parecía reducir la respuesta inflamatoria, el mecanismo genético que produce ese efecto era un completo misterio.

El escepticismo no logró desmoralizar al equipo de Richie. Siguieron adelante, evaluando cambios en la expresión de genes clave antes y después de un día de meditación, en un grupo de meditadores vipassana con un promedio de 6000 horas de meditación a lo largo de su vida.[14] Los participantes meditaron 8 horas a lo largo del día y escucharon grabaciones de charlas inspiradoras y prácticas guiadas de Joseph Goldstein.

Finalizado el día de práctica, los meditadores tuvieron un marcado "descenso en la regulación" de los genes inflamatorios, lo que nunca se había observado en respuesta a una práctica mental. Si esa disminución se sostuviera en el tiempo, podría ayudar a combatir enfermedades cuya aparición está acompañada por una inflamación crónica de baja intensidad. Como hemos dicho, la inflamación está vinculada a los trastornos de salud que más aquejan a la población mundial, desde los desórdenes cardiovasculares, la artritis y la diabetes hasta el cáncer.

El impacto epigenético era una idea "ingenua" que contradecía el saber imperante en la genética. No obstante, el equipo de Richie había mostrado que un ejercicio mental, la meditación, podía impulsar beneficios a nivel de los genes. La genética tendría que cambiar sus consideraciones acerca de la manera en que la mente podía contribuir a manejar el cuerpo.

Otros estudios hallaron que la meditación parece tener efectos epigenéticos saludables. La soledad, por ejemplo, estimula genes proinflamatorios. Los programas REBAP no solo pueden atenuar ese efecto sino también la sensación de soledad.[15] Si bien se trata de estudios piloto, investigaciones sobre otros dos métodos de meditación alientan el enfoque epigenético. Uno de ellos es la "respuesta de relajación" de Herb Benson: la persona repite silenciosamente una palabra —por ejemplo, "paz"— como si fuera un mantra.[16] El otro es la meditación yoga, en la que el meditador recita un mantra en sánscrito, al principio en voz alta, luego susurrando y finalmente en silencio, terminando el ejercicio con una técnica de relajación que consiste en respirar profunda y brevemente.[17]

Existen otros indicios promisorios acerca del efecto de la meditación para potenciar la epigenética. Los telómeros son los extremos de los cromosomas que codifican el tiempo de vida de una célula. Cuanto más largo sea el telómero, tanto más larga será la vida de esa célula. La telomerasa es la enzima que desacelera el acortamiento de los telómeros debido al paso del tiempo. Cuanto mayor sea el nivel de telomerasa, mejor será el efecto en la salud y la longevidad. Un metanálisis de cuatro estudios con control aleatorio que abarcó un total de 190 meditadores mostró que la práctica de la atención plena se asociaba a un aumento de la actividad de la telomerasa.[18] El proyecto de Cliff Saron halló el mismo efecto al cabo de 3 meses de práctica intensiva de la atención plena y la meditación compasiva.[19] El efecto benéfico en la actividad de la telomerasa aumenta a medida que los participantes logran estar más presentes en la experiencia inmediata y menos dispersos en las sesiones de concentración. Un promisorio estudio piloto descubrió telómeros más largos en mujeres con 4 años promedio de práctica de meditación de amorosa bondad.[20]

Panchakarma —en sánscrito, "cinco tratamientos"— es un método originado en la medicina ayurvédica, el antiguo sistema de sanación de India. Combina hierbas medicinales, masaje, cambios en la dieta y yoga con meditación. Lo ofrecen centros de salud turísticos de los Estados Unidos, y a un costo mucho más bajo, los spa de India.

Un grupo que recibió un tratamiento panchakarma de 6 semanas, comparado con otro grupo que solo vacacionaba en el mismo resort, mostró curiosas mejoras en diversas mediciones metabólicas que reflejan cambios epigenéticos y expresión de proteínas,[21] lo que sugiere una influencia beneficiosa en los genes.

Pero el estudio presenta un problema: si bien el panchakarma podría tener algún impacto positivo en la salud, la mezcla de tratamientos hace imposible saber si alguno de ellos —por ejemplo, la meditación— es un agente efectivo en ese impacto. El estudio utilizó cinco intervenciones diferentes al mismo tiempo. Esa mezcolanza impide decir si los resultados se debieron a la meditación, a las hierbas medicinales, a la dieta vegetariana u otra cosa.

También existe una brecha entre las mejoras a nivel genético y la demostración de que la meditación tiene efectos biológicos relevantes para la medicina. Ninguno de estos estudios establece esa relación.

Además, se ignora qué impacto fisiológico produce cada tipo de meditación. El equipo de Tania Singer comparó la meditación concentrada en la respiración, la meditación de amorosa bondad y la atención plena, observando cuál era la influencia de cada una de ellas en la frecuencia cardiaca y cuánto esfuerzo exigía a los meditadores.[22] La meditación concentrada en la respiración era la más relajante. Las otras dos técnicas aceleraban un poco la frecuencia cardiaca, señal de que requerían más esfuerzo. El equipo de Richie observó un aumento similar en la frecuencia cardíaca cuando meditadores expertos (con más de 30.000 horas de práctica a lo largo de su vida) practicaban la meditación compasiva.[23]

La aceleración de los latidos del corazón parece ser un efecto secundario, un estado alterado producto de estas meditaciones. Con respecto a la respiración, el resultado es opuesto. La ciencia sabe desde hace tiempo que las personas con trastornos de ansiedad y dolor crónico respiran a mayor velocidad y con menos regularidad que la mayoría. Si alguien respira rápido, es más proclive a disparar una reacción de lucha o huida cuando se enfrenta a un factor estresante. Pero veamos qué descubrió el equipo de Richie al estudiar meditadores de largo plazo (con un promedio de 9000 horas de práctica a lo largo de su vida).[24] Comparados con no meditadores de la misma edad y género, mientras esperaban que comenzara un test cognitivo los meditadores respiraban en promedio 1, 6 veces menos. A lo largo de un día esa diferencia representa unas 2000 respiraciones más para los no meditadores. Y más de 80.000 respiraciones extra a lo largo de un año. Estas respiraciones extra implican un esfuerzo fisiológico y pueden ser gravosas a medida que los años pasan.

La práctica continua de la meditación desacelera progresivamente la respiración y el cuerpo ajusta la frecuencia respiratoria. Mientras que respirar rápido es indicio de permanente ansiedad, la respiración más lenta indica una reducción de las acciones involuntarias, mejor estado de ánimo y buena salud.

EL CEREBRO DEL MEDITADOR

Se suele hablar de que la meditación desarrolla partes clave del cerebro. Sara Lazar —una de las primeras graduadas del SRI que se convirtió en investigadora de la Escuela de Medicina de

Harvard— presentó en 2005 el primer informe científico de este beneficio neural.[25]

Su equipo observó que —comparados con no meditadores— los meditadores tenían mayor volumen cortical en la ínsula anterior y zonas del córtex prefrontal, áreas importantes para la percepción del propio organismo y para la atención.

Una serie de informes siguieron al de Sara. Muchos (no todos) informaban crecimiento en áreas clave de los cerebros de los meditadores. Alrededor de una década más tarde (un periodo muy corto considerando el tiempo que la investigación necesita para su desarrollo, ejecución, análisis y elaboración de informes) existían suficientes imágenes cerebrales de meditadores para justificar un metanálisis. Se combinaron veintiún estudios para observar la validez de lo informado.[26] Ciertas áreas del cerebro parecían aumentar en los meditadores. Entre ellas:

- La ínsula, que nos pone en sintonía con nuestro estado interno e impulsa la autoconciencia emocional acrecentando la atención a las señales internas.
- Las áreas somato-motoras, los principales núcleos corticales del sentido del tacto y el dolor, tal vez otro beneficio de una conciencia corporal aumentada.
- Partes del córtex prefrontal relacionadas con la atención y la metaconciencia, habilidades cultivadas en casi todas las formas de meditación.
- Regiones del córtex cingulado involucradas en la autorregulación, otra habilidad practicada en la meditación.
- El córtex orbitofrontal, también parte del circuito para la autorregulación.

Las noticias más importantes sobre meditación para personas mayores proviene de un estudio de la UCLA: la meditación desacelera la retracción que se observa en el cerebro a medida que envejecemos. A los cincuenta años, los cerebros de los meditadores de largo plazo son 7,5 años "más jóvenes" que los cerebros de no meditadores a esa misma edad.[27] Y por cada año transcurrido más allá de los cincuenta, los cerebros de los meditadores eran 1 mes y 22 días más jóvenes.

Los investigadores concluyen que la investigación ayuda a preservar el cerebro desacelerando la atrofia. Si bien dudamos de que la atrofia cerebral pueda revertirse, tenemos motivos para concordar en que puede retrasarse.

Pero la evidencia obtenida hasta ahora presenta un inconveniente. El hallazgo acerca de la meditación y el envejecimiento cerebral era producto del reanálisis de un estudio anterior realizado por la UCLA, que reclutaba 50 meditadores y 50 personas del mismo género y edad que nunca habían meditado. El equipo de investigación tomó imágenes de sus cerebros y descubrió que los meditadores presentaban más circunvoluciones corticales (los pliegues del neocórtex) y por lo tanto tenían mayor desarrollo cerebral.[28] Cuanto más largo fuera el periodo de práctica de meditación, tanto mayor era el plegamiento.

No obstante, los investigadores advirtieron que los hallazgos daban lugar a muchas preguntas. Las variedades específicas de meditación practicadas abarcaban desde vipassana y zen hasta kriya y kundalini yoga. Estas prácticas apelan a diversas habilidades mentales. Por ejemplo, presencia abierta a todo lo que llega a la mente versus riguroso foco en una sola cosa, o métodos que manejan la respiración versus métodos que permiten una respiración natural. Miles de horas de práctica de alguno de ellos podían tener impacto excepcional, incluso en la neuroplasticidad, aunque este estudio no permite saber qué cambio produce cada método. ¿Cualquier tipo de meditación provoca un desarrollo que explica más plegamiento o la mayoría de los métodos tiene poco impacto?

Esta refundición de diferentes tipos de meditación, si bien similares (y por lo tanto con similar impacto en el cerebro) concierne también a ese metanálisis. Teniendo en cuenta que los estudios incluidos también contenían una mezcla de métodos de meditación, solo unos pocos de los hallazgos realizados a partir de las imágenes son "transversales".

Las diferencias podían deberse a factores como la educación o el ejercicio, con sus respectivos efectos moderadores sobre el cerebro. También debemos reparar en la autoselección: tal vez las personas con los cambios cerebrales informados en estos estudios decidían sostener la práctica de la meditación, a diferencia de otras. Es posible que poseer desde siempre una ínsula más grande las haga más aficionadas a meditar. Ninguna de estas posibles causas tiene relación con la meditación.

Los propios investigadores mencionan estas desventajas de su estudio. Pero nosotros los citamos aquí para destacar que un hallazgo científico complejo, mal comprendido y tentativo puede difundirse al público en general transformado en un mensaje excesivamente simplificado: "la meditación forja el cerebro". El secreto está en los detalles.

Consideremos entonces algunos resultados promisorios de tres estudios que observaron cómo una breve práctica de meditación parecía haber aumentado el volumen de ciertas partes del cerebro, a partir de diferencias encontradas antes y después de la práctica.[29] Resultados similares —aumento de volumen en determinadas áreas cerebrales— son producto de otro tipo de entrenamiento mental como la memorización, y la neuroplasticidad indica que es muy posible lograrlos con la meditación.

Aquí reside el gran inconveniente de todos estos estudios: el número reducido de individuos, insuficiente para alcanzar conclusiones definitivas. Se necesitan muchos más participantes, también por otro motivo: las mediciones cerebrales utilizadas son relativamente inconsistentes, se fundan en análisis estadísticos de unos 300.000 vóxeles (el vóxel es una unidad de volumen, un píxel tridimensional de 1 milímetro cúbico de geografía neural).

Es probable que solo una pequeña cantidad de estos 300.000 análisis resulte estadísticamente "significativa", si en efecto son aleatorios, un inconveniente que disminuye a medida que aumenta la cantidad de cerebros escaneados. Por ahora no hay manera de saber si los hallazgos sobre el crecimiento cerebral son verdaderos o un artefacto de los métodos utilizados. Por otra parte, los investigadores tienden a publicar sus hallazgos positivos pero no informan sobre sus reveses, es decir, que no hallaron los resultados esperados.[30]

Con el tiempo las mediciones cerebrales se han vuelto más exactas y sofisticadas. No sabemos si aplicando los criterios más novedosos y estrictos se obtendrán los mismos resultados. Presentimos que revelarán cambios positivos en el cerebro producidos por la meditación, pero es muy temprano para saberlo.

El equipo de Richie intentó replicar los hallazgos de Sara Lazar con respecto al engrosamiento cortical observando meditadores de largo plazo: occidentales, empleados, con un mínimo de 5 años de práctica (9000 horas promedio a lo largo de su vida).[31] Pero el engrosamiento que Sara había informado no se produjo. Tampoco se produjeron otros cambios estructurales que se habían informado como consecuencia de REBAP.

Tenemos muchas más preguntas que respuestas. Una de las respuestas podría provenir de datos que se analizan mientras escribimos este libro en el Instituto Max Planck de Ciencias Cognitivas y del Cerebro, donde el equipo de Tania Singer examina cuidadosa y sistemáticamente cambios en el engrosamiento cortical asociados con tres tipos de prácticas de meditación (descriptas en el capítulo 6, "Preparado para amar"). El estudio utiliza un diseño riguroso aplicado a un gran número de participantes que meditan durante 9 meses. Uno de sus primeros hallazgos postula que diferentes tipos de entrenamiento se asocian con distintos efectos anatómicos en el cerebro. Por ejemplo, se descubrió que un método que enfatiza la empatía cognitiva y la comprensión del punto de vista de una persona acerca de los hechos de la vida aumenta el volumen cortical en una región específica de la parte posterior del cerebro, entre los lóbulos temporal y parietal, conocida como la sutura temporoparietal (STP). En una investigación anterior del equipo de Tania la STP se activaba cuando adoptábamos la perspectiva de otra persona.[32] Esa modificación se observó solo con este método, lo que destaca la importancia de distinguir entre distintos tipos de práctica, en especial cuando se trata de establecer los cambios que producen en el cerebro.

NEUROMITOLOGÍA

En nuestro intento de revelar la neuromitología creada en torno a la meditación, echemos un vistazo a la investigación de Richie.[33] Mientras se escribe este libro, el estudio más conocido del equipo de Richie había sido citado 2813 veces, lo que implica una notoriedad inusual para un artículo académico.

Dan lo mencionó en el libro acerca del intercambio con el Dalai Lama sobre emociones destructivas del año 2000, cuando Richie presentó el estudio en desarrollo.[34] La investigación se difundió más allá del ámbito académico. Sus ecos se propagaron a través de los medios de comunicación masivos y las redes sociales. Los interesados en ofrecer el método de la atención plena a las empresas invariablemente lo mencionan como "prueba" de que será beneficioso para sus trabajadores.

No obstante, el estudio presenta grandes interrogantes a los científicos, en particular al propio Richie. Consideremos que por entonces, a su pedido, Jon Kabat-Zinn ofreció un programa REBAP a voluntarios de una estresante *start-up* biotecnológica donde los empleados trabajaban virtualmente 24 horas al día, los 7 días de la semana.

Durante varios años Richie buscó datos sobre la actividad proporcional del córtex prefrontal derecho e izquierdo de personas en reposo. Mayor actividad del lado derecho se relacionaba con estados de ánimo negativos como la depresión y la ansiedad. Una actividad relativamente mayor del lado izquierdo se asociaba con estados de ánimo caracterizados por la energía y el entusiasmo. Al parecer, esa medida de actividad podía predecir el estado de ánimo cotidiano de una persona. Al graficar los datos se obtenía una curva con forma de campana. La mayoría de las personas se situaban en el centro, es decir, tenían días mejores y peores. Unos pocos quedaban en los extremos. A la izquierda, los que se recuperaban de sus malos estados de ánimo. A la derecha, los que podían considerarse clínicamente ansiosos o deprimidos.

El estudio en esa empresa innovadora pareció mostrar un notable cambio en la función cerebral después del entrenamiento en meditación: los datos desplazados hacia la derecha del gráfico se movieron hacia la izquierda, lo que indicaba un estado más relajado. Esos cambios no se observaron en un grupo de comparación formado por trabajadores asignados a una lista de espera, a quienes se dijo que recibirían el entrenamiento en meditación.

Pero esta investigación presenta un serio inconveniente: nunca fue replicada y fue diseñada solo como experiencia piloto. No sabemos, por ejemplo, si un control activo como PMS podría proporcionar beneficios similares.

Si bien ese estudio nunca fue replicado, otros parecen apoyar el hallazgo sobre la proporción de actividad entre ambos lados del córtex prefrontal y los cambios subsecuentes. Un estudio alemán sobre pacientes con episodios recurrentes de depresión severa mostró que esa proporción se desplazaba marcadamente hacia la derecha, lo que podía representar un marcador neural del trastorno.[35] Los mismos investigadores alemanes descubrieron que ese desplazamiento se retrotraía hacia la izquierda solo mientras los pacientes practicaban atención plena. No ocurría lo mismo cuando se encontraban en reposo.[36]

El equipo de Richie no había logrado demostrar que esa tendencia hacia la activación del lado izquierdo crecía a medida que aumentaba el tiempo dedicado a meditar. Richie detectó este inconveniente cuando estudió en su laboratorio a yoguis tibetanos, meditadores "de nivel olímpico" (nos referiremos a ellos en el capítulo 12 "Tesoro oculto"). Estos expertos, con incontables horas de meditación, no mostraron el esperado desplazamiento a la izquierda, a pesar de que Richie los incluía entre las personas más felices y optimistas que había conocido.

La falta de pruebas debilitó la confianza de Richie en la investigación, por lo que la abandonó. No comprendía por qué la proporción no se verificaba según lo esperado en los yoguis. Era posible que el desplazamiento hacia la izquierda ocurriera al inicio de la práctica de meditación, pero la proporción derecha/izquierda mostraba una variación mínima. Tal vez fuera reflejo de presiones momentáneas o de un temperamento básico, pero no parecía asociada con cualidades que produjeran un bienestar perdurable ni con los cambios más complejos en el cerebro que se encontraron en los individuos sumamente experimentados en meditación.

En la actualidad se supone que en los estadios avanzados de meditación comienzan a observarse otros mecanismos, y lo que se modifica es la *relación* del individuo con sus emociones más que la proporción entre las emociones positivas y las negativas. Con altos niveles de práctica de meditación las emociones parecen perder su poder para arrastrarnos a su melodrama.

También es posible que diferentes tipos de meditación tengan efectos diversos, lo que impediría trazar una línea de desarrollo continua, por ejemplo, entre los principiantes en atención plena, los meditadores vipassana de larga trayectoria y los yoguis tibetanos evaluados en el laboratorio de Richie.

Por otra parte, se debe considerar quién es el instructor de atención plena. Jon nos dice que la destreza de los instructores REBAP es variable, debido al tiempo que cada uno ha dedicado a su formación y a sus cualidades personales. La empresa de biotecnología tuvo la ventaja de que el propio Jon fuera el instructor. Más allá de la enseñanza de la atención plena, Jon posee dones únicos para transmitir una visión de la realidad, capaz de modificar la experiencia de los estudiantes de manera tal que posiblemente se observe una variación en la asimetría del cerebro. Ignoramos cuál habría sido el impacto si el instructor hubiera sido seleccionado al azar.

EL RESULTADO

Recordemos el retiro de meditación al que Dan asistió con la esperanza de bajar su presión arterial. Si bien las mediciones de presión indicaron un gran descenso inmediatamente después del retiro, es imposible saber si se debió a la meditación o al "efecto vacaciones", el alivio de alejarnos por un tiempo de las presiones cotidianas.[37]

Al cabo de pocas semanas su presión arterial era nuevamente elevada y así se mantuvo hasta que un médico astuto propuso que tal vez se debiera a una de las pocas causas conocidas de la hipertensión: un raro y hereditario trastorno adrenal. Una medicación que corrige el desequilibrio metabólico logró que su presión sanguínea disminuyera y se mantuviera en el nivel deseado. La meditación no lo había conseguido.

Por lo tanto, con respecto al efecto positivo de la meditación en la salud, la pregunta es simple: ¿qué es verdad, qué no es verdad, y qué es lo que no sabemos?

Nuestra revisión de cientos de estudios que vinculan la meditación con efectos en la salud utilizó estándares rigurosos. No obstante, así como ocurre en la inmensa mayoría de las investigaciones sobre meditación, los métodos utilizados en muchos estudios sobre impactos en la salud no son de buen nivel. De modo que es poco lo que podemos decir con certeza, a pesar del enorme alboroto (y la estrategia publicitaria) con respecto a la meditación como método para mejorar la salud.

Los estudios más sólidos se enfocan en la atenuación de nuestra perturbación psicológica más que en la cura de síndromes médicos o la búsqueda de mecanismos biológicos subyacentes. Por lo tanto, si el objetivo es mejorar la calidad de vida de las personas que padecen enfermedades crónicas, decimos sí a la meditación. Es un cuidado paliativo a menudo ignorado por la medicina, de gran importancia para los pacientes.

Pero, ¿puede la meditación ofrecer soluciones biológicas? Pensemos en el Dalai Lama, que con más de ochenta años duerme desde las 7.00 pm hasta las 3.30 am para realizar cuatro horas de práctica espiritual, incluida la meditación. Si le agregamos otra hora de práctica antes de dormir, tendremos 5 horas diarias dedicadas a la contemplación.

No obstante, la artritis de sus rodillas hace que subir o bajar escaleras sea para él un calvario, como suele ocurrir con las personas de su edad. Cuando le preguntaron si la meditación alivia enfermedades, respondió: "Si la meditación fuera beneficiosa para todos los problemas de salud, no me dolerían las rodillas".

¿La meditación ofrece más que efectos paliativos? No lo sabemos aún. Y si así fuera, tampoco sabemos en qué enfermedades podrían observarse efectos positivos.

Unos años después de que Richie recibiera una contundente negativa a su plan de medir las modificaciones genéticas producidas por un día de meditación, fue invitado por el National Institutes of Health (Instituto Nacional de Salud) a ofrecer la prestigiosa conferencia Stephen E. Straus, una charla anual en honor del fundador del Centro Nacional de Salud Complementaria e Integradora.[38]

El tema que Richie había elegido, "Cambie su cerebro entrenando su mente", fue por lo menos polémico para los escépticos del instituto. Pero el día de su charla el augusto auditorio estaba repleto. Muchos científicos observaban una transmisión en directo desde sus despachos, tal vez un indicio de que la meditación podía convertirse en tema de investigación seria.

La conferencia de Richie aludió a los hallazgos en la materia, en particular a los de su laboratorio, en su mayoría descriptos en este libro. Richie mencionó los cambios neurales, biológicos y conductuales producidos por la meditación, y la posibilidad de que contribuyeran a conservar la salud, por ejemplo, estimulando la regulación de emociones y la concentración. Y, como tratamos de hacer aquí, Richie caminó por la estrecha franja entre el rigor crítico y la genuina convicción de que la meditación tiene un impacto benéfico que justifica una investigación científica rigurosa. Finalizada su charla, a pesar del sobrio entorno académico, el público lo ovacionó de pie.

EN SÍNTESIS

Ninguna de las diversas formas de meditación estudiadas aquí fue originalmente diseñada para el tratamiento de enfermedades, al menos de lo que en Occidente se considera enfermedad. No obstante la literatura científica de hoy está colmada de estudios que evalúan si estas antiguas prácticas pueden ser útiles para tratar enfermedades.

REBAP y métodos similares pueden reducir el componente emocional del sufrimiento causado por una enfermedad, pero no curan la enfermedad. Aun así, el entrenamiento en atención plena —incluso un breve programa de 3 días— disminuye en el corto plazo el nivel de citosinas proinflamatorias, las moléculas responsables de la inflamación. Y a medida que aumenta el tiempo de práctica, más bajo es el nivel de estas moléculas. El efecto parece volverse perdurable a través de la práctica extendida en el tiempo. Las imágenes cerebrales de meditadores en reposo muestran también una mayor conectividad entre los circuitos reguladores y los sectores del cerebro relacionados con el sistema del yo, en particular, el córtex cingulado posterior.

Entre los meditadores expertos, un día completo de práctica intensiva de atención plena desactiva los genes involucrados en la inflamación. El nivel de telomerasa, la enzima que desacelera el envejecimiento celular, aumenta al cabo de 3 meses de práctica intensiva de atención plena y meditación de amorosa bondad.

Finalmente, en el largo plazo la meditación puede producir cambios estructurales beneficiosos en el cerebro, aunque la evidencia disponible no basta para saber si esos efectos se logran con un programa relativamente breve como REBAP o empiezan a verse solo con una práctica de largo plazo.

Los meditadores expertos muestran una sorprendente disminución del volumen cerebral en el área asociada con el deseo o el apego. En general, los indicios de rediseño de los circuitos neurales que acompañan los rasgos alterados parecen científicamente creíbles, aunque esperamos más investigación para determinarlo con precisión.

Notas

1. Natalie A. Morone et al., "A Mind-Body Program for Older Adults with Chronic Low Back Pain: A Randomized Trial", *Journals of the American Medical Association: Internal Medicine* 176:3 (2016): 329-37.

2. M. M. Veehof, "Acceptance-and Mindfulness-Based Interventions for the Treatment of Chronic Pain: A Meta-Analytic Review", 2016, *Cognitive Behaviour Therapy* 45:1, (2016): 5-31.

3. Paul Grossman et al., "Mindfulness-Based Intervention Does Not Influence Cardiac Autonomic Control or Pattern of Physical Activity in Fibromyalgia in Daily Life: An Ambulatory, Multi-Measure Randomized Controlled Trial", *The Clinical Journal of Pain*, August 11, 2016, doi: 10.1097/ AJP.0000000000000420.

4. Elizabeth Cash et al., "Mindfulness Meditation Alleviates Fribromyalgia Symptoms in Women: Results of a Randomized Clinical Trial", *Annals of Behavioral Medicine* 49:3 (2015): 319-30.

5. Melissa A. Rosenkranz et al., "A Comparison of Mindfulness-Based Stress Reduction and an Active Control in Modulation of Neurogenic Inflammation", *Brain, Behavior, and Immunity* 27 (2013): 174-84.

6. Melissa A. Rosenkranz et al., "Neural Circuitry Underlying the Interaction Between Emotion and Asthma Symptom Exacerbation", *Proceedings of the National Academy of Sciences* 102:37 (2005): 13319-24;
http:// doi.org/ 10.1073/ pnas.0504365102.

7. Jon Kabat-Zinn et al., "Influence of a Mindfulness Meditation-Based Stress Reduction Intervention on Rates of Skin Clearing in Patients with Moderate to Severe Psoriasis Undergoing Phototherapy (UVB) and Photochemotherapy (PUVA)", *Psychosomatic Medicine* 60 (1988): 625-32.

8. Melissa A. Rosenkranz et al., "Reduced Stress and Inflammatory Responsiveness in Experienced Meditators Compared to a Matched Healthy Control Group", *Psychoneuroimmunology* 68 (2016): 117-25.

9. E. Walsh, "Brief Mindfulness Training Reduces Salivary IL-6 and TNF-α in Young Women with Depressive Symptomatology", *Journal of Consulting and Clinical Psychology* 84:10 (2016): 887-97; doi:10.1037/ ccp0000122; T. W. Pace et al., "Effect of Compassion Meditation on

Neuroendocrine, Innate Immune and Behavioral Responses to Psychological Stress", *Psychoneuroimmunology*, 2009 34, 87-98.

10. David Creswell et al., "Alterations in Resting-State Functional Connectivity Link Mindfulness Meditation with Reduced Interleukin-6: A Randomized Controlled Trial", *Biological Psychiatry* 80 (2016): 53-61.

11. Daniel Goleman, "Hypertension? Relax", *New York Times Magazine*, December 11, 1988.

12. Jeanie Park et al., "Mindfulness Meditation Lowers Muscle Sympathetic Nerve Activity and Blood Pressure in African-American Males with Chronic Kidney Disease", *American Journal of Physiology-Regulatory, Integrative and Comparative Physiology* 307:1 (julio 1, 2014), R93-R101; publicado online mayo 14, 2014; doi:10.1152/ ajpregu.00558.2013.

13. John O. Younge, "Mind-Body Practices for Patients with Cardiac Disease: A Systematic Review and Meta-Analysis", *European Journal of Preventive Cardiology* 22:11 (2015): 1385-98.

14. Perla Kaliman et al., "Rapid Changes in Histone Deacetylases and Inflammatory Gene Expression in Expert Meditators", *Psychoneuroendocrinology* 40 (2014): 96-107.

15. J. D. Creswell et al., "Mindfulness-Based Stress Reduction Training Reduces Loneliness and Pro-Inflammatory Gene Expression in Older Adults: A Small Randomized Controlled Trial", *Brain, Behavior, and Immunity* 26 (2012): 1095-1101.

16. J. A. Dusek, "Genomic Counter-Stress Changes Induced by the Relaxation Response", *PLOS One* 3:7 (2008): e2576; M. K. Bhasin et al., "Relaxation Response Induces Temporal Transcriptome Changes in Energy Metabolism, Insulin Secretion and Inflammatory Pathways", *PLoS One*, 8:5 (2013): e62817.

17. H. Lavretsky et al., "A Pilot Study of Yogic Meditation for Family Dementia Caregivers with Depressive Symptoms: Effects on Mental Health, Cognition, and Telomerase Activity", *International Journal of Geriatric Psychiatry* 28:1 (2013) 57-65.

18. N. S. Schutte y J. M. Malouff, "A Meta-Analytic Review of the Effects of Mindfulness Meditation on Telomerase Activity", *Psychoneuroendocrinology* 42 (2014): 45-48; http:// doi.org/ 10.1016/ j.psyneuen.2013.12.017.

19. Tonya L. Jacobs et al., "Intensive Meditation Training, Immune Cell Telomerase Activity, and Psychological Mediators", *Psychoneuroendocrinology* 36:5 (2011): 664-81; http:// doi.org/ 10.1016/ j.psyneuen.2010.09.010.

20. Hoge, Elizabeth A., et al., "Loving-Kindness Meditation Practice Associated with Longer Telomeres in Women", *Brain, Behavior, and Immunity* 32 (2013): 159-63.

21. Christine Tara Peterson et al., "Identification of Altered Metabolomics Profiles Following a *Panchakarma*-Based Ayurvedic Intervention in Healthy Subjects: The Self-Directed Biological Transformation Initiative (SBTI)", *Nature: Scientific Reports* 6 (2016): 32609; Doi:10.1038/ srep32609.

22. A. L. Lumma et al., "Is Meditation Always Relaxing? Investigating Heart Rate, Heart Rate Variability, Experienced Effort and Likeability During Training of Three Types of Meditation", *International Journal of Psychophysiology* 97:1 (2015): 38-45.

23. Antoine Lutz et al., "BOLD Signal in Insula is Differentially Related to Cardiac Function during Compassion Meditation in Experts vs. Novices", *NeuroImage* 47:3 (2009): 1038-46; http:// doi.org/ 10.1016/ j.neuroimage.2009.04.081.

24. J. Wielgosz et al., "Long-Term Mindfulness Training Is Associated with Reliable Differences in Resting Respiration Rate", *Scientific Reports* 6 (2016): 27533; doi:10.1038/ srep27533.

25. Sara Lazar et al., "Meditation Experience is Associated with Increased Cortical Thickness", *Neuroreport* 16 (2005): 1893-97. El estudio compare 20 meditadores vipassana (3000 horas de práctica promedio a lo largo de la vida) con controles de la misma edad y género.

26. Kieran C.R. Fox, "Is Meditation Associated with Altered Brain Structure? A Systematic Review and Meta-Analysis of Morphometric Neuroimaging in Meditation Practitioners", *Neuroscience and Biobehavioral Reviews* 43 (2014): 48-73.

27. Eileen Luders et al., "Estimating Brain Age Using High-Resolution Pattern Recognition: Younger Brains in Long-Term Meditation Practitioners", *Neuroimage* (2016); doi:10.1016/ j.nueroimage. 2016.04.007.

28. Eileen Luders et al., "The Unique Brain Anatomy of Meditation Practitioners' Alterations in Cortical Gyrification", *Frontiers in Human Neuroscience* 6:34 (2012): 1-7.

29. Ver: B. K. Holzel et al., "Mindfulness Meditation Leads to Increase in Regional Grey Matter Density", *Psychiatry Research: Neuroimaging* 191 (2011): 36-43.

30. S. Coronado-Montoya et al., "Reporting of Positive Results in Randomized Controlled Trials of Mindfulness-Based Mental Health Interventions", *PLOS One, 11*:4 (2016): e0153220; http:// doi.org/ 10.1371/ journal.pone.0153220.

31. Cole Korponay, en preparación.

32. A. Tusche et al., "Decoding the Charitable Brain: Empathy, Perspective Taking, and Attention Shifts Differentially Predict Altruistic Giving", *J Neurosci.* 2016; 36(17):4719-4732. doi:10.1523/ JNEUROSCI.3392-15.2016.

33. S. K. Sutton and R. J. Davidson, "Prefrontal Brain Asymmetry: A Biological Substrate of the Behavioral Approach and Inhibition Systems", *Psychological Science 8*:3 (1997): 204-10; http:// doi.org/ 10.1111/ j.1467-9280.1997.tb00413.x.

34. Daniel Goleman, *Emociones destructivas,* op. cit.

35. P. M. Keune et al., "Mindfulness-Based Cognitive Therapy (MBCT), Cognitive Style, and the Temporal Dynamics of Frontal EEG Alpha Asymmetry in Recurrently Depressed Patients", *Biological Psychology 88*:2-3 (2011): 243-52; http:// doi.org/ 10.1016/ j.biopsycho.2011.08.008.

36. P. M. Keune et al., "Approaching Dysphoric Mood: State-Effects of Mindfulness Meditation on Frontal Brain Asymmetry", *Biological Psychology 93*:1 (2013): 105-13; http:// doi.org/ 10.1016/ j.biopsycho.2013.01.016.

37. E. S. Epel et al., "Meditation and Vacation Effects Have an Impact on Disease-Associated Molecular Phenotypes", *Nature* 6 (2016): e880; doi:10.1038/ tp.2016.164.

38. Conferencia Stephen E. Straus sobre Terapias Complementarias de la Salud.

10

Meditación como psicoterapia

El doctor Aaron Beck, creador de la terapia cognitiva, hizo una pregunta: "¿Qué es la atención plena?"

Fue a mediados de la década de 1980. La destinataria de esa pregunta era Tara Bennett-Goleman, la esposa de Dan. A pedido de Beck ella había llegado hasta su casa en Ardmore, Pennsylvania, porque la jueza Judith Beck, esposa del psiquiatra, estaba a punto de someterse a una cirugía programada. El doctor Beck intuía que la meditación podía ayudarla a prepararse mentalmente y tal vez, físicamente.

Allí mismo Tara instruyó a la pareja. Guiados por ella, los Beck permanecieron sentados en silencio, observando las sensaciones de inhalar y exhalar. Luego hicieron una meditación caminando por su living.

Fue el primer asomo de lo que se convertiría en una importante corriente: la terapia cognitiva basada en la atención plena, o TCAP. En su libro *Alquimia emocional*, Tara fue la primera en articular la atención plena con la terapia cognitiva.[1]

Durante años Tara había estudiado meditación vipassana y poco antes había completado un retiro intensivo de un mes con el difunto maestro birmano U Pandita. Esa profunda inmersión en la mente le había ofrecido muchas revelaciones, entre ellas, que nuestros pensamientos son ligeros cuando los miramos a través de la lente de la atención plena. Esa revelación se corresponde con el principio de "descentración" postulado por la terapia cognitiva: observar los pensamientos y los sentimientos sin identificarse demasiado con ellos, para reevaluar nuestro sufrimiento.

Uno de los alumnos dilectos del doctor Beck le había mencionado a Tara. Se trataba del doctor Jeffrey Young, que por entonces estaba organizando el primer centro de terapia cognitiva de la ciudad de Nueva York. Tara, con su flamante posgrado en consejería, trabajaba en el centro del doctor Young. Ambos atendían a una joven que tenía ataques de pánico. La terapia cognitiva ayudaba a esa joven a alejarse de pensamientos catastróficos como "no puedo respirar", "voy a morir", y a desafiarlos. Tara incluyó la atención plena en las sesiones, para complementar el enfoque terapéutico del doctor Young. El hecho de aprender a observar conscientemente, con serenidad y claridad, sin pánico, ayudó a esa paciente a superar sus ataques de pánico.

Por su parte, en la Universidad de Oxford el psicólogo John Teasdale, junto a Zindel Segal y Mark Williams, estaba escribiendo *Mindfulness-Based Cognitive Therapy for Depression* (Terapia cognitiva para la depresión basada en la atención plena).[2] Su investigación había revelado que en personas con una depresión grave, que no mejoraba con drogas, ni siquiera con electroshock, esta terapia disminuía las recaídas un 50% más que cualquier medicación.

Estos hallazgos dieron lugar a una oleada de investigación sobre TCAP. No obstante, al igual que la mayoría de los estudios sobre meditación y psicoterapia muchos de ellos (incluido el estudio original de Teasdale) no cumplían con estándares básicos: grupos de control aleatorios y un método comparable utilizado por personas convencidas de que les ofrecería resultados.

Unos años después un equipo de la Universidad Johns Hopkins analizó 47 estudios de meditación (que no incluían terapia cognitiva) sobre pacientes que padecían un amplio rango de trastornos, desde depresión, dolor, desórdenes del sueño y disminución de su calidad de vida, hasta enfermedades como diabetes, problemas vasculares, tinnitus o colon irritable. Esa revisión tuvo en cuenta la cantidad de horas de meditación realizadas: los programas REBAP implicaban una práctica de 20 a 27 horas a lo largo de 8 semanas. En otros programas de atención plena las horas de práctica se reducían a la mitad. La meditación trascendental requería 16 a 39 horas en un periodo de 3 a 12 meses. Otras meditaciones con mantras, alrededor de la mitad de ese tiempo.

En un importante artículo de una de las publicaciones de la American Medical Association (Asociación Médica Estadounidense), los investigadores concluyeron que la atención plena podía disminuir la ansiedad, la depresión e incluso el dolor. No podía afirmarse lo mismo de los métodos de meditación basados en mantras —como la meditación trascendental— para los cuales eran muy escasos los estudios correctamente diseñados y por lo tanto no se podían obtener conclusiones.

El grado de mejora era similar al que lograba la medicación y las terapias basadas en atención plena estaban libres de los efectos secundarios de las drogas. No se observaron beneficios en otros indicadores de salud, como los hábitos de alimentación o sueño, el consumo de drogas o la obesidad. El metanálisis tampoco halló evidencia de que ningún tipo de meditación fuera útil para tratar otros trastornos psicológicos como el mal temperamento, las adicciones, el déficit de atención, al menos por medio de intervenciones de corto plazo como las utilizadas en la investigación. La práctica prolongada podría ofrecer más beneficios, pero los datos sumamente escasos impiden arribar a una conclusión.

En consecuencia, si bien a partir de anteriores estudios la meditación parecía un método promisorio para aliviar trastornos de salud, esos resultados se esfumaban al compararlos con un control activo como el ejercicio físico. En un amplio rango de trastornos producidos por el estrés el resultado es: "evidencia insuficiente o ningún efecto", al menos hasta ahora.[3]

Desde el punto de vista médico, estos estudios eran equivalentes al estudio del efecto de una medicación a corto plazo, y en dosis bajas. Es recomendable entonces utilizar el modelo predominante en medicina para la evaluación de tratamientos con drogas: investigar con mayor cantidad de participantes, por periodos más largos. Pero este tipo de estudio es sumamente costoso. En los Estados Unidos los millones de dólares necesarios para estudios sobre medicamentos son financiados por laboratorios farmacéuticos o por el Instituto Nacional de Salud. La investigación de meditación carece de ese dinero.

El metanálisis realizado en la Universidad Johns Hopkins comenzó con la recolección de 18.753 artículos de todo tipo sobre meditación. Una cantidad enorme, teniendo en cuenta que en los años 70 nosotros apenas podíamos encontrar un puñado de ellos y ahora, poco más de 6000. Es decir que esos investigadores incluyeron un número mayor de conceptos de búsqueda. No obstante, alrededor de la mitad de ellos no ofrecían datos relevantes. En el caso de los métodos empíricos, alrededor de 4800 estudios no tenían grupo control o no estaban aleatorizados.

Después de una cuidadosa selección, solo el 3% de los estudios (es decir, los 47 analizados) mostraron un diseño suficientemente riguroso para ameritar su revisión. El grupo de Hopkins señala que esta realidad reafirma la necesidad de elevar la calidad de la investigación sobre meditación.

En una época en que la medicina se esfuerza por convertirse en una disciplina apoyada en la evidencia, este tipo de revisión tiene gran influencia en los médicos. El grupo de Hopkins hizo este análisis para la Agency for Healthcare Research and Quality (Agencia para la Investigación y la Calidad de los Servicios de Salud), un organismo que establece los lineamientos que los médicos deberían seguir.

La revisión concluyó que la meditación —en particular la atención plena— puede desempeñar en el tratamiento de la depresión, la ansiedad y el dolor un rol similar al de las medicaciones, aunque sin efectos secundarios. También, puede reducir en cierta medida el estrés psíquico. En general, con respecto a los trastornos psicológicos la meditación no ha demostrado ser mejor que los tratamientos médicos, aunque la evidencia es insuficiente para obtener conclusiones más firmes.

El estudio fue publicado en enero de 2014. Desde entonces se han realizado más estudios, mejor diseñados, que pueden modificar esos razonamientos, al menos en cierta medida. Especialmente en el caso de la depresión.

ATENCIÓN PLENA PARA AHUYENTAR LA TRISTEZA

El notable hallazgo del equipo de John Teasdale en Oxford —que TCAP puede disminuir al 50% las recaídas en casos de depresión grave— impulsó una serie de estudios de seguimiento. Si una medicación hubiera podido atribuirse ese resultado, algún laboratorio farmacéutico estaría obteniendo dividendos de ella.

La necesidad de estudios más rigurosos era clara. El estudio piloto original de Teasdale no tenía grupo control, mucho menos una actividad de comparación. Mark Williams, uno de los integrantes del equipo inicial de Teasdale, encabezó la investigación requerida. Su equipo reclutó casi 300 personas con depresión tan severa que la medicación no evitaba sus recaídas en estados de abulia y melancolía: el mismo tipo de pacientes seleccionados para el estudio original. Pero esta vez los pacientes fueron asignados al azar a un programa TCAP o bien a uno de los grupos control. Uno de ellos aprendía los fundamentos de la terapia cognitiva; el otro recibía el tratamiento psiquiátrico habitual.[4]

Durante seis meses de seguimiento se observó la frecuencia de recaídas. El entrenamiento TCAP mostró ser más efectivo en pacientes con una infancia traumática (un factor que puede agravar la depresión) y casi tan efectivo como los tratamientos habituales en casos de depresión sin otros agravantes.

Inmediatamente después un equipo de investigación europeo observó que TCAP funcionaba en un grupo similar de pacientes depresivos a los que ninguna medicación pudo aliviar.[5] También se trató de un estudio aleatorizado con un grupo de control activo.

En 2016 un metanálisis de 9 estudios similares que incluían un total de 1258 pacientes concluyó que, un año después de recibido el entrenamiento, TCAP era un método efectivo para disminuir la tasa de recaída en casos de depresión grave. Cuanto más graves los síntomas de depresión, tanto mayores los beneficios.[6]

Zindel Segal, uno de los colaboradores de John Teasdale, quiso saber por qué TCAP parecía un método tan efectivo.[7] Utilizó la resonancia magnética para comparar pacientes recuperados de una depresión severa. Algunos habían sido tratados con TCAP; otros, con terapia cognitiva estándar (sin atención plena). En los pacientes que después de los tratamientos mostraban mayor incremento en la actividad de la ínsula, las recaídas disminuían un 35%. ¿Por qué? En un análisis posterior Segal descubrió que los mejores resultados se obtenían en los pacientes más capaces de descentrarse, es decir, de alejarse de sus pensamientos y sentimientos lo suficiente para verlos ir y venir en lugar de dejarse llevar por "*mis* pensamientos y sentimientos". En otras palabras, estos pacientes eran más conscientes. Y cuanto más tiempo dedicaban a la práctica de la atención plena, tanto menor era su probabilidad de recaer en la depresión.

Por fin una masa crítica de investigación demostraba —para satisfacción del escéptico mundo de la medicina— que un método basado en la atención plena podía ser efectivo para tratar la depresión.

El método TCAP tiene diversas aplicaciones promisorias. Por ejemplo, las mujeres embarazadas con un historial de episodios depresivos desean ampararse de la posibilidad de deprimirse durante la gestación o después del nacimiento. Y como es comprensible, evitan tomar antidepresivos durante el embarazo. Hay buenas noticias para ellas: un equipo liderado por Sona Dimidjian, otra graduada del SRI, observó que TCAP puede disminuir el riesgo de depresión en mujeres embarazadas, lo que ofrece una alternativa más amigable que las drogas.[8]

Investigadores de la Universidad Internacional Maharishi enseñaron meditación trascendental a presos, con un grupo de comparación que recibía los programas estándar de la cárcel. Observaron que al cabo de cuatro meses de MT los encarcelados mostraban menos síntomas de trauma, ansiedad y depresión. También dormían mejor y sus días en prisión les parecían menos estresantes.[9]

En los años de adolescencia, colmados de angustia, pueden aparecer los primeros síntomas de depresión. En 2015, el 12,5% de la población de los Estados Unidos de 12 a 17 años —unos 3 millones de adolescentes— había tenido al menos episodio depresivo importante el año anterior. Si bien algunos de los signos más obvios de depresión son el pensamiento negativo o la autocrítica exagerada, otros son más sutiles, como la dificultad para respirar o pensar. Un programa de atención plena diseñado para adolescentes redujo la depresión manifiesta y los síntomas sutiles, incluso 6 meses después de concluido.[10]

Si bien estos estudios son muy seductores, deben ser replicados. Y es necesario mejorar su diseño para ajustarlo a las estrictas normas médicas de revisión. Aun así, para las personas que sufren episodios depresivos —o de ansiedad o dolor— el método TCAP (y tal vez MT) ofrecen una posibilidad de alivio.

¿Es posible que TCAP u otros métodos de meditación alivien síntomas de otras enfermedades psiquiátricas? Y si fuera posible, ¿qué mecanismo podría explicarlo?

Regresemos a la investigación sobre programas REBAP para personas con ansiedad social realizada por Philippe Goldin y James Gross en la Universidad de Stanford (la mencionamos en el capítulo 5). La ansiedad social, que puede abarcar desde el miedo escénico hasta la timidez en reuniones, es una dificultad emocional asombrosamente común, que afecta a más del 6% de la población de los Estados Unidos, es decir, alrededor de 15 millones de personas.[11]

Al cabo de un programa REBAP de 8 semanas, los pacientes dijeron sentir menos ansiedad. Buena señal. Pero el paso siguiente era aún más fascinante: los cerebros de los participantes fueron escaneados mientras realizaban una meditación concentrada en la respiración, con el fin de manejar sus emociones al oír frases perturbadoras como "la gente siempre me juzga", uno de los temores habituales que aparecen en el diálogo interno de las personas con ansiedad social. Los participantes informaron sentirse menos ansiosos que de costumbre al oír esos disparadores emocionales. Al mismo tiempo, la actividad cerebral disminuyó en su amígdala y aumentó en los circuitos de la atención.

Este atisbo de la actividad subyacente del cerebro indica que las investigaciones futuras deberían orientarse a la manera en que la meditación puede aliviar trastornos mentales. Durante varios años, hasta el momento en que se escribe este libro, el Instituto Nacional de Salud Mental de los Estados Unidos —la principal fuente de financiación para investigaciones en este tema— ha desdeñado los estudios que se apoyan en las antiguas categorías psiquiátricas incluidas en el Diagnostic and Statistical Manual (Manual de Diagnóstico y Estadística). Aunque desórdenes mentales como "depresión", en sus diversas variantes, aparecen en el DSM, el instituto favorece la investigación enfocada en grupos de síntomas específicos y en los circuitos cerebrales relacionados con ellos, más que en las categorías que define el DSM. Siguiendo esta tendencia, nos preguntamos si el hallazgo de Oxford —que los programas TCAP funcionan en pacientes deprimidos con una historia traumática— sugiere que una amígdala demasiado reactiva puede estar más involucrada en este subgrupo resistente al tratamiento que en las personas que se deprimen de vez en cuando.

Con respecto a las investigaciones futuras, surgen otras preguntas: ¿cuál es exactamente el valor agregado de la atención plena en comparación con la terapia cognitiva? ¿Para qué trastornos la meditación (incluso cuando forma parte de REBAP o TCAP) ofrece más alivio que los tratamientos psiquiátricos habituales? ¿Estos métodos deberían usarse junto con las intervenciones estándar? ¿Qué tipos de meditación funcionan mejor para determinados trastornos mentales y cuáles son los circuitos neurales subyacentes?

Hasta ahora estas preguntas no tienen respuesta. Esperamos encontrarla.

MEDITACIÓN DE AMOROSA BONDAD PARA EL TRAUMA

El 11 de septiembre de 2001 un jet se estrelló en el Pentágono, cerca de Steve Z, y lo que había sido una oficina instantáneamente se convirtió en un mar nebuloso de escombros que olía a combustible quemado. Cuando la oficina fue reconstruida él regresó al mismo escritorio que había ocupado ese 11 de septiembre, aunque en un escenario mucho más solitario. La mayoría de sus compañeros habían muerto en el incendio. Steve recuerda lo que sentía entonces: "Estábamos enardecidos por la idea de atrapar a esos desgraciados. Era un lugar oscuro, un momento triste".

Su severo trastorno de estrés postraumático era acumulativo. Steve había combatido en la operación Tormenta del Desierto y en Irak. La catástrofe del 11 de septiembre acentuó el trauma. Durante los años que siguieron, la ira, la frustración y la hipervigilancia se agitaron en su interior. Pero si alguien le preguntaba cómo se sentía, Steve siempre decía "Bien". Trataba de serenarse bebiendo alcohol, corriendo, visitando a su familia, leyendo, buscando algo a qué aferrarse.

Estaba al borde del suicidio cuando llegó al hospital Walter Reed pidiendo ayuda. Hizo un tratamiento de desintoxicación de alcohol y lentamente emprendió el camino de la recuperación. Se informó sobre su enfermedad y aceptó conocer al psicoterapeuta que le propuso la meditación de atención plena, al que sigue viendo.

Después de dos o tres meses de sobriedad ingresó en un grupo que practicaba atención plena una vez a la semana. En las primeras sesiones Steve llegaba vacilante, observaba el lugar, se decía "no soy esa clase de persona" y se marchaba. Además, sentía claustrofobia en espacios cerrados. Cuando por fin fue capaz de hacer un breve retiro de atención plena, le resultó útil. Y lo que realmente funcionó fue la meditación de amorosa bondad, un camino viable hacia la compasión por sí mismo y por los demás. Se sintió "de nuevo en casa", pudo recordar sus sensaciones de la niñez, cuando jugaba con sus amigos, y tuvo la firme impresión de que su vida mejoraría: "La práctica me ayudó a conservar esas sensaciones, a saber que el malestar quedaría atrás. Si alguien me disgustaba, ofrecía un poco de compasión y de amorosa bondad, a mí mismo y a la otra persona".

Sabemos que Steve volvió a estudiar, primero consejería en salud mental, que luego llegó a ser psicoterapeuta y que cursaba un doctorado. El tema elegido para su tesis fue: daño moral y bienestar espiritual.

Steve se vinculó con la Administración de Veteranos y brindó apoyo a grupos de militares que, al igual que él, padecían TEPT. Ellos le enviaron pacientes para su práctica privada. Steve se siente especialmente capacitado para ayudarlos. Los hechos confirman su impresión. Los 42 veteranos que se encontraban en el Hospital de la Administración de Veteranos de Seattle hicieron durante 12 semanas un curso de meditación de amorosa bondad, el método que había ayudado al propio Steve.[12] Tres meses después los síntomas de TEPT habían mejorado y la depresión —un síntoma secundario habitual— había disminuido un poco.

Estos primeros hallazgos son promisorios. Aunque no sabemos, por ejemplo, si un control activo como PMS puede ser igualmente efectivo. A la fecha la investigación sobre TEPT presenta objeciones, que sintetizan acertadamente el estado del arte acerca de la validación científica de la meditación como tratamiento para la mayoría de los trastornos psiquiátricos. No obstante, existen variados argumentos a favor de la práctica compasiva como antídoto para el TEPT, comenzando por casos anecdóticos como el de Steve.[13] Muchos de ellos son de orden práctico. Una proporción significativa de veteranos padece TEPT. En un año cualquiera, entre el 11% y el 20% de los veteranos padece este trastorno y a lo largo de la vida de un veterano el porcentaje se eleva al 30%. Si la práctica de la amorosa bondad funciona, ofrece un tratamiento grupal de bajo costo. Por otra parte, algunos síntomas de TEPT son la confusión emocional, la alienación y la "extinción" de las relaciones. La meditación de amorosa bondad puede contribuir a revertirlos cultivando sentimientos positivos hacia los demás. Más aun, a muchos veteranos les causan molestias los efectos secundarios de las drogas prescriptas para tratar el TEPT. Por eso, no las toman y buscan tratamientos no tradicionales. El método de la amorosa bondad resulta entonces atractivo por ambos motivos.

NOCHES OSCURAS

"Sentí una oleada de odio hacia mí mismo, tan impactante, tan intensa que cambió la manera de relacionarme… con mi propio sendero del *dharma* y el significado de la vida". Así recuerda Jay Michaelson el momento en que, durante un largo y silencioso retiro vipassana, cayó en lo que denomina una "noche oscura" de estados mentales sumamente difíciles.[14]

Para el *Visuddhimagga* esta crisis es previsible cuando el meditador percibe que los pensamientos son efímeros e insustanciales. Precisamente, Michaelson cayó en su noche oscura después de haber alcanzado un hito en el camino hacia el éxtasis, el estadio del "surgir y pasar", en que los pensamientos parecen desaparecer no bien surgen, en rápida sucesión.

Michaelson se sumergió en una espesa mezcla de duda enfermiza, odio hacia sí mismo, ira, culpa y ansiedad. En cierto momento esa mezcla tóxica fue demasiado fuerte. Su práctica colapsó y se echó a llorar. Luego, lentamente comenzó a observar su mente en lugar de ser absorbido por los pensamientos y sentimientos que la rondaban. Comenzó a verlos como estados mentales pasajeros. El episodio había terminado.

Los relatos de noches oscuras no siempre tienen una resolución tan clara. El sufrimiento del meditador puede continuar largo tiempo después de haberse marchado del centro de meditación. Debido a que los impactos positivos de la meditación son mucho más conocidos, la persona que vivió esa larga noche descubre que los demás no pueden comprender, ni siquiera creer, que es dolorosa. Con frecuencia, los psicoterapeutas ofrecen escasa ayuda. Atenta a esa realidad, Willoughby Britton, una psicóloga de la Universidad de Brown (graduada en el SRI) dirige el "proyecto noche oscura", que auxilia a las personas aquejadas por conflictos psicológicos resultantes de la meditación. El nombre formal del proyecto es Variedades de la Experiencia Contemplativa y plantea una objeción a la difundida noción del impacto benéfico resultante de la práctica: ¿la meditación puede hacer daño?

Hasta el momento no hay respuestas categóricas. Britton ha recolectado estudios de casos y ha ayudado a personas que atravesaron una noche oscura a comprender qué les sucede y a saber que no están solos, con la esperanza de que logren recuperarse. La mayoría de los individuos estudiados le fue recomendado por instructores de centros de meditación vipassana donde, a lo largo de los años, se presentan casos de víctimas de una noche oscura durante un retiro intensivo. Dado que esos centros intentan minimizar los daños por medio de un formulario con preguntas sobre la historia psiquiátrica del postulante, seguramente las noches oscuras no tienen relación con patologías previas.

Las noches oscuras no ocurren solo en la meditación vipassana. Casi todas las tradiciones meditativas advierten sobre ellas. En el judaísmo, los textos cabalísticos previenen que los métodos contemplativos deben reservarse para personas de mediana edad, de lo contrario un yo en formación podría hacerse trizas.

A la fecha nadie sabe si la práctica intensiva de la meditación es en sí misma peligrosa para algunas personas, o si las personas que atraviesan una noche oscura habrían padecido algún tipo de crisis, sin importar cuáles fueran las circunstancias. Los estudios de casos de Britton, aunque anecdóticos, por su mera existencia son convincentes.

La proporción de noches oscuras entre las personas que hacen retiros prolongados es, según se dice, muy pequeña, pero nadie puede precisar cuál es esa proporción. Desde la perspectiva de la investigación, sería necesario establecer la proporción básica en que estos episodios ocurren entre meditadores y en la población en general.

El Instituto Nacional de Salud Mental de los Estados Unidos ha descubierto que casi uno de cada cinco adultos —alrededor de 44 millones— padece una enfermedad mental en un año dado. El comienzo de los estudios universitarios, el entrenamiento militar e incluso la psicoterapia pueden precipitar crisis psicológicas en un pequeño porcentaje de personas. Los investigadores deberían preguntarse entonces: ¿hay algo en la meditación profunda que para ciertas personas crea un riesgo mayor al que establece la proporción básica?

El programa de Willoughby Britton ofrece consejos prácticos y reconforta a las personas que atraviesan una noche oscura. Y pese al riesgo (bastante bajo) de noches oscuras, en especial durante retiros prolongados, la meditación está de moda entre los psicoterapeutas.

MEDITACIÓN COMO METATERAPIA

En su primer artículo sobre meditación Dan propuso que podía utilizarse en psicoterapia.[15] Ese artículo, "Meditación como metaterapia", apareció en 1971, cuando él se encontraba en India, y ningún psicoterapeuta mostró interés en el tema. A su regreso, por algún motivo fue invitado a conferenciar sobre esta idea en un congreso de la Asociación Psicológica de Massachusetts. Concluida su participación, un joven delgado, de mirada brillante, con una chaqueta que no era de su medida, se le acercó. Dijo que estudiaba psicología y le interesaba ese tipo de temas. Había pasado varios años siendo monje en Tailandia, donde estudió meditación. En un país donde es un honor alimentar monjes, había sobrevivido gracias a la generosidad del pueblo tailandés. En Nueva Inglaterra no habría sucedido lo mismo.

Este futuro psicólogo creía poder adaptar herramientas meditativas, utilizarlas bajo la fachada de la psicoterapia para aliviar el sufrimiento. Le alegraba que otra persona estableciera un vínculo entre la meditación y las aplicaciones terapéuticas. El estudiante era Jack Kornfield. Richie formó parte de su jurado de tesis.

Jack sería uno de los fundadores de la Insight Meditation Society en Barre, Massachusetts, y luego fundó Spirit Rock, un centro de meditación en la bahía de San Francisco. Fue uno de los primeros traductores de las teorías budistas sobre la mente a un lenguaje compatible con la sensibilidad moderna.[16]

Junto a un grupo que incluía a Joseph Goldstein, Jack diseñó y dirigió el programa de entrenamiento para instructores en el que se graduaron los maestros que, años después, ayudaron a Steve Z a recuperarse de su TEPT. Su perspectiva de la mente y el trabajo con la meditación pueden ser utilizados directamente por un individuo o pueden aplicarse a la psicoterapia. Es la síntesis que presentó en *The Wise Heart*, el primero de una sucesión de libros en los que articula las tradiciones orientales con enfoques modernos.

Otra voz fundamental para esta corriente es la del psiquiatra Mark Epstein, académico de Harvard. Fue alumno del curso sobre Psicología de la Conciencia que dictó Dan y le pidió que fuera su consejero en un proyecto sobre un curso avanzado de psicología budista. Dan, que por entonces era el único miembro del departamento de psicología de Harvard interesado en el tema, aceptó. Él y Mark escribieron más tarde un artículo para una revista de corta vida.[17]

En una serie de libros que integran el psicoanálisis y la perspectiva budista de la mente, Mark siguió liderando esta corriente. Su primer libro tiene un título interesante: *Thoughts Without a Thinker* (Pensamientos sin pensador), que alude a las relaciones objetales postuladas por Donald Winnicott, y también propone una perspectiva contemplativa.[18] Los libros de Tara, Mark y Jack son obras emblemáticas de una tendencia que reúne a numerosos terapeutas interesados en combinar prácticas o perspectivas contemplativas con su propio enfoque psicoterapéutico.

Si bien las figuras destacadas del mundo de la investigación aún son escépticas respecto de la meditación como tratamiento para trastornos psíquicos incluidos en el DSM, la cantidad de psicoterapeutas entusiasmados con la posibilidad de conjugar meditación y psicoterapia sigue en aumento. Mientras los investigadores esperan estudios aleatorizados con controles activos, los psicoterapeutas ofrecen tratamientos potenciados a sus clientes.

Por ejemplo, mientras escribíamos este libro encontramos en la literatura científica 1125 artículos sobre terapia cognitiva basada en atención plena. Más del 80% fue publicado en los últimos cinco años.

Por supuesto, la meditación tiene sus límites. Dan comenzó a interesarse en meditar durante sus años de universidad porque se sentía ansioso. La meditación pareció calmar en alguna medida esa sensación, pero aún tiene sus vaivenes.

Muchas personas acuden a un psicoterapeuta por motivos similares pero Dan no lo hizo. Pero años después le diagnosticaron aquella enfermedad adrenal, la causa de su elevada presión arterial. Uno de los indicios de esa enfermedad son los elevados niveles de cortisol, la hormona del estrés que dispara sentimientos de ansiedad. Junto con sus años de meditación, una droga que regula el desorden adrenal pudieron controlar los niveles de cortisol y la ansiedad.

En síntesis

Aunque la meditación no tuvo originalmente la finalidad de tratar desórdenes psicológicos, en épocas recientes se ha revelado como un método promisorio para el tratamiento de algunos de ellos, en particular, la depresión y la ansiedad. En un metanálisis de 47 estudios sobre la aplicación de métodos de meditación para tratar pacientes con problemas de salud mental, los hallazgos muestran que la meditación puede disminuir la depresión (sobre todo, la depresión grave), la ansiedad y el dolor, tal como lo hacen las medicaciones, pero sin efectos secundarios. En menor grado, también puede reducir el estrés psicológico. La meditación de amorosa bondad puede ser particularmente útil para pacientes que sufren traumas, en especial los que padecen TEPT.

La fusión de atención plena y terapia cognitiva, o TCAP, se ha convertido en el tratamiento basado en meditación con mayor validación empírica. Esta integración sigue teniendo amplio impacto en la clínica: cada vez es más amplio el rango de trastornos psicológicos en los que su aplicación es sometida a prueba.

Si bien existen algunos informes sobre efectos negativos de la meditación, a la fecha los hallazgos subrayan el potencial de las estrategias basadas en meditación, y el gran aumento de investigación científica en estas áreas es un buen augurio para el futuro.

Notas

1. Tara Bennett- Goleman, *Alquimia emocional*, (Buenos Aires: Javier Vergara, 2002).

2. Zindel Williams, John Teasdale, et al., *Mindfulness-Based Cognitive Depression* (New York: Guilford Press, 2003); John Teasdale et al., "Prevention of Relapse/ Recurrence in Major Depression by Mindfulness-Based Cognitive Therapy", *Journal of Consulting and Clinical Psychology* 68:4 (2000): 615- 23.

3. Madhav Goyal et al., "Meditation Programs for Psychological Stress and Well-Being: A Systematic Review and Meta-Analysis", *JAMA Internal Medicine,* publicado online enero 6, 2014; doi:10.1001/ jamainternmed.2013.13018.

4. J. Mark Williams et al., "Mindfulness-Based Cognitive Therapy for Preventing Relapse in Recurrent Depression: A Randomized Dismantling Trial", *Journal of Consulting and Clinical Psychology* 82:2 (2014): 275- 86.

5. Alberto Chiesa, "Mindfulness-Based Cognitive Therapy vs. Psycho-Education for Patients with Major Depression Who Did Not Achieve Remission Following Anti- Depressant Treatment", *Psychiatry Research* 226 (2015): 174-83.

6. William Kuyken et al., "Efficacy of Mindfulness-Based Cognitive Therapy in Prevention of Depressive Relapse", *JAMA Psychiatry* (April 27, 2016); doi:10.1001/ jamapsychiatry.2016.0076.

7. Zindel Segal, presentación en la Conferencia Internacional de Ciencia Contemplativa, San Diego, November 18-20, 2016.

8. Sona Dimidjian et al., "Staying Well During Pregnancy and the Postpartum: A Pilot Randomized Trial of Mindfulness-Based Cognitive Therapy for the Prevention of Depressive Relapse/ Recurrence", *Journal of Consulting and Clinical Psychology* 84:2 (2016): 134-45.

9. S. Nidich et al., "Reduced Trauma Symptoms and Perceived Stress Prison Inmates through the Transcendental Meditation Program: Randomized Controlled Trial", *Permanente Journal* 20:4 (2016): 43- 47; http:// doi.org/ 10.7812/ TPP/ 16-007.

10. Filip Raes et al., "School-Based Prevention and Reduction Depression in Adolescents: A Cluster- Randomized Controlled Trial Mindfulness Group", *Mindfulness*, marzo 2013; doi:10.1007/ s12671-013- 0202-1.

11. Philippe R. Goldin and James J. Gross, "Effects Mindfulness-Based Stress Reduction (MBSR) on Emotion Regulation Anxiety Disorder", *Emotion* 10:1 (2010): 83- 91; http:// dx.doi.org/ 10.1037/ a0018441.

12. 12. David J. Kearney et al., "Loving-Kindness Meditation for Post-Traumatic Stress Disorder: A Pilot Study", *Journal Stress* 26 (2013): 426- 34. Los investigadores de la Administración de Veteranos señalan que sus resultados requerían un estudio de seguimiento, que se realizaba mientras se escribía este libro. Se trataba del seguimiento de 130 veteranos con TEPT, aleatorizado en un grupo control, en una línea de tiempo activa de cuatro años. La meditación de amorosa bondad se comparaba con una terapia considerada el método de referencia para TEPT, una variedad de terapia cognitiva, en el control activo. La hipótesis: la amorosa bondad funciona también, aunque por diferentes mecanismos.

13. Otro informe anecdótico: P. Gilbert y S. Procter, "Compassionate Mind Training with High Shame and Self- Criticism: Overview and Pilot Study Therapy Approach", *Clinical Psychology & Psychotherapy* 13 (2006): 79.

14. Jay Michaelson, *Evolving Dharma: Meditation, Buddhism, and the Next Generation Enlightenment* (Berkeley: Evolver Publications, 2013). En el habla popular el significado de "noche oscura" en un viaje espiritual se ha distorsionado. San Juan de la Cruz, el místico español del siglo XVII, fue el primero en utilizar la expresión para describir el misterioso ascenso a través de un territorio desconocido que culmina al fundirse en éxtasis con la divinidad. Hoy, "noche oscura" implica estar inmerso en el temor que puede resultar de una amenaza a nuestra identidad material.

15. Daniel Goleman, "Meditation as Meta-Therapy: Hypotheses Toward a Proposed Fifth State of Consciousness", *Journal of Transpersonal Psychology* 3:1 (1971): 1-26.

16. Jack Kornfield, *The Wise Heart: A Guide to the Universal Teachings of Buddhist Psychology* (New York: Bantam, 2009).

17. Daniel Goleman y Mark Epstein, "Meditation and Well-Being: An Eastern Model of Psychological Health", *ReVision* 3:2 (1980): 73-84. Reproducido en Roger Walsh and Deane Shapiro, *Beyond Health and Normality* (New York: Van Nostrand Reinhold, 1983).

18. *Thoughts Without a Thinker: Psychotherapy from a Buddhist Perspective* (New York: Basic Books, 1995) fue el primer libro de Mark Epstein; *Advice Not Given: A Guide to Getting over Yourself* (New York: Penguin Press, 2018) será el próximo.

11

El cerebro de un yogui

En las abruptas colinas de la cadena de los Himalayas que rodea la aldea de McLeod Ganj, es posible encontrar una pequeña choza o una remota caverna que alberga a un yogui tibetano o una persona que realiza un solitario y prolongado retiro. En la primavera de 1992, un intrépido equipo de científicos —entre ellos, Richie y Cliff Saron— fueron hasta ellas para evaluar la actividad cerebral de los yoguis que las habitaban.

Al cabo de un viaje de tres días llegaron a McLeod Ganj, la aldea al pie de los Himalayas donde se encuentra el hogar del Dalai Lama y tiene su sede el gobierno tibetano en el exilio. Los científicos comenzaron su tarea en una casa de huéspedes perteneciente al hermano del Dalai Lama, que vive cerca de allí. Varias habitaciones fueron necesarias para montar el equipamiento que transportarían en mochilas rumbo a las ermitas de montaña.

En aquella época las mediciones cerebrales requerían electrodos y amplificadores de electroencefalograma, monitores de computadora, videograbadoras, baterías y generadores. Con ese equipamiento, mucho más voluminoso que el actual, pesaba unos cientos de kilos, los investigadores que viajaban con esos instrumentos en sus estuches protectores se asemejaban a una deslucida banda de rock. No había caminos a seguir: los yoguis elegían para sus retiros los lugares más remotos que pudieran encontrar. Así, con gran esfuerzo y el auxilio de varios porteadores, los científicos llevaron su instrumental de medición hasta los yoguis.

El propio Dalai Lama había identificado a esos yoguis como maestros de *lojong*, un método sistemático para entrenar la mente. Desde su punto de vista eran objetos de estudio ideales. El Dalai Lama había escrito una carta instando a los yoguis a cooperar, e incluso envió un emisario personal —un monje de su despacho privado— para confirmar que los participantes fueran de primer nivel.

Al llegar a la ermita de un yogui, los científicos presentaban esa carta y por medio de un traductor solicitaban autorización para monitorear su cerebro mientras meditaba. Uno tras otro, los yoguis respondieron: "no". Sin duda eran excepcionalmente amigables.

Algunos ofrecieron enseñar a los científicos las prácticas que deseaban mensurar. Otros dijeron que lo pensarían. Pero ninguno aceptó de inmediato. Tal vez alguno de ellos tuviera noticia de que en cierta ocasión un yogui, por medio de una carta similar del Dalai Lama, fue persuadido para que abandonara su retiro y viajara a una universidad en la lejana América, donde debía demostrar su habilidad para elevar la temperatura corporal a voluntad. El yogui murió poco después de su regreso y en las montañas se rumoreaba que el experimento había desempeñado algún rol en ese desenlace.

La ciencia era algo extraño para la mayoría de estos yoguis. Ninguno tenía una clara idea del papel de la ciencia en la moderna cultura occidental. Más aun, de los 8 yoguis que el equipo conoció en su expedición, solo uno había visto antes una computadora.

Algunos de los yoguis argumentaron con astucia que ignoraban qué medirían esas raras máquinas. Si las mediciones eran irrelevantes para lo que hacían, o su cerebro no lograba satisfacer una expectativa científica, podría parecer que sus métodos eran inútiles. Y así los que compartían el mismo camino podían desalentarse. Cualesquiera que fueran las razones, el resultado de esta expedición científica fue rotundamente ninguno.

No obstante, pese a la falta de colaboración, y de datos, y aunque inútil en el largo plazo, el ejercicio demostró ser instructivo. Fue el comienzo de una empinada curva de aprendizaje. En primer lugar, permitió comprender que era aconsejable trasladar a los meditadores hasta el laboratorio donde se encontrara el equipamiento. También, que la investigación sobre estos adeptos presenta desafíos únicos, más allá de su peculiaridad, su deliberada lejanía y su desconocimiento o desinterés acerca de los proyectos científicos. Si bien por su dominio de esa destreza interior podían compararse con deportistas de primer nivel, en su "deporte" a medida que el nivel de destreza se eleva, disminuye la importancia de la clasificación, y más aun del estatus social, la riqueza o la fama.

La lista de cosas sin importancia incluye el orgullo personal resultante de que las mediciones científicas fueran reflejo de los logros personales. Lo importante era que esos resultados pudieran influir en otros, para mejor o peor.

Para la investigación científica, la perspectiva era sombría.

CIENTÍFICO Y MONJE

Matthieu Ricard se graduó en biología molecular en el Instituto Pasteur, bajo la tutela de François Jacob, que más tarde ganó el premio Nobel de medicina.[1] Después de obtener su doctorado, Matthieu abandonó su promisoria carrera en la biología para transformarse en monje. Durante las décadas transcurridas desde entonces ha vivido en centros de retiro, monasterios y ermitas.

Matthieu era un antiguo amigo. Al igual que nosotros, había participado a menudo en los diálogos organizados por el Mind and Life Institute entre el Dalai Lama y diversos grupos de científicos, en los que Matthieu era portavoz de la perspectiva budista sobre el tema que se discutía.[2] Como recordarán, durante el diálogo sobre "emociones destructivas" el Dalai Lama exhortó a Richie a someter la meditación a rigurosa prueba y tomar de ella lo que pudiera ser beneficioso para el mundo entero.

Esa invitación a la acción conmovió profundamente a Matthieu —tanto como a Richie— y activó en la mente de este monje (para su sorpresa) su destreza en el método científico, largamente ociosa.

El propio Matthieu fue el primer monje que se ofreció a ser estudiado en el laboratorio de Richie. Durante varios días fue sujeto de experimentación y colaborador para refinar el protocolo que se utilizaría con otros yoguis. Matthieu Ricard fue coautor del artículo publicado por una importante revista sobre los primeros hallazgos en yoguis.[3]

Durante la mayor parte del tiempo en que, siendo monje, Matthieu vivió en Nepal y Butan, fue asistente personal de Dilgo Khyentse Rinpoche, uno de los maestros de meditación tibetanos más venerados del siglo XX.[4] Muchos lamas de renombre exilados de Tibet —incluido el Dalai Lama— fueron instruidos por este maestro.

Así, Matthieu se encontraba en el centro de una gran red del mundo meditativo tibetano. Sabía a quiénes proponer como sujetos de estudio y, tal vez más importante, tenía la confianza de esos expertos meditadores. Su participación fue imprescindible para reclutar a esos elusivos adeptos. Él podía garantizarles que había una buena razón para viajar hasta el campus universitario de Madison, Wisconsin, un lugar del que muchos yoguis y lamas tibetanos nunca habían oído y por supuesto, no habían visto. Además, tendrían que tolerar la horrible comida y los hábitos de una cultura extraña.

Los reclutados habían enseñado en Occidente y conocían sus pautas culturales pero, más allá del viaje a una tierra exótica, los raros rituales de los científicos les resultaban totalmente ajenos. Para personas más familiarizadas con las ermitas del Himalaya que con el mundo moderno, su marco de referencia no tenía mucho sentido.

Matthieu's les aseguró que sus esfuerzos tendrían un resultado valioso. Fue la clave para conseguir su cooperación. Para estos yoguis el valor no consistía en un beneficio personal —acrecentar su fama o alimentar su orgullo— sino en la posibilidad de ayudar a otras personas. Los motivaba la compasión.

El monje enfatizó la motivación de los científicos: si la evidencia fundamentaba la eficacia de estas prácticas, promovería su inclusión en la cultura occidental. Estas explicaciones lograron llevar hasta ahora a 21 de los más avanzados meditadores al laboratorio de Richie para que sus cerebros sean estudiados. Entre ellos se cuentan varios occidentales que han hecho al menos un retiro de 3 años en el centro de Dordoña, Francia, donde ha practicado Matthieu, así como 14 adeptos tibetanos que llegaron a Wisconsin desde India o Nepal.

PRIMERAS, SEGUNDAS Y TERCERAS PERSONAS

Por su formación en biología molecular, Matthieu estaba familiarizado con el rigor y las normas del método científico. Por eso se zambulló en las sesiones de planificación, con la intención de contribuir a diseñar los métodos que se utilizarían para evaluar al primer cobayo: él mismo.

En calidad de diseñador del plan y primer voluntario, puso a prueba el protocolo científico que había contribuido a delinear. Si bien es totalmente inusual en los anales de la ciencia, hay antecedentes de investigadores que fueron cobayos de sus propios experimentos, en particular, para garantizar la seguridad de un nuevo tratamiento médico.[5]

En su caso no se debía al temor de exponer a otros a un riesgo desconocido sino a la consideración que debe hacerse al estudiar cómo entrenar la mente y modelar el cerebro. El objeto de estudio es profundamente privado —la experiencia interior otra persona— mientras que las herramientas utilizadas son dispositivos que obtienen medidas objetivas de la realidad biológica pero nada de ese ser interior.

Técnicamente, la evaluación interior requiere un informe "en primera persona" mientras que las mediciones son un "informe en tercera persona". La idea de cerrar la brecha entre la primera y la tercera persona surgió de Francisco Varela, el brillante biólogo y cofundador de Mind and Life Institute. Varela propuso un método para combinar los puntos de vista de la primera y la tercera persona con los de una "segunda persona", un experto en la materia que se estudiaba.[6] Sostuvo que la persona estudiada debía tener una mente bien entrenada porque ofrecería mejores datos que un individuo menos entrenado.

Matthieu era a la vez experto en el tema y poseedor de esa mente bien entrenada. Cuando Richie comenzó a estudiar los diversos tipos de meditación, no comprendía que la "visualización" requería más que generar una imagen mental. Matthieu le explicó —a él y a su equipo— que el meditador también cultiva un estado emocional acorde a determinada imagen. Por ejemplo, una imagen de la bodhisattva Tara se conjuga con un estado de compasión y amorosa bondad. A partir de este tipo de recomendaciones el equipo de Richie pasó de actuar siguiendo las reglas jerárquicas de la ciencia del cerebro a colaborar con Matthieu en los detalles para el diseño del protocolo experimental.[7]

Mucho antes de que Matthieu se convirtiera en colaborador nos habíamos orientado en esta dirección, buceando en nuestro tema de estudio —la meditación— para generar hipótesis que pudiéramos someter a experimentación empírica. Hoy la ciencia lo considera una instancia para generar una teoría fundamentada, es decir, basada en una comprensión personal de lo que sucede.

El enfoque de Varela iba un paso más allá, necesario cuando lo que se estudia ronda el cerebro y la mente de un individuo pero es un territorio desconocido para el investigador. La posibilidad de contar con expertos como Matthieu en este ámbito privado hacía posible reemplazar las conjeturas por la precisión metodológica.

En este punto debemos confesar nuestros errores. En la década de 1980, cuando Richie era un joven profesor de la Universidad Estatal de Nueva York en Purchase y Dan trabajaba como periodista en la ciudad de Nueva York, hicimos una investigación conjunta sobre un dotado meditador. Este discípulo de U Ba Khin (el maestro de Goenka) se había convertido a su vez en maestro y afirmaba tener la capacidad de alcanzar voluntariamente el *nibbana,* el punto culminante de su camino meditativo birmano. Nosotros queríamos hallar evidencia rigurosa del estado del que tanto alardeaba. La principal herramienta con que contábamos era un ensayo de niveles de cortisol en sangre, un tema candente en la investigación de la época. Lo tomamos como parámetro fundamental porque utilizábamos el laboratorio que nos prestaba uno de los principales investigadores sobre el tema, más que porque pudiera enunciarse una hipótesis sólida que relacionara *nibbana* y cortisol. Pero medir niveles de cortisol exigía que el meditador —instalado en una sala de hospital al otro lado de un cristal espejado que nos permitía observarlo sin ser vistos— estuviera enganchado a una aguja intravenosa que permitía extraerle sangre cada hora. Nos turnamos con otros dos científicos para completar esa rutina durante varios días. A lo largo de esos días el meditador hizo sonar una chicharra cada vez que entraba en *nibbana*. No obstante, los niveles de cortisol no variaron. Eran irrelevantes. Utilizamos además una medición cerebral que tampoco resultó apropiada, y sería primitiva para los estándares de hoy.

Hemos recorrido un largo camino. ¿Qué ocurrirá a medida que la ciencia contemplativa continúe evolucionando? En una ocasión el Dalai Lama le dijo a Dan —guiñando el ojo— que algún día "la persona estudiada y el investigador serán uno".

Tal vez con ese objetivo en mente el Dalai Lama ha alentado a un grupo de la Universidad

Emory a presentar un plan de estudios sobre ciencia, en lengua tibetana, para incorporarlo al aprendizaje de los monjes en monasterios.[8] Un cambio radical: el primero de este tipo en 600 años.

LA ALEGRÍA DE VIVIR

Una fresca mañana de septiembre de 2002, un monje tibetano arribó al aeropuerto de Madison, Wisconsin. El punto de partida para su travesía se encontraba a unos 10.000 km de allí, en un monasterio situado en lo alto de una colina de Katmandú, Nepal. Llegó al cabo de 3 días, 18 horas de vuelo y después de haber atravesado 10 husos horarios.

Richie lo había conocido en el encuentro de Mind and Life sobre emociones destructivas realizado en Dharamsala en 1995, pero había olvidado cuál era su aspecto. De todos modos fue sencillo distinguirlo entre la multitud. En el Aeropuerto Regional del Condado de Dane era el único hombre con la cabeza rapada, vestido de rojo y dorado. Se llamaba Mingyur Rinpoche y había viajado hasta allí para que su cerebro fuera evaluado mientras meditaba.

Después del descanso nocturno, Richie llevó a Mingyur a la sala de EEG del laboratorio, donde se registran las ondas cerebrales con un extraño artilugio: una gorra de baño de la que salen finos cables similares a espaguetis. Esa gorra especialmente diseñada contiene 256 cables; cada uno de ellos está conectado a un sensor pegado en determinado lugar del cráneo. El hecho de que el sensor esté adherido al cráneo es fundamental porque permite registrar la actividad eléctrica del cerebro. Según explicó a Mingyur el técnico de laboratorio, pegar los electrodos en la ubicación exacta llevaba unos 15 minutos. Pero resultó que su cráneo rapado, constantemente expuesto, era más grueso y calloso que otro cubierto de cabello. Por ese motivo, se necesitó más tiempo que el habitual.

A la mayoría de las personas que llegan al laboratorio se impacientan, e incluso las irritan esas demoras. Mingyur no se molestó en lo más mínimo, lo que debiera hacerse sería lo correcto para él. Su actitud tranquilizó a su vez al técnico y a todos los que observaban. Fue el primer indicio de su serenidad, era palpable su plácida disposición hacia todo lo que la vida pudiera depararle. Mingyur transmitía una sensación de infinita paciencia y la apacible cualidad de la bondad.

Al cabo de un largo rato fue posible corroborar que los sensores estaban correctamente conectados. El experimento podía comenzar. Mingyur fue el primer yogui estudiado después de aquella sesión inicial con Matthieu. El equipo se congregó en la sala de control, ansioso por detectar algún dato valioso.

Un análisis preciso de algo tan laxo como, por ejemplo, la compasión, exige un protocolo riguroso, capaz de detectar el patrón de actividad específico de ese estado mental en medio de la disonante tormenta eléctrica que generan las demás actividades del cerebro.

El protocolo exigía que Mingyur alternara 1 minuto de meditación compasiva con 30 segundos de descanso. Para garantizar que cualquier efecto detectado era más que un hallazgo azaroso debía hacerlo 4 veces en rápida sucesión.

Desde el inicio Richie dudó seriamente de que el experimento pudiera funcionar. Los integrantes del laboratorio que meditaban —entre ellos el propio Richie— sabían que para serenar la mente se necesita tiempo, a menudo mucho más que unos minutos. Les parecía inconcebible que incluso Mingyur fuera capaz de lograr instantáneamente la serenidad interior. Pese a su escepticismo, al diseñar el protocolo habían tenido en cuenta a Matthieu, poseedor de la cultura de la ciencia y de la ermita. Él había asegurado que esa gimnasia mental no presentaría inconvenientes a una persona con el nivel de destreza de Mingyur. De todas maneras, Richie y su equipo se sentían inseguros, nerviosos. Mingyur era el primer sujeto que sería estudiado siguiendo este protocolo.

Richie tuvo la fortuna de que John Dunne, un entendido en budismo de Wisconsin que poseía una rara combinación de interés por la ciencia, conocimiento en humanidades y dominio del idioma tibetano, se ofreciera a actuar como traductor.[9] John dio instrucciones precisas a Mingyur. Le indicó cuándo empezar la meditación compasiva, 60 segundos después hizo la indicación de que comenzaban los 30 segundos de descanso y repitió la secuencia 3 veces.

Apenas Mingyur comenzó a meditar se detectó un súbito estallido de actividad eléctrica en los monitores que mostraban los registros de su cerebro. Todos suponían que se había movido. Cualquier movimiento que detectan los sensores —una inclinación de cabeza, un cambio de posición de la pierna— se amplifica al registrarse las ondas eléctricas generadas por la actividad cerebral y aparece como un pico que debe filtrarse para poder hacer un análisis correcto.

Raramente, el estallido parecía durar todo el periodo de la meditación compasiva. Hasta donde era posible observar, Mingyur estaba totalmente inmóvil. Más aun, los picos disminuyeron pero no desaparecieron cuando ingresó en el periodo de descanso, con el cuerpo igualmente quieto.

Los cuatro hombres que se encontraban en la sala de control observaban, transfigurados, cuando se anunció el siguiente periodo de meditación. John Dunne tradujo al tibetano la orden de meditar. En silencio el equipo dirigió alternativamente la mirada a Mingyur y a los monitores. Al instante se produjo el mismo estallido en la señal eléctrica. De nuevo Mingyur seguía totalmente quieto, no había cambios visibles en la posición de su cuerpo después del periodo de descanso. Y el monitor seguía mostrando los mismos picos en la onda eléctrica. Este patrón se repitió cada vez que se le indicó generar compasión. Los integrantes del equipo se miraron asombrados, sin decir una palabra.

En ese momento supieron que eran testigos de algo profundo, que nunca antes había sido observado en el laboratorio. Nadie podía predecir adónde conduciría esa observación pero todos sintieron que era un punto de inflexión en la historia de la neurociencia.

La noticia de esa sesión ha creado un revuelo científico. Mientras se escribe este libro, el artículo que informaba el hallazgo ha sido citado más de 1100 veces en la literatura científica mundial.[10] La ciencia ha prestado atención.

UN BARCO PERDIDO

Por la misma época en que la noticia sobre los notables datos proporcionados por Mingyur Rinpoche llegaba al mundo científico, el monje fue invitado al laboratorio de un famoso científico cognitivo que trabajaba en la Universidad de Harvard. Mingyur fue estudiado siguiendo dos protocolos: en uno de ellos se le pidió que generara una elaborada imagen visual; en el otro se evaluó la posibilidad de que tuviera una percepción extrasensorial. Los científicos cognitivos albergaban la gran esperanza de documentar los logros de un sujeto extraordinario.

Entretanto, el traductor de Mingyur bufaba porque el protocolo no solo era largo y fatigoso sino irrelevante para la destreza meditativa del yogui. Desde su perspectiva, el hecho de dar ese tratamiento a un maestro como Mingyur —que conservaba su habitual buen humor— era una falta de respeto a las normas tibetanas.

¿Cuál fue el resultado del día que Mingyur pasó en ese laboratorio? Reprobó ambos tests, no obtuvo un resultado mejor que los estudiantes universitarios de segundo año que allí se utilizaban habitualmente como sujetos de estudio.

Mingyur no había ejercitado la visualización desde sus lejanos inicios en la práctica. Con el paso del tiempo sus meditaciones evolucionaron. Su método habitual al momento de ser estudiado en Harvard era la presencia plena, que se manifiesta en forma de bondad en la vida cotidiana. Esta práctica invita a dejar pasar cualquier pensamiento en lugar de generar una imagen visual específica. Puede decirse que es contraria a la generación deliberada de imágenes y de sentimientos relacionados con ellas y es posible que hubiera alterado la habilidad que en algún momento pudo tener para generar imágenes. Sus circuitos relacionados con la memoria visual no habían sido ejercitados, pese a las miles de horas dedicadas a otros tipos de entrenamiento mental.

Con respecto a la percepción extrasensorial, Mingyur nunca se había atribuido poderes sobrenaturales. Los textos de su tradición establecen que la fascinación por esas habilidades es una desviación, un callejón sin salida. Pero nadie se lo había preguntado. Mingyur había quedado atrapado en la paradoja de las actuales investigaciones sobre la conciencia, la mente y la meditación: a menudo los investigadores ignoran lo que están estudiando.

En las ciencias cognitivas un "sujeto" (en el lenguaje objetivo de la ciencia, la persona que se ofrece a ser estudiada) pasa por un protocolo experimental diseñado por el investigador. El científico diseña ese protocolo sin consultar con los sujetos, en parte porque deben ignorar el objetivo (para evitar el sesgo potencial) y también porque tienen sus propios puntos de referencia, sus hipótesis, otros estudios realizados en ese campo que desean informar, y demás. Los científicos no consideran que sus sujetos tengan información válida sobre estos ítems.

Esa postura científica tradicional perdió la oportunidad de evaluar los verdaderos talentos meditativos de Mingyur, así como nosotros fracasamos en el experimento del *nibbana*. En ambos casos, la distancia entre primera y tercera persona condujo a errores acerca de las verdaderas fortalezas de estos meditadores y de cómo medirlas. Fue como evaluar en el legendario golfista Jack Nicklaus su habilidad para ejecutar tiros libres de básquet.

Destreza neural

Regresemos a la experiencia de Mingyur en el laboratorio de Richie. La siguiente sorpresa se produjo cuando Mingyur pasó por otra batería de tests, esta vez con un resonador magnético que obtiene un video tridimensional de la actividad cerebral. Es un complemento del EEG, que registra la actividad eléctrica del cerebro. Los registros del EEG son más exactos en el tiempo; los obtenidos con resonancia magnética, más precisos en las localizaciones neurales. Un EEG no revela lo que sucede más profundamente en el cerebro, y mucho menos, *dónde* ocurren los cambios. Esa precisión espacial proviene de la resonancia magnética, que mapea con sumo detalle las regiones donde hay actividad cerebral (aunque registra los cambios al cabo de uno o dos segundos de producidos, mucho más lentamente que el EEG).

Mientras su cerebro era estudiado, Mingyur siguió la instrucción de generar compasión. Una vez más, Richie y su equipo sintieron que su corazón se detenía: los circuitos cerebrales relacionados con la empatía —que en general se encienden fugazmente durante este ejercicio mental— alcanzaron un nivel de actividad que superaba en un 700% a 800% el nivel que habían mostrado en el periodo de descanso previo.

Un aumento tan considerable desorienta a la ciencia: la intensidad con que esos estados activaban el cerebro de Mingyur excede lo observado en personas "normales". El registro más semejante corresponde a un ataque epiléptico, pero esos episodios no duran un minuto sino unos segundos. Además, los cerebros son presa de esos ataques, mientras que Mingyur controlaba intencionalmente su actividad cerebral.

Ese hombre era un prodigio de la meditación. El equipo del laboratorio lo supo al descubrir que contaba 62.000 horas de meditación a lo largo de su vida. Se había criado en una familia de expertos meditadores. Su hermano, Tsoknyi Rinpoche, y sus medio hermanos Chokyi Nyima Rinpoche y Tsikey Chokling

Rinpoche son considerados maestros de la práctica contemplativa. Su padre, Tulku Urgyen Rinpoche, era respetado en la comunidad tibetana como uno de los grandes maestros vivientes de esta disciplina interior. La había aprendido en el antiguo Tibet. Desde la ocupación China vivía fuera de su país.

Mientras se escribía este libro Mingyur había pasado diez de sus 42 años en retiros. Se decía que su abuelo, el padre de Tulku Urgyen, había invertido en más de treinta años en retiros de meditación.[11]

En la infancia, Mingyur jugaba a ser un yogui meditando en una caverna. A los 13 años —una década antes que lo habitual para quienes aceptan esos desafíos— ingresó en un retiro de meditación que duró tres años. Finalizado ese retiro demostró un grado de competencia que le permitió ser maestro de meditación para el siguiente retiro de tres años, que comenzaría inmediatamente.

EL TROTAMUNDOS REGRESA

En junio de 2016, Mingyur Rinpoche regresó al laboratorio de Richie. Habían transcurrido ocho años desde su paso más reciente por allí. Nos fascinaba la idea de ver lo que una resonancia magnética de su cerebro podía mostrar. Unos años antes había anunciado que comenzaría otro retiro de tres años, el tercero. Para sorpresa de todos, en lugar de aislarse en una ermita lejana con un asistente que cocinara y cuidara de él, como es habitual, desapareció una noche de su monasterio en Bodh Gaya, India, llevando solo sus túnicas, algo de dinero y un documento de identidad.

Durante su odisea Mingyur vivió como mendicante, pasó los inviernos como un *sadhu* en las llanuras de India y en los meses más cálidos se alojó en cavernas de los Himalayas por donde habían pasado legendarios maestros tibetanos. Ese retiro itinerante, frecuente en el antiguo Tibet, se ha vuelto raro, especialmente entre tibetanos como Mingyur, a quienes la diáspora ha llevado al mundo moderno.

Durante esos años errantes no se supo de él, salvo en una ocasión, cuando una monja taiwanesa lo reconoció en una caverna. Él le entregó una carta donde decía que no había motivo para preocuparse y exhortaba a sus discípulos a la práctica. Pidió que la enviara una vez que él hubiera seguido su camino. Una foto que apareció cuando un monje y viejo amigo logró encontrar a Mingyur muestra un rostro radiante con barba rala y cabello largo; en su expresión se nota un ferviente misticismo.

Súbitamente en noviembre de 2015, después de casi cuatro años y medio de silencioso itinerario, Mingyur reapareció en su monasterio de Bodh Gaya. Al enterarse, Richie hizo los arreglos necesarios para verlo durante su viaje a India, en diciembre de ese año. Meses después, mientras realizaba una gira estadounidense para ofrecer sus enseñanzas, Mingyur pasó por Madison, se hospedó en casa de Richie y aceptó regresar al escáner. El paso de la enigmática vida errante al moderno laboratorio parecía resultarle normal.

Cuando Mingyur entró en la sala de resonancia magnética el técnico le dio una cálida bienvenida: "Yo era el técnico cuando usted estuvo aquí la última vez". Mingyur la retribuyó con su sonrisa ponderosa. Y mientras esperaba la puesta a punto del escáner, bromeó con otro miembro del equipo de Richie, un científico indio de Hyderabad.

Antes de empezar el estudio, Mingyur dejó sus sandalias al pie de la escalera de dos peldaños que lo llevó hasta la camilla y se tendió para que el técnico pudiera sujetar su cabeza de modo que no se moviera más de 2 milímetros y fuera posible obtener imágenes nítidas de su cerebro. Las pantorrillas desarrolladas en años de trepar por las empinadas laderas de los Himalayas, que sobresalían de su túnica de monje, desaparecieron cuando la camilla se deslizó hacia las fauces del resonador magnético.

La tecnología había avanzado desde su visita anterior. Los monitores revelaban una imagen más neta de los pliegues de su cerebro. Llevaría meses comparar esos datos con los registrados años antes, rastrear los cambios producidos en su cerebro durante ese tiempo, y cotejarlos con las alteraciones habituales en los cerebros de hombres de su edad.

A su regreso del último retiro itinerante muchos laboratorios del mundo estaban interesados de escanear ese cerebro. Pero Mingyur rechazó la mayoría de las solicitudes por miedo a convertirse en un eterno sujeto de estudio. Solo aceptó el pedido de Richie y su equipo porque sabía que tenían datos longitudinales de escaneos previos y podrían descubrir cambios atípicos.

El laboratorio de Richie escaneó por primera vez el cerebro de Mingyur en 2002; luego, en 2010 y en 2016. Estos tres registros de imágenes permitieron examinar la disminución que el paso del tiempo provoca en la densidad de la materia gris. Como vimos en el capítulo 9, "Mente, cuerpo y genoma", un cerebro puede compararse con la gran base de datos de los cerebros de otras personas de la misma edad. Gracias al desarrollo de los resonadores magnéticos de alta resolución, los científicos han descubierto que pueden utilizar hitos anatómicos para estimar la edad del cerebro de un individuo. Los cerebros de personas de una edad determinada se agrupan en una distribución normal, una curva de campana. La mayoría ronda su edad cronológica pero algunos cerebros envejecen más rápidamente de lo previsto para su edad, lo que genera el riesgo de que se presenten prematuramente trastornos cerebrales relacionados con el envejecimiento como la demencia. Y los cerebros de otras personas envejecen más lentamente con respecto a su edad cronológica.

Mientras se escribe este libro las imágenes cerebrales más recientes del cerebro de Mingyur se encuentran todavía en proceso de análisis. No obstante, Richie y su equipo ya han observado claros patrones, utilizando hitos anatómicos cuantitativos.

Si se compara el cerebro de Mingyur con la curva normal correspondiente a su edad, cae en el 99° percentil. Es decir que si tuviéramos 100 personas de la misma edad cronológica que Mingyur (41 años al realizarse ese estudio) su cerebro sería el más joven entre un grupo de 100 personas de su mismo género y edad. Después de su último retiro errante, cuando el laboratorio comparó los cambios en el cerebro de Mingyur con los cambios observados en un grupo control en el mismo lapso, determinó con claridad que envejecía más lentamente.

Aunque tenía 41 años en ese momento, su cerebro se ajustaba más a la curva normal para personas de 33 años. Este hecho destaca los posibles alcances de la neuroplasticidad, la base de un rasgo alterado: un modo de ser perdurable refleja un cambio subyacente en la estructura del cerebro.

Es difícil calcular cuántas horas dedicó Mingyur a la práctica durante sus años errantes. Con su nivel de destreza, la "meditación" se convierte en una característica permanente de la conciencia. Más que un acto aislado, es un rasgo. En realidad, él practica constantemente, día y noche. Su estirpe no compara el tiempo dedicado a meditar sentado en un almohadón con el tiempo dedicado a la vida cotidiana. Considera el tiempo en que se encuentra en un estado meditativo o no, sin importar lo que haga.

Desde su primera visita al laboratorio, Mingyur ha proporcionado datos convincentes, con indicios del poder de la ejercitación mental deliberada y sostenida para rediseñar los circuitos neurales.

No obstante, los hallazgos realizados en Mingyur fueron solo anecdóticos, un único caso que podría explicarse de diferentes maneras. Por ejemplo, tal vez su notable familia tiene una desconocida predisposición genética que los impulsa a meditar y los conduce a altos niveles de destreza.

Más convincentes son los resultados de un grupo de meditadores expertos como Mingyur. Su notable rendimiento neural fue parte de un singular programa de investigación que ha recolectado datos sobre estos meditadores de primer nivel. El laboratorio de Richie sigue estudiando y analizando la masa de datos de estos yoguis, un conjunto de hallazgos sin paralelo en la historia de las tradiciones contemplativas, y más aun, de la ciencia del cerebro.

En síntesis

Aunque en un principio para el laboratorio de Richie fue imposible lograr la cooperación de los yoguis más experimentados, cuando Matthieu Ricard —un yogui experto y doctor en biología— aseguró a sus pares que su colaboración redundaría en beneficio de otros, 21 yoguis aceptaron participar de la investigación.

En una innovadora colaboración con el laboratorio de Richie, Matthieu intervino en el diseño del protocolo experimental. Luego llegaría al laboratorio Mingyur Rinpoche, el yogui con más horas de práctica a lo largo de su vida: 62.000 en aquel momento. Al meditar compasivamente, se produjo en su cerebro una enorme oleada de actividad eléctrica registrada por el EEG. Las imágenes de resonancia magnética revelaron que durante esa meditación los circuitos relacionados con la empatía aumentaron su actividad en 700% a 800% en comparación con el nivel registrado en reposo. Más tarde Mingyur llevó durante cuatro años y medio una vida nómade, haciendo retiros en diversos lugares. Al cabo de ese periodo el envejecimiento de su cerebro se desaceleró, de modo que a los 41 años su cerebro mostraba las características del cerebro de una persona de 33 años.

NOTAS

1. François Jacob descubrió que el control de los niveles de expresión de enzimas en las células ocurre a través del mecanismo de transcripción del ADN. Por este descubrimiento recibió el premio Nobel en 1965.

2. Durante varios años Matthieu ha sido miembro del consejo directivo del instituto, ha dialogado largamente con los científicos conectados con la comunidad y ha participado de muchos diálogos científicos con el Dalai Lama.

3. Antoine Lutz et al., "Long-Term Meditators Self-Induce High-Amplitude Gamma Synchrony During Mental Practice", *Proceedings of the National Academy of Sciences* 101:46 (2004): 16369; http:// org/ content/ 101/ 46/ 16369.short.

4. Dilgo Khyentse Rinpoche (1910-1991).

5. Lawrence K. Altman, *Who Goes First?* (New York: Random House, 1987).

6. Francisco J. Varela y Jonathan Shear, " First-Person Methodologies: What, Why, How?", *Journal of Consciousness Studies* 6: 2- 3 (1999): 1- 14.

7. H. A. Slagter et al., "Mental Training as a Tool in the Neuroscientific Study of Brain and Cognitive Plasticity", *Frontiers in Human Neuroscience* 5:17 (2011); doi:10.3389/ 2011.00017.

8. El plan de estudios fue desarrollado por el Tibet-Emory Science Project, bajo la codirección de Geshe Lobsang Tenzin Negi. Para celebrar el nuevo plan de estudios, Richie participó de una reunión con el Dalai Lama, científicos, filósofos y meditadores en el monasterio Drepung, un reducto budista tibetano situado en el estado indio de Karnataka. Mind and Life XXVI, "Mind, Brain, and Matter: A Critical Conversation between Buddhist Thought and Science", Mundgod, India, 2013.

9. En ese momento John Dunne era profesor auxiliar en el Departmento de Idiomas y Culturas de Asia en la Universidad de Wisconsin; ahora ocupa el cargo de Profesor Distinguido de Humanidades Contemplativas, una cátedra asociada al programa de investigación que Richie desarrolla allí.

10. Antoine Lutz et al., "Long-Term Meditators Self-Induce High-Amplitude Gamma Synchrony During Mental Practice," *Proceedings of the National Academy of Sciences* 101:46 (2004): 16369. http:// www. pnas.org/ content/ 101/ 46/16369.short.

11. Se dice que el padre de Tulku Urgyen hizo más de treinta años de retiro en el transcurso de su vida. Y el bisabuelo de Tulku Urgyen, el legendario Chokling Rinpoche, fue un gigante espiritual, fundador de un linaje de meditación aún en vigencia. Ver: Tulku Urgyen, *Blazing Splendor,* (Kathmandu: Blazing Splendor Publications, 2005).

12

El tesoro oculto

La visita de Mingyur a Madison había ofrecido resultados asombrosos. Y su caso no fue el único. A lo largo de años fueron formalmente estudiados en el laboratorio de Richie 21 yoguis que habían alcanzado la cima de esta disciplina interior, después de acumular una enorme cantidad de horas de meditación: de 12.000 a las 62.000 de Mingyur (las que contaba al momento de realizarse los estudios, antes de sus cuatro años de retiros itinerantes). Cada uno de ellos había completado al menos un retiro de 3 años —exactamente 3 años, 3 meses y 3 días— en el que meditaba formalmente un mínimo de 8 horas diarias. Una estimación conservadora arroja como resultado 9.500 horas de meditación en cada retiro.

A todos ellos se les aplicó el mismo protocolo científico: ciclos de 3 tipos de meditación, dedicando 1 minuto a cada uno de ellos. De ese estudio se obtuvieron cuantiosos datos. El equipo del laboratorio dedicó meses al análisis de los drásticos cambios que observaron en esos meditadores expertos en solo unos minutos.

Al igual que Mingyur, los demás yoguis ingresaron voluntariamente en un estado meditativo específico, señalado por una firma neural distintiva. Y también ellos mostraron una notable destreza mental, capaz de promover instantáneamente y con sorprendente facilidad estas actitudes: generar sentimientos de compasión, serenidad o presencia abierta ante lo que ocurra, o lograr una concentración aguda y tenaz. Podían entrar y salir de estos niveles de conciencia difíciles de alcanzar en cuestión de segundos. Los cambios eran acompañados por otros, de la misma intensidad, en la actividad cerebral. La ciencia nunca había presenciado una experiencia de gimnasia mental colectiva que fuera comparable.

UNA SORPRESA CIENTÍFICA

Un mes antes de morir, postrado en su cama, Francisco Varela debió cancelar su participación en el encuentro con el Dalai Lama en Madison. Envió como representante a su discípulo Antoine Lutz, que acababa de doctorarse bajo la tutoría del propio Francisco. Richie y Antoine se conocieron un día antes de la reunión, e inmediatamente sus mentes científicas se unieron. La trayectoria de Antoine en ingeniería y la de Richie en psicología y neurociencia se complementaban.

Así fue como Antoine pasó los diez años siguientes en el laboratorio de Richie, donde aportó su precisión mental al análisis de electroencefalogramas e imágenes de resonancias magnéticas de yoguis. Al igual que Francisco, había sido un meditador asiduo, y gracias a la combinación de sus introspecciones con la perspectiva científica se convirtió en un extraordinario colega.

Antoine es ahora profesor del Centro de Investigación de Neurociancia de Lyon, Francia, donde prosigue con sus investigaciones sobre neurociencia contemplativa. Ha realizado estudios sobre yoguis y ha colaborado en la redacción de una serie de artículos —algunos aún no publicados— en los que informa sus hallazgos.

Fue necesario un trabajo minucioso para filtrar los datos obtenidos de los yoguis por medio de complejos programas estadísticos. Tan solo determinar las diferencias en la actividad cerebral durante el reposo o la meditación fue una labor gigantesca. Antoine y Richie invirtieron mucho tiempo para descubrir el patrón oculto en ese flujo de datos, la evidencia empírica que se perdía de vista en medio de las destrezas de los yoguis para alterar su actividad cerebral durante los estados meditativos. De hecho, ese patrón apareció meses después, en un momento menos agitado, cuando los datos fueron nuevamente analizados.

Hasta entonces los estadísticos se habían enfocado en los efectos pasajeros, considerando la diferencia entre la actividad cerebral básica del yogui y la que se observaba durante los periodos de meditación de 1 minuto.

Richie revisó los datos con Antoine, para corroborar que las mediciones de los EEG en los estados de reposo, antes del comienzo del experimento, fueran iguales en el grupo control (que hizo las mismas meditaciones que los yoguis). Al ver los datos que las computadoras acababan de procesar, Richie y Antoinese miraron. Comprendieron exactamente de qué se trataba y dijeron al unísono: ¡Asombroso! En todos los yoguis se observaban elevadas oscilaciones gamma, no solo durante los periodos de meditación para la presencia abierta y la compasión sino también antes de empezar a meditar. Este patrón de frecuencia en los EEG se denomina alta amplitud gamma. La misma profusión inusual que había mostrado el EEG de Mingyur durante la presencia abierta y la compasión aparecía ahora en todos los yoguis como característica habitual de su actividad neural cotidiana. En otras palabras, Richie y Antoine habían encontrado el santo grial: una firma neural que mostraba una transformación perdurable.

En los EEG se observaban fundamentalmente cuatro tipos de ondas, clasificadas por su frecuencia y medidas en Hertz). La frecuencia delta, la más lenta, oscila entre 1 y 4 ciclos por segundo y se observa sobre todo durante el sueño. La frecuencia alfa aparece cuando no pensamos e indica relajación. Y la frecuencia beta, más rápida que las anteriores, se relaciona con el pensamiento, el alerta o la concentración.

Gamma, la más rápida de las ondas cerebrales, aparece cuando distintas regiones cerebrales vibran en armonía, en momentos reveladores, en los que diferentes piezas de un rompecabezas mental se ensamblan. Si, por ejemplo, nos preguntan qué palabra podemos formar con las letras de otras tres: madera, nuez, lana, en el instante en que nuestra mente obtiene la respuesta (manzana) el cerebro produce un momentáneo destello gamma. También se produce una breve onda gamma cuando nos imaginamos mordiendo una fruta madura y el cerebro recopila recuerdos almacenados en regiones de los córtex occipital, temporal, somatosensorial, insular y olfativo, para combinar instantáneamente la imagen, el aroma, el gusto y la textura en una sola experiencia. En ese breve instante las ondas gamma de cada una de estas áreas corticales oscilan en perfecta sincronía. Habitualmente las ondas gamma que surgen, por ejemplo, de una intuición creativa, duran menos que un cuarto de minuto. En los yoguis perduraban un minuto. El EEG de un individuo común muestra ondas gamma ocasionales y breves. En vigilia, se observa una combinación de diversas ondas cerebrales que aumentan y disminuyen a distintas frecuencias. Esas oscilaciones son reflejo de una actividad mental compleja, como el procesamiento de información, y las diversas frecuencias corresponden a una amplia variedad de funciones. La localización de estas oscilaciones difiere: podemos observar ondas alfa en un área cortical y gamma en otra.

En los yoguis, las oscilaciones gamma son una característica de la actividad cerebral más notoria que en otras personas. En general las ondas gamma no son tan fuertes como las que Richie y su equipo detectaron en Mingyur. La diferencia de intensidad de estas ondas entre los yoguis y los controles fue inmensa: en reposo, la amplitud promedio de las oscilaciones gamma de los yoguis fue 25 veces mayor que la observada en el grupo control.

Solo podemos hacer conjeturas acerca del estado de conciencia que estas oscilaciones reflejan: yoguis como Mingyur parecen experimentar un permanente estado de apertura y conciencia en su vida cotidiana, no solo cuando meditan. Según su propio relato, todos sus sentidos se abren al vasto panorama de la experiencia. Un texto tibetano del siglo XIV lo describe de esta manera:

...un estado de conciencia desnuda, transparente;
fluida y brillantemente vívida, un estado de sabiduría distendida, sin arraigo;
libre de obsesiones, clara como un cristal, un estado sin el menor punto de referencia;
un claro espacio vacío, un estado de apertura sin límites;
sin restricciones a los sentidos...[1]

Las oscilaciones gamma que Richie y Antoine descubrieron no tenían precedente. Ningún laboratorio había observado que perduraran 1 minuto, o que fueran tan sostenidas y sincronizadas entre distintas áreas del cerebro. Este patrón cerebral sostenido persiste, asombrosamente, cuando los meditadores expertos duermen, tal como observó el equipo de Richie en otra investigación con meditadores vipassana con un promedio de 10.000 horas de práctica a lo largo de la vida. Algo nunca detectado antes, que parecía reflejar una conciencia residual que perdura día y noche.[2]

A diferencia de lo observado en los patrones de oscilación gamma de los yoguis, habitualmente estas ondas aparecen brevemente en una localización neural aislada. Los adeptos tenían un nivel muy superior de ondas gamma oscilando en sincronía a través del cerebro, con independencia de cualquier acto mental. Algo insólito.

Richie and Antoine confirmaron la presencia de un eco neural de las transformaciones perdurables que años de meditación graban en el cerebro. Allí estaba el tesoro escondido en los datos: un genuino rasgo alterado.

Estado y rasgo

En uno de los estudios que condujo Antoine, los voluntarios fueron entrenados durante una semana en los mismos tipos de meditación que practicaban los yoguis. No se observó absolutamente ninguna diferencia en el cerebro de los voluntarios cuando se encontraban en reposo y en el momento en que se proponían meditar,[3] mientras que en los yoguis se observaba una enorme diferencia.

Considerando que el dominio de cualquier habilidad mental implica una práctica sostenida a lo largo del tiempo, el hecho de que los yoguis dedicaran gran cantidad de tiempo a la práctica explicaba esta diferencia entre novatos y expertos. Por otra parte, el notable talento de los yoguis para ingresar en cuestión de segundos en un estado meditativo específico señala por sí mismo un rasgo alterado. Esta proeza mental los distingue de la mayoría de los meditadores como nosotros, que en comparación con ellos somos principiantes: cuando meditamos, nos lleva un rato aquietar la mente, soltar los pensamientos que nos impiden enfocarnos y darle un impulso a nuestra meditación. De vez en cuando podemos tener una experiencia meditativa que consideramos "buena". Y de vez en cuando echamos un vistazo al reloj para saber cuánto más debería durar la sesión.

No ocurre lo mismo con los yoguis. Su notable habilidad para la meditación denota una "interacción de estado y rasgo". Presumiblemente los cambios cerebrales subyacentes a ese rasgo también darían origen a habilidades especiales que se activan durante los estados meditativos: un comienzo más rápido, más intensidad y mayor duración.

En la ciencia contemplativa un "estado alterado" hace referencia a cambios que solo ocurren durante la meditación. Un rasgo alterado indica que la práctica de la meditación transformó el cerebro y la biología de modo tal que los cambios inducidos por la meditación se observan *antes* de empezar a meditar.

Por lo tanto, cuando hablamos de un estado producido por un rasgo nos referimos a los cambios de estado temporarios que se observan solo en las personas que muestran rasgos alterados perdurables: los meditadores de largo plazo y los yoguis. Varios de ellos han aparecido durante la investigación realizada en el laboratorio de Richie.

Por ejemplo, los yoguis mostraron un gran aumento —mucho mayor que el grupo control— de la actividad gamma durante la meditación compasiva y de presencia abierta. Ese aumento se produjo a partir de sus niveles cotidianos de referencia, lo que indica un estado producido por un rasgo.

Más aun, mientras se encontraban en "presencia abierta" era menos clara la diferencia entre el estado y el rasgo. Los yoguis fueron instruidos para combinar el estado de presencia abierta con la vida cotidiana, para convertir ese estado en un rasgo.

LISTO PARA LA ACCIÓN

Uno tras otro pasaron por el escáner, con la cabeza sujeta y voluminosos auriculares. Un grupo estaba formado por meditadores novicios. El otro, por yoguis tibetanos y occidentales, hombres y mujeres con un promedio de 34.000 horas de práctica a lo largo de su vida. Sus cerebros fueron escaneados mientras practicaban meditación compasiva.[4] Utilizaron un método definido por Matthieu Ricard, colaborador en este estudio. Primero, los participantes debían traer a la mente a una persona muy importante para ellos, y deleitarse sintiendo compasión por esa persona. Luego, dedicar la misma amorosa bondad a todos los seres, sin pensar en alguien en particular.[5]

Durante la sesión de amorosa bondad cada persona oyó una serie de sonidos al azar. Algunos, alegres como la risa de un bebé. Otros, neutrales como los sonidos de fondo en un café. Y algunos sonidos de personas que sufrían, como los gritos que se escuchaban en los estudios del capítulo 6. Al igual que en anteriores estudios sobre la empatía y el cerebro, en todos se observó que los circuitos neurales para sintonizar con la angustia se activaban con más firmeza durante la meditación compasiva que durante el reposo.

Esta respuesta cerebral que permitía compartir sentimientos de otra persona fue significativamente mayor en los yoguis que en los principiantes. Además, su destreza en la práctica de la compasión aumentó también la actividad de circuitos involucrados en la percepción del estado mental de otra persona o en la comprensión de su punto de vista. Finalmente, se observó una estimulación de áreas cerebrales, en especial, la amígdala, que señalan algo obvio: es sumamente importante sentir el sufrimiento de otra persona y tenerlo en cuenta.

En los yoguis —no así en los principiantes— el reflejo cerebral que impulsa la acción mostró una actividad aumentada en los centros motores que guían al cuerpo cuando debe acudir en ayuda de alguien, pese a que los sujetos se encontraban todavía en el escáner. Los yoguis mostraron una enorme estimulación de estos circuitos. La participación de áreas neurales relacionadas con la acción, en particular el córtex premotor, parece asombrosa: a la resonancia emocional con el sufrimiento de una persona le agrega la disposición a ayudar.

El perfil neural del yogui durante la compasión parece reflejar un punto final en la vía del cambio. En las personas que nunca antes habían meditado, el patrón no apareció mientras practicaban meditación compasiva. Se requiere un poco de práctica, ya que la respuesta está relacionada con la dosis. Este patrón aparece levemente en los principiantes, más visiblemente en las personas que han dedicado más horas de vida a la meditación, y con mayor claridad en los yoguis.

Mientras practicaban meditación de amorosa bondad, los yoguis que oían sonidos de personas angustiadas mostraron menos actividad en el córtex cingulado posterior, un área clave para el pensamiento enfocado en la propia persona.[6] Al parecer, esos sonidos que indican sufrimiento los predisponen a enfocarse en el otro.

Los yoguis muestran también una conexión más firme entre el córtex cingulado posterior y el córtex prefrontal, un patrón que sugiere una disminución de la preocupación por sí mismos que podría desalentar la acción compasiva.[7] Algunos de ellos explicaron que su entrenamiento los predispone a la acción. Ante el sufrimiento están dispuestos a actuar sin vacilaciones para ayudar a otra persona. Esta disposición, junto con su voluntad de comprometerse con el dolor de los demás, se opone a la tendencia habitual a evitar a una persona que sufre. Y parece encarnar el consejo que ofrece a los yoguis el maestro tibetano de meditación (el principal instructor de Matthieu) Dilgo Khyentse Rinpoche: se trata de "desarrollar una completa aceptación y apertura hacia todas las situaciones y emociones, hacia todas las personas, experimentando todo plenamente, sin reservas o bloqueos mentales".[8]

PRESENCIA ANTE EL DOLOR

Un texto tibetano del siglo XVIII insta a los meditadores a la práctica "en cualquier cosa que les haga daño". Y añade: "Si están enfermos, practiquen con la enfermedad… Si sienten frío, practiquen con esa sensación. De esta manera todas las situaciones darán lugar a la meditación".[9]

Del mismo modo, Mingyur Rinpoche aconseja transformar todas las sensaciones —incluso el dolor— en nuestro amigo, y utilizarlo como base para la meditación. La esencia de la meditación es la conciencia, por lo que cualquier sensación capaz de anclar la atención puede utilizarse como apoyo, y el dolor puede ser particularmente efectivo para concentrarse. Si lo tratamos como a un amigo , nuestra relación con el dolor se suaviza y se templa, y gradualmente aprendemos a aceptarlo en lugar de intentar librarnos de él, explica.

Con ese consejo en mente, consideremos qué sucedió cuando el equipo de Richie utilizó el estimulador térmico para generar intenso dolor en los yoguis. Cada uno de ellos (incluido Mingyur) fue comparado con un no-meditador voluntario del mismo género y edad. Antes de que los yoguis llegaran para ser estudiados, durante una semana estos voluntarios aprendieron a generar una "presencia abierta", una actitud que implica dejar pasar cualquier circunstancia que la vida nos presente, sin pensamientos o reacciones emocionales. Los sentidos están totalmente abiertos y solo se tiene conciencia de lo que sucede, sin dejarse llevar por lo bueno o lo malo.

Todos los participantes del estudio fueron examinados para determinar su máxima tolerancia individual. Luego les anunciaron que recibirían una descarga de diez segundos de ese feroz aparato, precedida por un ligero calentamiento de la placa, un alerta de diez segundos. Entretanto, su cerebro fue escaneado. Cuando la placa comenzó a calentarse —indicio de que el dolor se acercaba— los integrantes del grupo control activaron regiones cerebrales relacionadas con el dolor, como si ya sintieran un intenso ardor. Esa reacción, denominada "ansiedad anticipatoria", fue tan intensa que cuando comenzó la verdadera sensación de ardor la matriz del dolor* se activó apenas un poco más. En el periodo de recuperación de diez segundos, inmediatamente después de que el calor disminuyera, ese patrón cerebral siguió casi tan activo como antes, no había recuperación inmediata.

La secuencia anticipación-reactividad-recuperación nos ofrece una ventana a la regulación de emociones. Por ejemplo, la profunda preocupación que genera la proximidad de un tratamiento médico doloroso puede causarnos un sufrimiento anticipado, solo por imaginar cómo nos sentiremos. Y después de ocurrido,

---

* La matriz del dolor abarca las estructuras y vías del sistema nervioso central que desempeñan un rol en el procesamiento y la integración del dolor.

podemos seguir perturbados por lo que tuvimos que padecer. Nuestra respuesta al dolor puede empezar mucho antes y durar mucho después del momento doloroso, tal como mostraba el patrón de los miembros del grupo control.

Los yoguis tienen una respuesta muy diferente. Se encontraban en estado de presencia abierta, al igual que los controles, aunque sin duda mucho más manifiesto. La actividad de la matriz del dolor mostró escasa variación cuando la temperatura de la placa aumentó un poco, pese a que anunciaba que el verdadero dolor llegaría en unos segundos. Sus cerebros parecían registrar simplemente ese indicio, sin reaccionar. Pero durante el momento de intenso calor la respuesta de los yoguis aumentó sorprendentemente, sobre todo en las áreas sensoriales que reciben el puntualmente el estímulo —el cosquilleo, la presión, la alta temperatura— y otras sensaciones en la placa apoyada en la muñeca.

Las regiones emocionales de la matriz del dolor se activaron algo, aunque no tanto como el circuito sensorial, lo que sugiere una disminución del componente psicológico —el temor que anticipa el dolor— junto con una intensificación de las sensaciones de dolor. Cuando el calor cesó, en los yoguis todas las regiones de la matriz del dolor recuperaron los niveles previos más rápidamente que en los controles. En estos meditadores avanzados la recuperación parecía indicar que nada había sucedido. Este patrón de V invertida, con baja reacción antes de un hecho doloroso, seguido por una oleada de intensidad en el momento del dolor real y una rápida recuperación puede ser muy adaptativo. Permite ser totalmente receptivo a un desafío sin que las reacciones emocionales interfieran antes o después, cuando ya no son útiles, por lo que parece un patrón óptimo de regulación de las emociones.

Seguramente todos recordamos el miedo que sentíamos a los 6 años cuando teníamos que ir al dentista. Tal vez nos provocara pesadillas. Pero crecimos y cambiamos. El mismo hecho que en la infancia amenazaba con crear un trauma, a los 16 años no es más que una cita en la agenda en medio de un día atareado.

Ya somos personas diferentes, con maneras maduras de pensar y reaccionar.

Del mismo modo, el estado de los yoguis durante el dolor refleja cambios perdurables adquiridos en sus largos años de entrenamiento. Y dado que en ese momento estaban practicando la presencia abierta, también podría decirse que se produce una interacción de estado y rasgo.

FLUIDEZ

Como ocurre al desarrollar cualquier destreza, a lo largo de las primeras semanas de meditación los novatos se sienten cada vez más cómodos. Por ejemplo, los voluntarios que nunca habían meditado y practicaron diariamente durante 10 semanas informaron que la práctica se volvió gradualmente más sencilla y que disfrutaban más de ella, tanto cuando se enfocaban en su respiración como cuando generaban amorosa bondad o solo observaban el fluir de sus pensamientos.[10]

Como vimos en el capítulo 8, Judson Brewer creó un grupo de meditadores de largo plazo (con un promedio de 10.000 horas de práctica a lo largo de su vida) que mostró una conciencia fluida durante la meditación asociada con una menor actividad en el córtex cingulado posterior, la parte del circuito por defecto que se activa durante las operaciones mentales relacionadas con el yo.[11] Al parecer las cosas suceden con poco esfuerzo si desplazamos de la escena al yo. Cuando los meditadores de largo plazo informaron "conciencia plena", "fluidez" y "satisfacción", la activación del CCP cayó. Por otra parte, cuando informaron "conciencia difusa", "esfuerzo" e "insatisfacción", la activación del CCP aumentó.[12]

Un grupo de personas que meditaban por primera vez también informó mayor relajación, aunque solo cuando eran activamente conscientes, un efecto temporal que de otra manera no perduraba. Para los principiantes, esa mayor relajación parece relativa: el gran esfuerzo necesario para contrarrestar la tendencia de la mente a dispersarse disminuye con el paso de los días y las semanas. Pero esta disminución del esfuerzo no se asemeja en nada a la fluidez hallada en los yoguis, como hemos visto en el notable desempeño en el protocolo del laboratorio.

La fluidez implica ser capaz de sostener la mente en un foco determinado y, sin sensaciones o esfuerzo, resistir la tendencia natural a seguir una serie de pensamientos, o a ser distraído por un sonido. Este tipo de fluidez parece aumentar con la práctica.

Inicialmente el equipo de Richie compartió la activación prefrontal de expertos meditadores y controles mientras enfocaban su atención en una luz. Los meditadores de largo plazo mostraron un modesto aumento de la activación prefrontal en comparación con los controles, aunque la diferencia no fue muy impresionante. Una tarde Richie y su equipo se reunieron a considerar este dato algo decepcionante. Comenzaron reflexionando sobre la duración de la práctica, incluso entre los "expertos". Las horas de práctica variaban de 10.000 a 50.000, un amplio rango. Richie se preguntó qué sucedería si el grupo con mayor cantidad de horas de práctica se comparaba con el grupo con menor cantidad de horas de práctica. Ya sabían que la fluidez asociada a mayores niveles de destreza se reflejaba en menor activación prefrontal. Pero al hacer la comparación, observaron algo sorprendente: el aumento de la activación prefrontal correspondía a quienes contaban con menos horas de práctica, en el otro grupo era escasa.

Curiosamente, la activación tendía a ocurrir solo en el comienzo del periodo de práctica, cuando la mente se enfocaba en el objeto de concentración, en este caso, la luz. Una vez conseguido el foco, la activación prefrontal caía. Esta secuencia podría representar el eco neural de la concentración sin esfuerzo.

También midieron el grado de distracción que provocaban sonidos emotivos como risas, gritos o llantos, que los meditadores oyeron mientras se enfocaban en la luz. Cuanto más se activaba la amígdala en respuesta a esos sonidos, tanto más oscilaba la concentración. Entre los meditadores con más horas de práctica —44.000 horas promedio a lo largo de la vida, equivalentes a 12 horas diarias durante 10 años— la amígdala apenas respondía. En los individuos con menos práctica —aun así, contaban 19.000 horas— la amígdala mostró una respuesta firme. La diferencia entre ambos grupos era nada menos que el 400%, lo que indica una extraordinaria selectividad de atención: un cerebro que sin esfuerzo es capar de bloquear los sonidos externos y la reactividad emocional que normalmente provocan.

Más aun, esto significa que los rasgos siguen alterándose incluso al más alto nivel de la práctica. La relación dosis-efecto no parece concluir, ni siquiera por encima de 50.000 horas de práctica. El hallazgo del paso a la fluidez en la función cerebral de los yoguis más expertos solo fue posible porque el equipo de Richie había evaluado la cantidad total de horas dedicadas a la práctica de la meditación. Sin esos datos, la comparación limitada a novicios y expertos habría ocultado este valioso hallazgo.

La mente-corazón

En 1992, Richie y su grupo de investigadores llevaron su voluminoso equipamiento a India, con la intención de experimentar con los más notables expertos en meditación en el lugar donde vive el Dalai Lama. Junto a su residencia se encuentra el monasterio e instituto de estudios budistas Namgyal, un importante lugar de entrenamiento para monjes estudiosos de la tradición del Dalai Lama.

Como mencionamos, Richie y su equipo no habían podido recolectar ningún dato científico de los yoguis que vivían en las montañas. Pero cuando el Dalai Lama les pidió que hablaran sobre su trabajo ante los monjes del monasterio, Richie pensó que el equipo que habían trasladado a India podía ser de utilidad. En lugar de ofrecer una conferencia académica, mostraría cómo se registraban las señales eléctricas del cerebro. Así fue cómo 200 monjes se acomodaron en sus respectivos almohadones cuando Richie y su grupo llegaron con sus equipos de EEG dispuestos a conectar los electrodos con la mayor rapidez posible.

El sujeto de la demostración sería el neurocientífico Francisco Varela. El público no pudo ver el procedimiento por el cual se fijaron los electrodos a su cabeza, pero cuando Richie completó su tarea y se alejó, los monjes —en general muy formales— lanzaron carcajadas. A pesar de lo que podía suponerse las risas no se debían a que Francisco tuviera un aspecto cómico con esos cables que salían de su cabeza como un manojo de espaguetis. El motivo era otro: les habían dicho que Richie y su equipo estaban interesados en estudiar la compasión, y habían fijado los electrodos a la cabeza en lugar de colocarlos en el corazón.

Richie y su equipo demoraron unos quince años hasta comprender la idea de los monjes. Cuando comenzaron a estudiar yoguis en el laboratorio, los datos obtenidos les permitieron entender que la compasión era un estado que implicaba vínculos firmes entre el cerebro y el cuerpo, en especial entre el cerebro y el corazón.

La evidencia de este vínculo surgió de un análisis que relacionaba la actividad cerebral y la frecuencia cardiaca de los yoguis, y llevó al inesperado hallazgo de que en los yoguis el corazón late más rápido que en los novicios cuando oyen sonidos de personas que sufren.[13]

La frecuencia cardiaca de los yoguis fue relacionada con la actividad de un área clave de la ínsula, una región cerebral que funciona como portal por donde la información sobre el cuerpo pasa al cerebro y viceversa. De algún modo, los monjes Namgyal tenían razón. Los datos con que contaba el equipo de Richie sugerían que a través del entrenamiento yoga el cerebro sintoniza más sutilmente con el corazón, en especial durante la meditación compasiva.

Nuevamente se trataba de un estado provocado por un rasgo, que ocurría en los yoguis solo cuando practicaban meditación compasiva (no así cuando practicaban otro tipo de meditación, tampoco en el grupo control). Es decir que en los yoguis la compasión agudiza la percepción de las emociones de otras personas —en especial, su angustia— y mejora la sensibilidad de su propio cuerpo, sobre todo, del corazón, una fuente clave de resonancia empática con el sufrimiento de otros.

El tipo de compasión puede influir en este estado. En este caso, se trataba de una compasión "no referencial", es decir que los yoguis "generaban un estado en que el amor y la compasión permeaban la mente, sin que hubiera otros pensamientos discursivos", según explicó Matthieu. No se enfocaban en una persona específica sino que generaban la cualidad esencial de la compasión, una actividad que compromete los circuitos cerebrales que sintonizan el cerebro con el corazón.

El hecho de estar presente ante otra persona —dedicando una atención amorosa y sostenida— puede considerarse una forma básica de compasión. La atención amorosa hacia otras personas también aumenta la empatía, nos permite percibir mejor efímeras expresiones faciales y cosas por el estilo, que nos conectan con lo que esa persona siente. Pero si nuestra atención "parpadea", podemos pasar por alto esas señales. Como vimos en el capítulo 7, en los meditadores de largo plazo se observan menos parpadeos de la atención que en otras personas. Esta desaparición del parpadeo atencional se cuenta entre el grupo de funciones mentales que varían con el riguroso entrenamiento, pese a que los científicos pensaban que eran propiedades básicas e inmutables del sistema nervioso: un desafío que sacude el sistema hipotético de la ciencia cognitiva. Pero descartar viejas hipótesis a la luz de los nuevos descubrimientos es el motor de la ciencia.

Por otra parte, suponemos que el menor egoísmo y apego de los yoguis se relaciona con el menor tamaño del núcleo accumbens, tal como se había hallado en los meditadores occidentales de largo plazo. Pero Richie no ha obtenido esos datos de los yoguis, pese a que el desapego es una meta explícita de su práctica. El descubrimiento del modo por defecto, de la manera de medirlo y de su papel fundamental en el sistema cerebral del yo es muy reciente. Cuando los yoguis desfilaron por el laboratorio, el equipo de Richie ignoraba que podían utilizar esa referencia para hacer la medición. Solo hacia el final del experimento el laboratorio obtuvo los datos necesarios del estado de reposo, sobre una cantidad de yoguis demasiado pequeña para permitir el análisis.

La ciencia progresa en parte por medio de mediciones innovadoras que producen datos nunca antes observados. Pero los hallazgos parciales obtenidos de los yoguis tienen más relación con los datos que por azar estaban disponibles que con una evaluación cuidadosa de la topografía de esta región de la experiencia humana.

Así queda en evidencia una debilidad en lo que, de otro modo, podrían parecer descubrimientos muy impresionantes sobre los yoguis: estos datos apenas permiten vislumbrar que la meditación prolongada produce rasgos alterados. No deseamos reducir esta cualidad a lo que fuimos capaces de detectar.

La visión de la ciencia sobre los rasgos alterados de estos yoguis se asemeja a la parábola del ciego y el elefante. Por ejemplo, el hallazgo de las oscilaciones gamma parece muy emocionante, pero es similar a ver la trompa del elefante sin conocer el resto de su cuerpo. Lo mismo ocurre con su falta de parpadeo atencional, sus estados meditativos sin esfuerzo, su recuperación ultrarápida del dolor y su disposición a ayudar a una persona angustiada. No son más que presunciones de una realidad que no alcanzamos a comprender.

No obstante, tal vez lo más importante sea la comprensión de que nuestro estado habitual de conciencia —como dijo William James hace más de un siglo— es solo una opción. Los rasgos alterados son otra.

Sobre la importancia global de estos yoguis, cabe aclarar que son personas muy raras. En algunas culturas asiáticas los llaman "tesoros vivientes". Su cercanía es muy enriquecedora, y a menudo inspiradora, no porque se trate de celebridades sino por las cualidades interiores que irradian. Tenemos la esperanza de que las naciones y las culturas que albergan a esos seres comprendan la necesidad de protegerlos, a ellos y a sus centros de práctica, y de preservar las actitudes culturales que valoran estos rasgos alterados. Sería una tragedia que el mundo perdiera ese camino hacia la destreza interior.

En síntesis

Los altos niveles de actividad gamma en los yoguis y la sincronía de las oscilaciones gamma en diversas regiones cerebrales dan indicio de la amplitud y la índole panorámica de su conciencia.

La conciencia de los yoguis en el momento presente —no atrapada por la anticipación del futuro ni por las reflexiones sobre el pasado— se reflejó en una firme "V invertida" de respuesta al dolor. Es decir, en una escasa respuesta anticipatoria y una recuperación muy rápida. Los yoguis mostraron también evidencia neural de concentración espontánea: bastó un parpadeo del circuito neural para que su atención se dirigiera a un objeto elegido y fue necesario poco o ningún esfuerzo para mantenerla allí. Finalmente, al generar compasión el cerebro de los yoguis se conecta más con el cuerpo, en particular con su corazón, lo que indica resonancia emocional.

Notas

1. 3° Dzogchen Rinpoche, *Great Perfection, Volume Two: Separation and Breakthrough* (Ithaca, NY: Snow Lion Publications, 2008), p. 181.

2. F. Ferrarelli et al., "Experienced Mindfulness Meditators Exhibit Higher Parietal-Occipital EEG Gamma Activity during NREM Sleep", *PLoSOne* 8:8 (2013): e73417; doi:10.1371/ journal.pone.0073417. El estudio concuerda con lo que informan los yoguis, y sospechamos que podríamos corroborarlo en ellos (ese estudio todavía no se ha hecho con yoguis tibetanos, que realizan una práctica para cultivar la conciencia meditativa durante el sueño).

3. Antoine Lutz et al., "Long-Term Meditators Self-Induce High-Amplitude Gamma Synchrony During Mental Practice", *Proceedings of the National Academy of Sciences* 101:46 (2004): 16369; http:// org/content/ 101/ 46/ 16369.short.

4. Antoine Lutz et al., "Regulation of the Neural Circuitry of Emotion by Compassion Meditation: Effects of Meditative Expertise", *PLoS One* 3:3 (2008): e1897; doi:10.1371/ journal.pone.0001897.

5. Durante la semana previa al escaneo cerebral los novicios dedicaron 20 minutos diarios a generar el estado de positividad hacia todo.

6. Lutz et al., "Regulation of the Neural Circuitry of Emotion by Compassion Meditation: Effects of Meditative Expertise", op.cit.

7. Judson Brewer et al., "Meditation Experience is Associated with Differences in Default Network Activity and Connectivity", *Proceedings of the National Academy Sciences* 108:50 (2011): 1- 6; doi:10.1073/ pnas.1112029108.

8. https:// www.freebuddhistaudio.com/ texts/ meditation/ Dilgo_ Khyentse Rinpoche/ FBA13_ Dilgo_ Khyentse_ Rinpoche_ on_ Maha_ Ati.pdf.

9. 3° Khamtrul Rinpoche, *The Royal Seal of Mahamudra* (Boston: Shambhala, 2014), p. 128.

10. Anna-Lena Lumma et al., "Is Meditation Always Relaxing? Investigating Heart Rate, Heart Rate Variability, Experienced Effort and Likeability During Training of Three Types of Meditation", *International Journal of Psychophysiology* 97 (2015): 38- 45.

11. R. van Lutterveld et al., "Source-Space EEG Neurofeedback Links Subjective Experience with Brain Activity during Effortless Awareness Meditation", *Neuro Image* (2016); doi:10.1016/j.neuroimage.2016.02.047.

12. K. A. Garrison et al., "Effortless Awareness: Using Real Time Neurofeedback to Investigate Correlates of Posterior Cingulate Cortex Activity in Meditators' Self- Report", *Frontiers in Human Neuroscience* 7 (August 2013): 1- 9; doi:10.3389/fnhum.2013.00440.

13. Antoine Lutz et al., "BOLD Signal in Insula is Differentially Related to Cardiac Function during Compassion Meditation in Experts vs. Novices", *NeuroImage* 47:3 (2009): 1038- 46; http:// doi.org/10.1016/ j.neuroimage.2009.04.081.

13

Alterando rasgos

"Al principio nada viene, en el medio nada permanence, al final nada se va". La enigmática frase pertenece a Jetsun Milarepa, eminente poeta, yogui y sabio tibetano del siglo XII.[1]

Matthieu Ricard la descifra de este modo: al iniciar la práctica contemplativa poco o nada parece cambiar en nosotros. Al continuar con la práctica, percibimos algunos cambios en nuestro modo de ser, pero vienen y van. Finalmente, cuando la práctica se estabiliza, los cambios son constantes y perdurables, no hay fluctuaciones. Son rasgos alterados. Considerados en conjunto, los datos sobre meditación siguen una línea irregular de transformaciones graduales, desde los principiantes, pasando por los meditadores de largo plazo, hasta los yoguis. Este arco de mejoras parece reflejar tanto la cantidad de horas de práctica a lo largo de la vida como el tiempo transcurrido en retiros bajo guía experta.

En los estudios de principiantes suelen observarse los impactos producidos por un un mínimo de 7 horas de práctica y un máximo de 100 horas. En el grupo de largo plazo, compuesto sobre todo por meditadores vipassana, el promedio es de 9000 horas a lo largo de la vida (un rango que abarca de 1000 a 10.000 horas o más). Y los yoguis estudiados en el laboratorio de Richie habían pasado al menos por un retiro al estilo tibetano de tres años de duración. Mingyur totalizaba 62.000 horas de meditación a lo largo de su vida. En promedio los yoguis triplicaban las horas de práctica de los meditadores de largo plazo (27.000 vs 9000).

Algunos meditadores vipassana de largo plazo habían acumulado más de 20.000 horas a lo largo de su vida, y un par de ellos alcanzaba las 30.000. Ninguno había realizado un retiro de tres años, lo que marcaba una diferencia con el grupo de los yoguis. Más allá de las escasas coincidencias en la cantidad de horas de práctica, la gran mayoría de los integrantes de los tres grupos podía incluirse en alguna de las tres categorías. Si bien no son rigurosas, hemos organizado los beneficios de la meditación de acuerdo con estos tres niveles de respuesta a la dosis, para bosquejar un mapa de la destreza correspondiente a cada uno de ellos.

En Occidente, a la inmensa mayoría de los meditadores le corresponde el primer nivel: son personas que meditan durante un breve periodo, unos minutos, tal vez media hora, la mayoría de los días. Un pequeño grupo continúa hasta llegar al nivel del meditador de largo plazo. Y solo un puñado logra el nivel de competencia de los yoguis.

Veamos cuáles son los impactos en las personas que comienzan a practicar meditación. Con respecto a la recuperación del estrés, la evidencia de algún beneficio en los primeros meses de práctica cotidiana es más subjetiva que objetiva, y es fluctuante. Un nodo clave de los circuitos cerebrales relacionados con el estrés muestra menor actividad al cabo de 8 semanas de REBAP, equivalentes a unas 30 horas de práctica.

La meditación compasiva muestra beneficios más firmes desde el principio. Tan solo 7 horas a lo largo de 2 semanas producen mayor conectividad en los circuitos cerebrales relacionados con la empatía y los sentimientos positivos, y son suficientemente firmes para observarse más allá del estado meditativo. Es la primera señal de que un estado se convierte en un rasgo, aunque el efecto probablemente no perdure sin práctica constante. Y el hecho de que aparezcan fuera del estado meditativo podría ser reflejo de que poseemos una innata configuración cerebral para la bondad.

Los principiantes también notan rápidamente mejoras en la atención: menos dispersión mental al cabo de apenas 8 minutos de práctica. Seguramente el beneficio es efímero, pero 2 semanas de práctica son suficientes para reducir la dispersión mental, enfocarse mejor y aumentar la memoria de trabajo, lo que a su vez mejora las puntuaciones en el GRE (Graduate Record Examination), el examen de ingreso a la universidad.

En efecto, algunos hallazgos sugieren una menor activación en las regiones del modo por defecto relacionadas con el yo al cabo de 2 meses de práctica. Con respecto a la salud física, pequeñas mejoras en los marcadores moleculares de envejecimiento celular parecen aparecer con 30 horas de práctica. Es decir que incluso los principiantes pueden observar resultados. No obstante, es improbable que estos efectos perduren sin práctica sostenida.

En el largo plazo

Los beneficios aumentan a medida que los meditadores ingresan en el rango que abarca de 1000 a 10.000 horas de práctica a lo largo de la vida. El equivalente a una sesión de meditación diaria y tal vez retiros anuales de una semana durante muchos años.

Los efectos tempranos se acentúan, y otros aparecen. Por ejemplo, en este rango se observan indicadores neurales y hormonales de menor reactividad al estrés. Además, se fortalece la conectividad funcional de un circuito cerebral importante para la regulación de la emoción, y disminuye el nivel de cortisol, una hormona clave para la respuesta al estrés secretada por la glándula adrenal.

En el largo plazo la práctica de la amorosa bondad y la compasión aumenta la resonancia neural con el sufrimiento de otra persona, junto con la preocupación y la probabilidad de ofrecer ayuda. También la atención se fortalece en diversos aspectos: la atención selectiva se agudiza, el parpadeo atencional decrece, la atención sostenida se vuelve más fluida y aumenta la disposición a la acción. Los meditadores de largo plazo muestran más habilidad para disminuir la dispersión mental y los pensamientos obsesivos en torno al yo que genera el modo por defecto, así como una conectividad debilitada en los circuitos correspondientes, lo que indica menor egoísmo. Estas mejoras suelen aparecer durante estados meditativos y en general tienden a convertirse en rasgos.

Cambios en procesos biológicos básicos, como la desaceleración de la frecuencia respiratoria, se observan al cabo de unos miles de horas de práctica. Algunos de estos impactos parecen fortalecerse más con la práctica intensiva en un retiro que con la práctica cotidiana.

Aunque la evidencia sigue siendo inconsistente, la neuroplasticidad producto de la práctica de largo plazo parece crear cambios funcionales y estructurales en el cerebro, como una mayor conexión operativa entre la amígdala y los circuitos regulatorios de las áreas prefrontales. Y los circuitos neurales del núcleo accumbens asociados con el deseo o el apego parecen disminuir en volumen.

Si bien en general observamos cambios graduales a medida que aumentan las horas de meditación a lo largo de la vida, sospechamos que las tasas de cambio varían entre diversos sistemas neurales. Por ejemplo, los beneficios de la compasión aparecen antes que el dominio del estrés. Esperamos que en el futuro las investigaciones ofrezcan detalles de la dinámica de respuesta a la dosis para diversos circuitos cerebrales.

Interesantes indicios sugieren que los meditadores de largo plazo experimentan en alguna medida estados producidos por un rasgo que aumenta la potencia de su práctica. Algunas características del estado meditativo, como las ondas gamma, pueden persistir durante el sueño. Y se observó que un retiro de un día mejoraba a nivel genético la respuesta inmunológica de meditadores expertos, un hallazgo que sorprendió a la medicina.

LOS YOGUIS

Con 12.000 a 62.000 horas de práctica a lo largo de la vida, que incluyen años de retiro, surgen efectos notables. La práctica se orienta a convertir los estados meditativos en rasgos: en tibetano se lo describe con una palabra que significa "familiarizarse" con el modo de pensar meditativo.

Los estados meditativos se funden con las actividades cotidianas a medida que los estados alterados se estabilizan en forma de rasgos alterados y se convierten en características perdurables.

El equipo de Richie observó indicios de rasgos alterados en la función cerebral de los yoguis, e incluso en la estructura cerebral, junto con cualidades humanas sumamente positivas.

El salto en las oscilaciones gamma observado inicialmente durante la meditación compasiva también se observó, aunque en menor medida, en el estado inicial de referencia. Es decir que para los yoguis este estado se ha convertido en rasgo.

Las interacciones estado-rasgo indican que en los yoguis ocurren cosas distintivas durante la meditación, que se evidencian al compararlos con novicios que realizan la misma práctica. Tal vez la evidencia más firme es la respuesta de los yoguis al dolor físico durante una práctica de atención plena: una pronunciada V invertida, con escasa actividad cerebral en anticipación del dolor y un pico intenso y breve durante el dolor seguido por una rápida recuperación.

Para la mayoría de las personas que practicamos meditación, la concentración implica esfuerzo mental. Para los yoguis con muchas horas de práctica, se vuelve natural. Una vez que su atención se enfoca en un objetivo, sus circuitos neurales relacionados con la atención deliberada se aquietan y la atención permanece enfocada.

Cuando los yoguis practican meditación compasiva la conexión del corazón con el cerebro se fortalece más allá de lo habitual.

Finalmente, algunos datos tentadores indican una disminución del volumen del núcleo accumbens en los meditadores de largo plazo, lo que sugiere que en los cerebros de los yoguis podrían hallarse otros cambios estructurales para apoyar la disminución del apego y el egoísmo.

Para saber con precisión cuáles podrían ser los cambios y descifrar su significado son necesarias futuras investigaciones.

El después

Estos datos insólitos son apenas un indicio de la riqueza del camino contemplativo en este nivel. Algunos de estos hallazgos aparecieron por casualidad. Por ejemplo, cuando Richie decidió corroborar el estado inicial de los yoguis o comparar el grupo más experimentado con los demás.

Y no debemos olvidar la evidencia anecdótica: cuando el equipo de Richie tomó muestras de saliva de un yogui para medir el cortisol durante un retiro, los niveles estuvieron por debajo de los valores estándar y el laboratorio se vio obligado a ajustar hacia abajo los parámetros del ensayo.

Para algunas tradiciones budistas este nivel de estabilización es reflejo de una "bondad esencial" que permea la mente y las actividades de una persona. Acerca de su maestro —venerado por todos los linajes contemplativos del Tibet— dijo un lama tibetano: "Una persona como él tiene dos niveles de conciencia", refiriéndose a que sus logros meditativos serán la base de todo lo que haga.

Varios laboratorios —incluidos el de Richie y el de Judson Brewer— han hallado en los meditadores más avanzados un patrón cerebral que puede aparecer incluso en reposo, y se asemeja al que se observa en estados meditativos como la atención plena o la amorosa bondad. No ocurre lo mismo en los principiantes.[2] Esa comparación es un hito para la investigación de los rasgos alterados, aunque solo ofrece una imagen instantánea.

Tal vez algún día un estudio prolongado pueda proporcionarnos el equivalente a un video para observar cómo surgen los rasgos alterados. Por ahora, según conjetura el equipo de Brewer, la meditación parece transformar el estado de reposo —el modo por defecto del cerebro— para asemejarlo al estado meditativo.

Tal vez, como propusimos hace tiempo, el después es el antes del próximo durante.

EN BUSCA DEL CAMBIO PERDURABLE

"Si el corazón deambula o se distrae, tráelo de regreso con suavidad… aunque durante una hora no hicieras más que eso… y de nuevo se alejara, habrías empleado bien tu hora", dijo el santo católico Francisco de Sales (1567-1622).[3]

Todos los meditadores, sin importar cuál sea la práctica específica, ejecutan la misma serie de pasos. Comienzan por concentrarse intencionalmente en un objetivo, en poco tiempo la mente se dispersa y cuando lo advierten pueden dar el paso final: traer la mente de regreso al foco original.

En una investigación realizada en la Universidad Emory, Wendy Hasenkamp (alumna del Summer Research Institute y ahora directora de ciencia del Mind and Life Institute) observó que las conexiones entre regiones cerebrales involucradas en estos pasos eran más firmes en los meditadores más expertos.[4] Las diferencias entre meditadores y controles no solo se hallaron durante la meditación sino en estado de reposo, lo que sugiere la posibilidad de un rasgo alterado.

La cantidad de horas de práctica podría correlacionarse, por ejemplo, con cambios en el cerebro. Pero garantizar que esa relación no se debe a la autoselección u otros factores requiere de otro paso: un estudio longitudinal en el que, idealmente, el impacto aumente a medida que la práctica continúa. Y también un grupo control activo para realizar un seguimiento durante el mismo periodo de tiempo y observar que no se produzcan los mismos cambios.

Dos estudios longitudinales —el trabajo de Tania Singer sobre empatía y compasión, y el de Cliff Saron sobre *shamatha*— ofrecieron algunos de los datos más convincentes sobre el poder de la meditación para crear rasgos alterados.

Tania advirtió que algunos investigadores se preguntaban por qué los meditadores a los que se escaneó diariamente (el caso del método Goenka) no mostraron mejoras en la frecuencia cardiaca, un test estándar de interocepción o sintonía con el cuerpo. Ella encontró una respuesta en su proyecto ReSource. Después de 3 meses de práctica diaria de "presencia", que incluye una exploración consciente del cuerpo, la habilidad de ser consciente de señales corporales como los latidos del corazón no aumentó. Pero el aumento comenzó a observarse al cabo de 6 meses y se acentuó transcurridos 9 meses. Algunos beneficios necesitan tiempo para madurar. Es lo que los psicólogos denominan "efecto del durmiente".

Consideremos el cuento de un yogui que había pasado años en una caverna del Himalaya. Un día apareció un viajero y al ver al yogui le preguntó qué hacía. "Medito sobre la paciencia", respondió el yogui. "¡Vete al demonio!", respondió el viajero, a lo que el yogui replicó furioso: "¡Tú puedes irte al demonio!".

La idea (como aquella del yogui en el bazar) se ha utilizado durante siglos para recordar a los meditadores que su práctica se pone a prueba en la vida cotidiana. Un rasgo como la paciencia debería volvernos imperturbables en cualquier circunstancia.

El Dalai Lama relató esta historia y aclaró: un refrán tibetano dice que en algunos casos los meditadores tienen una apariencia de santidad que mantienen en tanto todo esté en orden, es decir, cuando el sol brilla y su estómago está lleno. Pero cuando se enfrentan con un desafío o una crisis, son como cualquier otra persona.[5]

La "catástrofe total" de nuestra vida ofrece la mejor prueba a la duración de los rasgos alterados. Así como el nivel extremadamente bajo de cortisol de un yogui durante un retiro permite conocer su grado de relajación, el nivel de cortisol del mismo yogui durante un día atareado revelaría si se trata de un rasgo permanente, un rasgo alterado.

LA MAESTRÍA

Suele decirse que se necesitan unas 10.000 horas de práctica para dominar una habilidad como programar computadoras o jugar golf. No es así.

La ciencia descubrió que algunas prácticas (como la memorización) pueden dominarse en 200 horas. El laboratorio de Richie halló que incluso entre los meditadores adeptos —con un mínimo de 10.000 horas de práctica— la destreza sigue aumentando en relación con las horas de práctica a lo largo de la vida.

El hallazgo no sorprendería a Anders Ericsson, el científico cognitivo cuyo trabajo sobre la pericia dio origen —para su disgusto— a la errónea y difundida creencia en el mágico poder de las 10.000 horas para alcanzar la maestría.[6] Según revela la investigación de Ericcson, más que la cantidad de horas de práctica, importa la inteligencia con que son utilizadas. Lo que denomina práctica "deliberada" necesita de un entrenador experto que ofrezca sus comentarios para orientarla hacia los progresos. Un golfista puede recibir consejos precisos de su entrenador sobre la manera de mejorar su balanceo. Del mismo modo, un cirujano principiante es entrenado por otros más experimentados. Una vez que el golfista y el cirujano se han ejercitado hasta dominar su técnica, el entrenador seguirá ofreciendo sus comentarios para la siguiente etapa de progreso.

Por este motivo muchos profesionales del deporte, el teatro, el ajedrez, la música y tantas otras disciplinas, tienen entrenadores a lo largo de toda su carrera. No importa el nivel alcanzado, siempre es posible mejorar. En escenarios competitivos, los pequeños progresos pueden influir en la posibilidad de ganar o perder. Y aun sin competir, es posible alcanzar un logro personal.

La misma noción se aplica a la meditación. Nosotros —Richie y Dan— hemos practicado regularmente a través de decenas de años y en muchos de esos años hemos realizado uno o dos retiros de una semana. Ambos hemos meditado todas las mañanas durante más de 40 años (salvo cuando un vuelo a las 6:00 a.m. interrumpe la rutina). Técnicamente podríamos ser calificados como "meditadores de largo plazo", con unas 10.000 horas de práctica. Pero ninguno de nosotros se siente muy evolucionado, en particular cuando consideramos rasgos alterados sumamente positivos. ¿Por qué?

Por una parte, los datos sugieren que meditar una vez al día es muy diferente a participar de un retiro de varios días. Recordemos la investigación sobre reactividad ante el estrés de meditadores expertos (9000 horas promedio) que produjo un hallazgo inesperado (mencionada en el capítulo 5, "Una mente serena").[7]

Cuanto más se fortalece la conectividad entre el área prefrontal y la amígdala del meditador, tanto menor es su reactividad. La sorpresa consistió en que la mayor conexión entre estas dos regiones cerebrales se relacionaba con la cantidad de horas que el meditador había pasado en retiros.

En el mismo sentido, el estudio sobre frecuencia respiratoria arrojó otro hallazgo sorprendente: la cantidad de horas de meditación en retiro se correlacionaban firmemente con la respiración más lenta, mucho más que la práctica diaria.[8] Durante los retiros los maestros están disponibles para ofrecer su guía y sus enseñanzas. Además la práctica es intensiva, los meditadores pueden practicar durante 8 horas o más cada día. Y la mayoría de los retiros se realizan, al menos parcialmente, en silencio, lo que puede contribuir a la intensidad. Todas estas características en conjunto ofrecen una oportunidad única para impulsar la curva de aprendizaje.

Otra diferencia entre aficionados y expertos surge de la manera en que practican. Los aficionados aprenden las reglas básicas de una disciplina —golf, ajedrez, e incluso atención plena— y a menudo se estancan al cabo de unas 50 horas de práctica. El resto del tiempo su nivel de pericia permanece casi igual, la práctica ya no produce grandes mejoras.

Los expertos practican de otra manera, con sesiones intensivas bajo la atenta mirada de un entrenador que les indica lo que deben ejercitar para seguir avanzando. La curva de aprendizaje es continua, con mejoras sostenidas.

Estos hallazgos señalan la necesidad de tener un maestro, una persona que alcanzó un nivel más alto y puede ofrecer instrucciones para mejorar. Nosotros hemos buscado la guía de maestros de meditación durante años, pero la oportunidad aparece esporádicamente en nuestra vida. El *Visuddhimagga* aconseja buscar orientación en una persona más experimentada. En la cima de la antigua lista de posibles maestros se encuentra el *arhant* (en pali, un meditador consumado, de nivel olímpico). Si no estuviera disponible, se debería encontrar simplemente una persona con más experiencia que el aprendiz, que al menos haya leído un *sutra* (un pasaje de un texto sagrado). En el mundo de hoy, sería equivalente a recibir instrucción de una persona que utilizó una app para meditar.

CORRELACIÓN CEREBRAL

"Tu programa podría expandirse a todo el sistema de salud", le escribió Dan a Jon Kabat-Zinn en 1983. Ignoraba que Jon todavía tenía que convencer a los médicos para que le enviaran pacientes.

Dan lo alentó a investigar sobre la efectividad del programa. Tal vez fuera la semilla de los cientos de estudios sobre REBAP que existen hoy. Con su tutor de tesis de Harvard, Dan y Richie habían investigado si la ansiedad se experimentaba principalmente en la mente o en el cuerpo. Considerando que el programa REBAP ofrecía prácticas cognitivas y corporales, Dan sugirió a Jon que estudiaran "cuáles de ellas funcionaban mejor para cada caso".

Jon emprendió la investigación. Descubrió que las personas con preocupaciones y pensamientos ansiosos al extremo, es decir, las que padecían ansiedad cognitiva, encontraban más alivio en la práctica de yoga que incluía el programa REBAP.[9]

De allí surge una pregunta para todos los tipos de meditación y las versiones amigables derivadas de ellas y ampliamente utilizadas: ¿qué modalidad de práctica es más útil para determinado tipo de persona?

La tarea de encontrar el método adecuado para cada aprendiz tiene antiguos antecedentes. Por ejemplo, en el *Visuddhimagga* se aconseja a los maestros de meditación que observen atentamente a sus discípulos para determinar a qué categoría corresponden —"codiciosos" y "odiosos" son dos de ellas— y les ofrezcan las circunstancias y métodos más apropiados. Aunque a una sensibilidad moderna le parezca un poco medieval, a los codiciosos (que, por ejemplo, perciben ante todo la belleza), les correspondía comida desagradable, hospedaje incómodo y las partes más detestables del cuerpo como objeto de meditación. A los odiosos (que perciben lo que está mal), la mejor comida, una habitación con una cama confortable y meditación tranquilizadora, como la orientada a la amorosa bondad o la ecuanimidad.

Una correspondencia con base más científica podría utilizar datos sobre las tipologías cognitivas y emocionales de las personas, tal como han propuesto Richie y Cortland Dahl.[10] Por ejemplo, las personas proclives a preocuparse y rumiar acerca de sí mismas, podrían comenzar por ser conscientes de sus pensamientos, aprendiendo a considerarlos "solo pensamientos", sin quedar atrapados en su contenido. El yoga puede ser útil, según descubrió Jon. E incluso tal vez el análisis de la respuesta de sudoración, como medida del secuestro emocional por parte de los pensamientos. Personas con atención firme pero carentes de empatía podrían comenzar por la práctica compasiva.

Algun día las correlaciones podrán fundamentarse con un escaneo cerebral que indique el mejor método. Algunos centros médicos académicos ya establecen la relación entre diagnóstico y medicación por medio de "medicina de precisión", que ofrece la posibilidad de ofrecer tratamiento específico para determinada estructura genética.

Tipologías

Neem Karoli Baba, el notable yogui al que Dan conoció en su primer viaje a India, solía hospedarse en templos y ashrams consagrados a Hanuman, el dios mono. Sus seguidores practicaban *bhakti*, el yoga de la devoción predominante en algunas regiones de India. Si bien el yogui nunca comentaba su propia historia, se decía que había vivido largo tiempo en la jungla. También, que durante años había meditado en una cueva subterránea. Su devota meditación se concentraba en Ram, el protagonista del texto épico *Ramayana*; incluso se lo oía susurrar "Ram, Ram, Ram" o se lo veía contar las repeticiones del mantra con los dedos.

Se decía además que en la década de 1930 había viajado a La Meca con un musulmán devoto. En Occidente alababa a Cristo. Durante dos años fue instructor del lama Norla, que había huido de Tibet a India en 1957, mucho antes de que se crearan asentamientos para los refugiados tibetanos. Y luego se convirtió en su amigo. El lama Norla era experto en uno de los tipos de meditación que practicaba Mingyur Rinpoche.

Neem Karoli siempre alentaba a las personas que seguían determinado camino interior. Desde su punto de vista realizar alguna práctica era más importante que el intento de hallar la mejor. Cuando le preguntaban cuál era mejor, respondía *"Sub ek!"*, que en hindi significa "todas son lo mismo". Cada persona tiene sus preferencias, necesidades, y demás. Solo se trata de elegir una y perseverar en ella. Desde esa perspectiva los caminos contemplativos son bastante similares, una manera de ir más allá de la experiencia habitual. En sentido práctico, todas las formas de meditación comparten el propósito de entrenar la mente, por ejemplo, desprendiéndose de las innumerables distracciones que fluyen a través de ella y enfocándose en un objeto de atención o una actitud consciente.

Pero a medida que nos familiarizamos con los mecanismos de los diversos caminos, observamos que se dividen y se agrupan. Por ejemplo, las operaciones mentales que se realizan son diferentes cuando se recita un mantra en silencio, ignorando todo lo que ocurre alrededor, y cuando una persona observa conscientemente el flujo de los pensamientos.

En el nivel más elevado, cada camino tiene características singulares. Un aprendiz de bhakti que entona *bhajans* dirigidos a una deidad comparte solo algunos elementos con un practicante de *vajrayana*, que en silencio genera la imagen de una deidad como la Tara Verde (diosa de la compasión) y al mismo tiempo intenta generar las cualidades que corresponden a esa imagen.

Los tres niveles de práctica considerados hasta ahora —principiante, de largo plazo y yogui— se relacionan preferentemente con diferentes tipos de meditación: atención plena para los principiantes, vipassana para los meditadores de largo plazo (también algo de zen), y para los yoguis, los caminos tibetanos conocidos como dzogchen y mahamudra. Nuestra propia historia como meditadores ha seguido esta trayectoria y nuestra experiencia reconoce importantes diferencias entre los tres métodos.

Por ejemplo, la atención plena hace que el meditador observe los pensamientos y sentimientos que pasan por la mente. La meditación vipassana comienza de la misma manera, para pasar a una metaconciencia de los procesos de la mente más que a sus efímeros contenidos. Los métodos dzogchen y mahamudra incluyen ambos estadios y otros tipos de meditación, pero concluyen en una actitud "no dual", un nivel más sutil de metaconciencia.

¿Cómo se produce la transformación? ¿Podemos aplicar las percepciones que surgen de la atención plena a la meditación vipassana (una secuencia tradicional), y de vipassana a las prácticas tibetanas?

Las taxonomías contribuyen a la organización y Dan intentó crear una taxonomía para la meditación.[11] A partir de la lectura del *Visuddhimagga* estableció una clasificación de la apabullante variedad de métodos y estados de meditación que había conocido en sus recorridos a través de India. Su clasificación giraba en torno a la diferencia entre la concentración en un foco y la conciencia más fluida de la atención plena, una división fundamental dentro de la práctica vipassana (y también de los caminos tibetanos, aunque con significados muy diferentes).

Una tipología más inclusiva y más actual, establecida por Richie y sus colegas Cortland Dahl y Antoine Lutz organiza la meditación en grupos, a partir de los hallazgos de la ciencia cognitiva y la psicología clínica.[12] Esta clasificación distingue 3 categorías:

Atencional: meditación enfocada en el entrenamiento de facetas de la atención, que consiste en concentrarse en la respiración, en la observación de la experiencia, en un mantra o en la meta conciencia, o bien en la presencia abierta.

Constructiva: meditación orientada al desarrollo de virtudes como la amorosa bondad.

Deconstructiva: al igual que las prácticas perceptivas, estos métodos utilizan la autobservación para penetrar en la naturaleza de la experiencia. Incluyen abordajes "no duales" que permiten el paso a un estado en que la cognición habitual deja de ser dominante.

Una tipología tan amplia e inclusiva deja en claro que la investigación sobre meditación se ha enfocado en un limitado subconjunto de métodos y ha ignorado numerosas técnicas. La mayor parte de la investigación ha estudiado el programa REBAP y otros enfoques relacionados con la atención plena. Abundan estudios sobre meditación de amorosa bondad y meditación trascendental. Hay un puñado de ellos dedicados a la meditación zen. Pero más allá de estas, muchas variedades de meditación podrían relacionarse con determinados circuitos cerebrales y cultivar un conjunto distintivo de cualidades. Esperamos que la ciencia contemplativa se desarrolle y que los investigadores estudien una variedad más amplia de tipos de meditación. Si bien hasta aquí los hallazgos son alentadores, podrían existir otros de los que aún no tenemos siquiera un atisbo. Cuanto más abarcadores sean los estudios, tanto más podremos comprender sobre la manera en que la meditación es capaz de moldear el cerebro y la mente. Por ejemplo, nos permitiría saber cuáles podrían ser los beneficios de los movimientos circulares de algunas escuelas de meditación sufí, del canto devocional de la corriente bhakti del hinduismo, o de la meditación analítica que practican algunos budistas tibetanos y ciertas escuelas de hindu-yoguis.

Más allá de sus particularidades, todos los caminos de meditación comparten un objetivo: los rasgos alterados.

LISTAS DE CONTROL DE RASGOS ALTERADOS

Alrededor de 40 periodistas, fotógrafos y camarógrafos se apiñaban en una pequeña sala situada en un subsuelo que era parte de la cripta de la catedral de Westminster, en Londres. Allí ofrecería una conferencia el Dalai Lama, a punto de recibir el premio Templeton, que cada año destina más de un millón de dólares al reconocimiento de "una contribución excepcional para afirmar la dimensión espiritual de la vida".

Richie y Dan participaron de la conferencia de prensa para ofrecer a los periodistas un informe sobre el interés del Dalai Lama en el conocimiento científico, y su comprensión de que la ciencia y la religión comparten el objetivo de la verdad y de servir a la humanidad. En respuesta a la última pregunta de la conferencia de prensa, el Dalai Lama anunció que donaría el premio. Explicó que no tenía necesidad de dinero, era un simple monje y además, huésped del gobierno indio, que se ocupaba de satisfacer todas sus necesidades.

Así fue como inmediatamente donó la mayor parte del dinero a Save the Children, en reconocimiento a su labor con los niños más pobres del mundo y a la ayuda brindada a los refugiados tibetanos que huyeron de China. El resto se repartió entre el Mind and Life Institute y el programa que ofrece educación científica a los monjes tibetanos en la Universidad Emory.

Lo hemos visto hacer lo mismo muchas veces. Su generosidad parece espontánea, y no se lo ve lamentar en lo más mínimo el hecho de no haber conservado algo para sí. Este tipo de generosidad es una de las cualidades que se encuentran en las tradicionales listas de *paramitas* (literalmente: "llegar a la otra orilla", símbolo de la totalidad o la perfección), virtudes que señalan progresos en las tradiciones contemplativas.

Shantideva, un monje indio de la Universidad de Nalanda —una de las primeras casas de altos estudios del mundo— escribió en el siglo XVIII una obra insuperable: *El camino del Bodhisattva*. El Dalai Lama enseña a menudo este texto, al que accedió a través de su tutor, Khunu Lama, el humilde monje que Dan conoció en Bodh Gaya.

Entre los *paramitas* que incluyen las tradiciones de los yogis estudiados en el laboratorio de Richie se encuentran: *generosidad*, tanto material —el caso del Dalai Lama al donar su premio— como la simple presencia, el acto de ofrendarse a sí mismo; *conducta ética*, que se manifiesta al no causar daño a otros o a sí mismo y observar preceptos de autodisciplina; *paciencia*, tolerancia y calma, que implican una serena ecuanimidad ("La auténtica paz es que la mente no sienta miedo o ansiedad durante las 24 horas del día", dijo el Dalai Lama en una conferencia en el MIT); *esfuerzo* y diligencia; *concentración* y constancia; y *sabiduría*, entendida como la comprensión que surge de la práctica profunda de la meditación.

La noción de convertir lo mejor de nosotros en rasgos perdurables resuena a través de las tradiciones espirituales. Como vimos en el capítulo 3 "El después es el antes del próximo durante", los filósofos griegos y romanos promovían virtudes coincidentes. Y un refrán sufí dice que "Un temperamento bondadoso es riqueza suficiente".[13]

El rabino Leib era discípulo del rabino Dov Baer, un maestro jasídico del siglo XVIII. Por entonces los estudiosos de esa tradición leían textos religiosos y oían relatos de la Torah, su libro sagrado. Pero Leib tenía otro objetivo. No había acudido a Dov Baer, su mentor religioso, para estudiar textos u oír sus sermones sino para saber "cómo anuda los cordones de sus zapatos".[14] En otras palabras, Leib deseaba observar y absorber las cualidades esenciales que su maestro encarnaba.

Los datos científicos y los antiguos mapas de rasgos alterados muestran curiosas coincidencias. Por ejemplo, un texto tibetano del siglo XVIII informa que la amorosa bondad, la compasión hacia todos los seres, la satisfacción y el "deseo lábil"[15] se encuentran entre los signos de progreso espiritual.

Estas cualidades parecen relacionarse con indicadores de cambios en el cerebro que hemos mencionado en capítulos anteriores: fortalecimiento de los circuitos relativos a la empatía y el amor parental, amígdala más relajada y menor volumen de los circuitos cerebrales asociados con el apego.

Los yoguis estudiados en el laboratorio de Richie se regían por el principio de una tradición tibetana que puede resultar desconcertante: todos tenemos la misma naturaleza de Buda, pero no logramos reconocerla. Desde este punto de vista, lo esencial en la práctica es reconocer cualidades intrínsecas, lo que ya está presente, en lugar de desarrollar una nueva habilidad interior.

Los hallazgos neurales y biológicos correspondientes a los yoguis, más que el desarrollo de una destreza, indican esta capacidad de reconocimiento.

¿Los rasgos alterados son complementos de nuestra naturaleza o aspectos desconocidos que siempre estuvieron con nosotros? En el actual estadio de desarrollo de la ciencia contemplativa es difícil inclinarse por alguna de las dos posibilidades.

Una cantidad creciente de hallazgos científicos muestran, por ejemplo, que cuando un niño observa marionetas que muestran una actitud generosa y afectuosa y otras que son egoístas y agresivas, ante la posibilidad de tocarlas elegirá las primeras,[16] una tendencia natural que permanece a lo largo de la niñez.

Estos hallazgos son concordantes con la noción de virtudes preexistentes, como la bondad intrínseca, y sugieren la posibilidad de que el entrenamiento en amorosa bondad y en compasión impliquen reconocer una cualidad presente y fortalecerla. Esto significa que en lugar de desarrollar una nueva habilidad los meditadores robustecerían una competencia básica, como ocurre con el desarrollo del lenguaje. El trabajo científico decidirá en el futuro si las cualidades que dicen cultivar diferentes prácticas de meditación concuerdan con esta idea, o son desarrolladas por la práctica. Nosotros contemplamos la posibilidad de que al menos algunos aspectos de la meditación tengan menos similitud con el aprendizaje de una nueva habilidad que con el reconocimiento de una tendencia básica y preexistente.

¿Qué falta?

Históricamente la meditación no estaba orientada a mejorar la salud, a la relajación o a favorecer el éxito laboral. Aunque son estos los atractivos que la han vuelto omnipresente en nuestros días, a lo largo de los siglos esos beneficios eran efectos secundarios, adicionales. El auténtico objetivo contemplativo ha sido siempre lograr rasgos alterados.

Los signos más firmes de estas cualidades se encuentran en el grupo de yoguis estudiados en el laboratorio de Richie, de lo que surge una pregunta fundamental para comprender cómo funciona la práctica contemplativa. Estos yoguis realizan una práctica "profunda". En el mundo actual la mayoría de nosotros prefiere una práctica liviana y breve, un enfoque pragmático que tiende a tomar lo que funciona y dejar de lado lo demás.

Mucho se ha dejado de lado a medida que las ricas tradiciones contemplativas del mundo se transformaban en métodos amigables para el usuario. La meditación fue mutando de su forma original a las adaptaciones populares, y así lo que se dejó de lado es ahora ignorado.

Algunos elementos importantes de la práctica contemplativa no se encuentran en la meditación *per se*. En los caminos profundos, la meditación es solo uno de los medios que contribuyen a aumentar la conciencia, comprender sus sutilezas y lograr una transformación perdurable del ser.

Estos objetivos requieren dedicación de por vida. La tradición tibetana a la que adhieren los yoguis estudiados por Richie sostiene como ideal que en algún momento todas las personas puedan liberarse de cualquier tipo de sufrimiento y que el meditador se proponga alcanzar ese logro por medio del entrenamiento mental. Esta manera de pensar implica desarrollar más ecuanimidad hacia nuestro propio mundo emocional, así como la convicción de que la meditación y otras prácticas relacionadas pueden producir transformaciones perdurables, es decir, rasgos alterados.

En Occidente, tal vez algunos de los seguidores del camino "profundo" tengan estas convicciones. Otros que utilizan los mismos métodos intentan una renovación, algo así como tomarse unas vacaciones interiores más que realizar una vocación (aunque las motivaciones pueden variar en el camino, lo que impulsó a una persona a meditar tal vez no sea lo mismo que la impulsa a continuar la práctica).

La idea de misión de vida centrada en la práctica es uno de los elementos que con frecuencia se olvidan, aunque tiene gran importancia. También otros podrían ser fundamentales para desarrollar rasgos alterados al nivel hallado en los yoguis:

Postura ética: un conjunto de preceptos morales que facilitan los cambios interiores. Muchas tradiciones la alientan para evitar que las habilidades desarrolladas se utilicen en beneficio personal.

Intención altruista: la firme motivación de seguir el camino profundo en beneficio de los demás.

Fe: la convicción de que un camino en particular es valioso y conduce a la transformación buscada.

Algunos textos alertan sobre la fe ciega y piden a los aprendices que hagan una búsqueda exhaustiva para encontrar un maestro.

Guía personalizada: un maestro preparado, que pueda ofrecer el consejo necesario para progresar en el camino. La ciencia cognitiva sabe que es requisito para alcanzar el máximo nivel.

Devoción: un profundo aprecio por todas las personas y principios que hacen posible la práctica. La devoción también puede dirigirse a las cualidades de una deidad o de un maestro, o bien a los rasgos alterados del maestro, es decir, su calidad mental.

Comunidad: un círculo de amigos dedicados a la misma práctica (opuesto al aislamiento de muchos meditadores modernos).

Cultura de apoyo: las culturas tradicionales de Asia siempre han reconocido el valor de las personas que dedican su vida a transformarse para encarnar las virtudes de la atención, la paciencia, la compasión; de los que trabajan, y de las familias que voluntariamente apoyan a los que se dedican a la práctica profunda entregando dinero, ocupándose de su alimentación o aliviando cualquier necesidad. No ocurre lo mismo en las sociedades modernas.

Potencial para alterar rasgos: la idea de que estas prácticas puedan liberarnos de nuestros habituales estados mentales —que ha sido siempre el marco de estas prácticas— promueve el respeto, la veneración hacia el camino y quienes lo transitan.

No sabemos si alguno de estos elementos "dejados de lado" podría ser un factor activo en los rasgos alterados que la investigación científica ha comenzado a documentar en el laboratorio.

Despertar

Inmediatamente después de que Siddhartha Gautama —el príncipe que renunció a su condición— completara su viaje interior en Bodh Gaya, encontró a unos yoguis errantes. Al ver que Gautama había sufrido una notable transformación, le preguntaron: "¿Eres un dios?". A lo que él respondió: "No, estoy despierto".

La palabra "despierto" —en sánscrito, *bodi*— le dio a Gautama el nombre con que lo conocemos hoy: Buda, "el despierto". Nadie puede saber con certeza qué implica ese despertar, aunque nuestros datos sobre yoguis expertos puede ofrecer algunas pistas. Por ejemplo, la profusión de ondas gamma parece ofrecer una sensación de amplitud, de inmensidad, de apertura de los sentidos que enriquece la experiencia cotidiana —incluso el sueño profundo— lo que sugiere la cualidad de estar constantemente despierto.[17]

La imagen de nuestra conciencia ordinaria como una especie de sueño, y de un cambio interior que produce el "despertar" tiene una larga historia y es ampliamente difundida. Varias escuelas de pensamiento discuten sobre esa noción. Nosotros no estamos preparados ni calificados para participar en los incontables debates acerca del significado exacto del "despertar", ni sostenemos que la ciencia puede arbitrar debates metafísicos.

Así como la matemática y la poesía son diferentes maneras de conocer la realidad, la ciencia y la religión representan diferentes magisterios, es decir, esferas de autoridad, áreas de indagación y maneras de conocer. La religión habla de valores, creencias y trascendencia. La ciencia, de hechos, hipótesis y racionalidad.[18] Al evaluar la mente del meditador, no hacemos referencia a la validez que varias religiones atribuyen a esos estados mentales. Apuntamos a algo más pragmático: ¿hay algo en los procesos de transformación surgidos del camino profundo que pueda producir un beneficio universal? ¿Podemos recurrir a los mecanismos del camino profundo para generar beneficios en una gran cantidad de personas?

En síntesis

A partir de las horas, días y semanas iniciales, la meditación genera beneficios. Por una parte, el cerebro de los principiantes muestra menor reactividad de la amígdala al estrés. Al cabo de dos semanas de práctica se observan mejoras en la atención, como mayor enfoque, menor dispersión mental y ampliación de la memoria de trabajo, que se traducen en mejores resultados en el examen de ingreso a la universidad.

Algunos de los beneficios más tempranos aparecen en la práctica de la meditación compasiva, incluida una mayor conectividad en los circuitos asociados con la empatía. Y los marcadores de inflamación disminuyen levemente en solo 30 horas de práctica. Si bien estos beneficios surgen incluso con muy pocas horas de práctica, son frágiles y necesitan sesiones diarias para mantenerse.

En los meditadores de largo plazo, con unas 1000 horas de práctica o más, los beneficios registrados hasta ahora son más sólidos, y otros se añaden. Indicadores cerebrales y hormonales muestran disminución de reactividad al estrés y menor inflamación, fortalecimiento de los circuitos prefrontales para manejar la aflicción y menores niveles de cortisol —la hormona del estrés— señal de menor reactividad al estrés en general. En este nivel la meditación compasiva proporciona más sintonía neural con las personas que sufren y mayor probabilidad de hacer algo para ayudarlas.

Con respecto a la atención, los beneficios incluyen una atención más selectiva, una disminución del parpadeo atencional, mayor facilidad para sostener la atención, más disposición a responder a lo que pueda suceder, y menor dispersión mental.

Junto con la disminución de pensamientos obsesivos con respecto a la propia persona se observa un debilitamiento de los circuitos asociados con el apego. Otros cambios biológicos y cerebrales incluyen una disminución de la frecuencia respiratoria (indicador de menor velocidad metabólica). Un retiro de un día de duración mejora el sistema inmune y durante el sueño perduran indicios de estados meditativos. Todos estos cambios sugieren la emergencia de rasgos alterados.

Finalmente, los yoguis de nivel "olímpico", con un promedio de 27.000 horas de meditación a lo largo de su vida, muestran claros indicios de rasgos alterados como amplias ondas gamma en sincronía en extensas regiones cerebrales, un patrón cerebral que nunca se había observado y que también aparece en reposo. Si bien son más firmes durante la práctica de la presencia abierta y la compasión, las ondas gamma persisten mientras la mente descansa, aunque en menor grado. Los cerebros de los yoguis también parecen envejecer más lentamente comparados con los de otras personas de su edad.

Otros signos de la pericia de los yoguis incluyen la capacidad de detener y comenzar estados meditativos en segundos, y de meditar sin esfuerzo (en particular, los más expertos). La reacción ante el dolor también es distintiva: escasos signos de ansiedad anticipatoria, una breve e intensa reacción durante el dolor y una rápida recuperación. Durante la meditación compasiva el cerebro y el corazón de los yoguis se acoplan de una manera no observada en otras personas. Más aun, en reposo el estado cerebral de los yoguis se asemeja al de otras personas cuando meditan: el estado se ha convertido en rasgo.

NOTAS

1. Milarepa, en Matthieu Ricard, *On the Path to Enlightenment* (Boston: Shambhala, 2013), p. 122.

2. Judson Brewer et al., "Meditation Experience is Associated Differences in Default Mode Network Activity and Connectivity", *Proceedings of the National Academy of Sciences* 108:50 (2011): 1- 6; doi:10.1073/ pnas.1112029108; V. A. Taylor et al., "Impact of Mindfulness on the Responses to Emotional Pictures in Experienced and Beginner Meditators", *NeuroImage* 57:4 (2011):1524-33; doi:101016/j. neuroimage.2011.06.001.

3. Francisco de Sales, citado en Aldous Huxley, *The Perennial Philosophy* (New York: Harper & Row, 1947), p. 285.

4. Wendy Hasenkamp y su equipo utilizaron la resonancia magnética para identificar las regiones cerebrales comprometidas en cada uno de estos pasos. Hasenkamp et al., "Mind Wandering and Attention during Focused Meditation: A Fine-Grained Temporal Analysis during Fluctuating Cognitive States", *NeuroImage* 59:1 (2012): 750- 60; Wendy Hasenkamp y Barsalou, "Effects of Meditation Experience on Functional Connectivity of Distributed Brain Networks", *Frontiers in Human Neuroscience* 6:38 (2012); doi:10.3389/ fnhum.2012.00038.

5. El Dalai Lama ofreció este relato y explicó sus implicaciones en el 23° encuentro del Mind and Life Institute en Dharamsala, 2011. Daniel Goleman y John Dunne, eds., *Ecology, Ethics and Interdependence* (Boston: Wisdom Publications, 2017).

6. Anders Ericsson y Robert Pool, *Peak: Secrets from the New Science of Expertise* (New York: Houghton Mifflin Harcourt, 2016).

7. A. Kral et al., "Meditation Training is Associated with Altered Amygdala Reactivity to Emotional Stimuli", en revisión, 2017.

8. J. Wielgosz et al., "Long- Term Mindfulness Training is Associated with Reliable Differences in Resting Respiration Rate", *Scientific Reports* 6 (2016): 27533; doi:10.1038/ srep27533.

9. Jon Kabat-Zinn et al., "The Relationship of Cognitive and Somatic Components of Anxiety to Patient Preference for Alternative Relaxation Techniques", *Mind/Body Medicine* 2 (1997): 101- 9.

10. Richard Davidson y Cortland Dahl, "Varieties of Contemplative Practice", *JAMA Psychiatry* 74:2 (2017): 121; doi:10.1001/ jamapsychiatry.2016.3469.

11. Ver, por ejemplo, Daniel Goleman, *The Meditative Mind* (New York: Tarcher/Putnam, 1996; ahora Dan considera que esa clasificación es limitada en muchos aspectos. Por una parte, la tipificación binaria omite o bien combina varios métodos contemplativos como la visualización, que consiste en generar una imagen y el conjunto de sentimientos y actitudes relacionadas con ella.

12. Cortland J. Dahl, Antoine Lutz, y Richard J. Davidson, "Reconstructing and Deconstructing the Self: Cognitive Mechanisms in Meditation Practice", *Trends in Cognitive Science* 20 (2015): 1- 9; http// dx.doi.org/ 10.1016/ j.tics.2015.07.001.

13. Hazrat Ali, citado en Thomas Cleary, *Living and Dying in Grace: Counsel of Hazrat Ali* (Boston: Shambhala, 1996).

14. Glosa de Martin Buber, *Tales of the Hasidim* (New York: Schocken Books, 1991), p. 107.

15. 3° Khamtrul Rinpoche, *The Royal Seal of Mahamudra* (Boston: Shambhala, 2014).

16. J. K. Hamlin et al., "Social Evaluation by Preverbal Infants", *Nature* 450:7169 (2007): 557- 59; doi:10.1038/ nature06288.

17. F. Ferrarelli et al., "Experienced Mindfulness MeditatorsExhibit Higher Parietal-Occipital EEG Gamma Activity during NREM Sleep," *PLoS One* 8:8 (2013): e73417; doi:10.1371/ journal.pone.

18. La idea de que ciencia y religión implican diferentes esferas de autoridad y modos de saber que no se superponen, es defendida, por ejemplo, por Stephen Jay Gould en *Rocks of Ages: Science and Religion in the Fullness of Life* (New York: Ballantine, 1999).

14

Una mente sana

La doctora Susan Davidson —esposa de Richie— es especialista en obstetricia de alto riesgo y, al igual que él, medita desde hace tiempo. Años atrás Susan y otros decidieron organizar un grupo de meditación para los médicos de su hospital en Madison que se reuniría los viernes por la mañana. Susan enviaba e-mails a los médicos para recordarles la cita y muy a menudo se encontraba en los pasillos con alguien que le decía: "Me alegra que hagas esto, pero no puedo ir".

Sin duda, había buenos motivos. Por entonces los médicos estaban más ocupados que de costumbre, tratando de implementar los registros electrónicos antes de contar con plantillas predeterminadas. Y aún no existía la especialidad médica que entrena a los hospitalistas (los médicos y el equipo que brindan cuidado integral a los pacientes hospitalizados, liberando a otros de tener que hacer "rondas"). El grupo de meditación habría sido de gran ayuda para esos médicos agobiados, una posibilidad de recuperarse un poco. Pero aun así, a lo largo de los años solo 6 o 7 de ellos participaron en cada sesión. Finalmente, sintiendo que el grupo no generaba interés, Susan y sus compañeros se desanimaron y dieron por concluida la actividad.

La sensación de no tener tiempo puede ser la excusa principal entre las personas que quieren meditar pero no se deciden a hacerlo. Tomando en cuenta esta realidad, Richie y su equipo están desarrollando una plataforma digital llamada Healthy Minds (Mentes Sanas) que enseña estrategias basadas en meditación para que incluso quienes dicen no tener tiempo puedan desarrollar su bienestar. Si alguien insiste en que está demasiado ocupado para practicar formalmente la meditación Healthy Minds puede adaptarse, permitiendo hacer la práctica en simultáneo con otra actividad como viajar en tren o limpiar la casa. En tanto se trate de actividades que no exigen total atención, es posible escuchar instrucciones prácticas. Dado que uno de los principales beneficios de la meditación consiste en prepararnos para la vida diaria, la posibilidad de practicar en medio de lo cotidiano podría ser una fortaleza.

Por supuesto, Healthy Minds, se suma a la lista cada vez más larga de apps que enseñan meditación. Pero esas app utilizan los hallazgos científicos sobre los beneficios de meditar como estrategia de venta mientras que Healthy Minds da un paso más: el laboratorio de Richie investigará científicamente sus impactos para evaluar si la práctica en simultáneo con otra actividad verdaderamente funciona.

Por ejemplo, ¿qué resultado tienen 20 minutos diarios de meditación durante el viaje en tren comparados con 20 minutos diarios en un lugar silencioso de la casa? ¿Es mejor practicar 20 minutos seguidos, dos tandas de 10 minutos o 4 de 5 minutos? Son algunas de las preguntas prácticas que Richie y su equipo desean responder.

Esta plataforma digital y la investigación orientada a evaluarla son un prototipo del paso siguiente para ampliar el acceso a los beneficios que la ciencia informa acerca de la práctica contemplativa. La meditación trascendental, los programas REBAP y formas genéricas de atención plena ya están disponibles en formatos accesibles. Cualquier persona puede beneficiarse de ellos sin necesidad de adoptar o siquiera conocer sus raíces asiáticas. Muchas empresas ofrecen métodos contemplativos como parte de sus propuestas de entrenamiento y desarrollo, con efectos favorables en sus empleados y en sus resultados corporativos. Algunas poseen incluso salas de meditación donde los empleados pueden dedicar tiempo a la concentración. Por supuesto, este tipo de oferta necesita de una cultura de trabajo acorde (en una compañía donde los trabajadores pasan gran cantidad de horas al día frente a sus computadoras, Dan supo, confidencialmente, que las personas que utilizaban la sala de meditación con frecuencia eran despedidas).

En la Universidad de Miami el grupo de Amishi Jha ofrece entrenamiento en atención plena a grupos que trabajan bajo presión como tropas de combate, jugadores de fútbol, bomberos y maestros. En las afueras de la ciudad de New York, el Instituto Garrison ofrece un programa basado en la atención plena orientado a que las personas que atienden casos de trauma en África y Medio Oriente puedan afrontar su propio trauma, resultante de combatir una epidemia de Ébola o de auxiliar a refugiados desesperados. Mientras cumplía una condena de 14 años por contrabando de drogas, Fleet Maull fundó el Prison Mindfulness Institute (Instituto Penitenciario de Atención Plena), que ahora instruye a internos de casi 80 cárceles de los Estados Unidos.

La ciencia contemplativa es un corpus de información básica acerca de las diversas maneras en que la mente, el cuerpo y el cerebro pueden moldearse para ser más saludables, en el sentido más amplio. Para la Organización Mundial de la Salud, la definición de "salud" va más allá de la ausencia de enfermedad o discapacidad para abarcar un "completo bienestar físico, mental y social".

La meditación y sus derivados pueden ser un factor activo de ese bienestar y pueden tener un impacto mucho mayor. Los hallazgos de la ciencia contemplativa pueden generar enfoques innovadores basados en sólida evidencia, que en nada se parecen a la meditación. Estas aplicaciones de la meditación a la solución de conflictos personales y sociales son positivas. Pero también nos estimula lo que el futuro puede traer.

Tal vez sea positivo alejar estos métodos de sus raíces, en tanto los resultados tengan fundamento científico, para volverlos más accesibles a la mayor cantidad de personas a las que puedan beneficiar. Al fin y al cabo, ¿por qué estos métodos y sus beneficios deberían limitarse solo a los meditadores?

Neuroplasticidad orientada

"¿Qué necesitan las plantas para crecer?", preguntó Laura Pinger, una especialista en educación que en el centro de Richie desarrolló un programa para cultivar la bondad en niños de nivel preescolar.

Esa mañana, muchos de los 15 preescolares que aprendían a incentivar la bondad agitaron con entusiasmo sus manos para responder. "Sol", "Agua", dijeron dos de ellos. El tercero, que lidiaba con problemas de atención y obtenía grandes beneficios de ese programa, pronunció: "Amor".

La respuesta permitió evaluar que se cumplía el objetivo pedagógico: enseñar que la bondad era una forma de amor.

El programa para cultivar la bondad comienza con ejercicios básicos de atención plena adecuados a la edad. Tendidos boca arriba, con pequeñas piedras sobre el vientre, los niños de 4 años escuchan el sonido de una campana y prestan atención a su respiración y a las piedras que suben y bajan con cada inhalación y exhalación.

Luego dirigen esa atención a su cuerpo y aprenden a observar sus sentimientos mientras interactúan con otro niño, en particular si ese otro se ha disgustado. Esas ocasiones permiten que los niños detecten lo que ocurre en su cuerpo e imaginen que puede suceder en el cuerpo de su compañero, en una incursión a la empatía.

Se alienta a los niños a ayudarse mutuamente y a expresar gratitud. Cuando perciben una actitud servicial pueden recompensar esa acción: si se lo dicen a la maestra, ella premiará al niño amable con una figura para pegar en una lámina de un "jardín de bondad".

Para evaluar el impacto del programa, el grupo de Davidson invitó a niños a compartir sus stickers (una moneda valiosa para ellos) con alguno de otros cuatro niños: su compañero favorito, su compañero menos afín, un niño desconocido o un niño con aspecto enfermizo.

Los niños que participaban del programa de bondad compartían más con el niño menos afín y el enfermizo, comparados con otros niños de nivel preescolar, que compartían más stickers con su compañero preferido.[1] Además, a diferencia de la mayoría de los niños, los que participaban del programa de bondad no se volvían egoístas al llegar al jardín infantil.

Aunque obviamente parece buena idea contribuir a que los niños desarrollen bondad, en nuestro sistema educativo esta valiosa capacidad humana queda librada al azar. Por supuesto, muchas familias inculcan este valor a sus niños. Otras no lo hacen. Si estos programas se introducen en las escuelas se garantiza que todos los niños reciban las lecciones que fortalecerán su corazón.[2]

La bondad, el afecto y la compasión son generalmente ignoradas por el sistema educativo, junto con la atención, la auto-regulación, la empatía y la capacidad de conexión con otros seres humanos. Si se trabaja razonablemente bien con las asignaturas tradicionales como lectura y matemática, ¿por qué no ampliar la enseñanza incluyendo habilidades fundamentales para una vida satisfactoria?

Los psicólogos evolutivos nos dicen que la atención, la empatía y la bondad, la calma y la conexión social maduran a ritmos diferentes. Los signos conductuales de esta maduración, como el bullicio de los niños del jardín infantil comparado con la actitud más mesurada de los alumnos de escuela primaria, son signos de desarrollo de las redes neurales subyacentes.

La neuroplasticidad muestra que esos circuitos cerebrales pueden ser guiados en la mejor dirección por medio de un entrenamiento como el programa para desarrollar la bondad. Hasta hoy la manera en que nuestros niños desarrollan esta vital capacidad se debe a factores aleatorios. Podemos ayudarlos a cultivarlas de un modo más inteligente. Por ejemplo, básicamente todos los métodos de meditación son prácticas para fortalecer la atención. Adaptarlas para que los niños ejerciten su atención tiene diversas ventajas.

Aunque sin atención no hay aprendizaje, es sorprendente que no se plantee la necesidad de fortalecer la atención de los niños, porque la infancia ofrece un largo periodo de oportunidad para desarrollar y fortalecer los circuitos cerebrales. Contamos con sólidos conocimientos para cultivar la atención, por lo que lograr este objetivo está a nuestro alcance. Y tenemos un motivo para hacerlo: nuestra sociedad padece el déficit de atención. Los niños de hoy crecen con un dispositivo digital siempre en sus manos, y esos aparatos ofrecen distracciones constantes (y un flujo de información que ninguna generación pasada había recibido), de modo que incentivar la atención es una necesidad urgente de la salud pública.

Dan fue uno de los fundadores de un movimiento llamado "aprendizaje emocional/social (*social/emotional learning* o SEL). Hoy miles de escuelas del mundo ofrecen SEL.[3] El próximo paso será estimular la atención y la empatía. Sin duda ha surgido un movimiento para llevar la atención plena a las escuelas y en particular a los jóvenes pobres o en dificultades.[4] Pero estos son emprendimientos aislados o planes piloto. Esperamos que algún día los programas para enfocar la atención y desarrollar la bondad sean parte de la educación de todos los niños. Considerando cuánto tiempo dedican los escolares a los videojuegos, podríamos utilizarlos como otra vía para transmitir estas lecciones. Se los suele demonizar por contribuir al déficit de atención que enfrenta la cultura moderna. Pero imaginemos un mundo donde su poder pueda encauzarse hacia el bien, para cultivar estados y rasgos saludables. El equipo de Richie ha colaborado con diseñadores de videojuegos educativos para crear algunos juegos apropiados para preadolescentes.[5] Uno de ellos, llamado "Tenacity" (Tenacidad), se basa en el recuento de la respiración.[6] Al parecer muchas personas pueden tocar acompasadamente la pantalla de un iPad con cada inhalación. Aunque si se les pide que la toquen con dos dedos después de nueve inhalaciones pueden cometer errores, un indicador de que su mente se ha dispersado.

Richie y sus colegas utilizaron esta información para crear Tenacity. Los niños tocan el iPad con un dedo en cada inhalación y con dos dedos cada cinco inhalaciones. Dado que la mayoría de ellos son muy precisos al tocar en cada inhalación, el equipo de Richie puede determinar si lo hacen correctamente cada cinco inhalaciones. Cuantos más sean los aciertos de los toques con dos dedos, tanto más alta será la puntuación obtenida. Y con cada acierto la pantalla del iPad se vuelve más atractiva: en una versión, hermosas flores comienzan a abrirse en un paisaje desierto.

Al cabo de dos semanas de jugar entre 20 y 30 minutos diarios el equipo de Richie observó aumento de la conectividad entre el centro ejecutivo del cerebro situado en el córtex prefrontal y los circuitos para enfocar la atención.[7] En otros tests los jugadores pudieron enfocarse mejor en la expresión facial de una persona ignorando distracciones, lo que indica mayor empatía.

Nadie cree que estos cambios perduren sin práctica continua de algún tipo (idealmente, sin el juego). Pero el hecho de que se produjeran cambios beneficiosos en el cerebro y en la conducta es una prueba de concepto de que los videojuegos pueden mejorar la atención consciente y la empatía.

LA GIMNASIA MENTAL

La invitación a la conferencia que Richie ofreció en el Instituto Nacional de Salud decía: "¿Qué sucedería si pudiéramos ejercitar la mente como ejercitamos el cuerpo?"

La industria del *fitness* prospera gracias a nuestro deseo de ser saludables. El ejercicio físico es una meta que casi todos nos proponemos cumplir (aunque no hagamos mucho al respecto). Y los hábitos de higiene personal como el baño regular y el cepillado de dientes son totalmente naturales. ¿Por qué no lo es el ejercicio mental?

La neuroplasticidad, es decir, el modelado del cerebro por medio de la experiencia repetida, es constante, aunque en general no somos conscientes de que ocurre. Dedicamos horas a ingerir lo que vemos en las pantallas de nuestros dispositivos digitales y a otras actividades relativamente mecánicas mientras nuestras diligentes neuronas fortalecen o debilitan los circuitos cerebrales. Esta fortuita dieta mental suele conducir a cambios igualmente fortuitos en la mente.

La ciencia contemplativa nos dice que podemos ser más responsables del cuidado de nuestra mente. Los beneficios de delinear la mente de un modo más intencional pueden llegar rápidamente, como hemos visto en el caso de la práctica de la amorosa bondad.

Consideremos el trabajo de Tracy Shors, una neurocientífica que desarrolló un programa para aumentar la neurogénesis —la producción de nuevas células cerebrales— denominado Entrenamiento Mental y Físico (Mental and Physical Training o MAP).[8] Los participantes hicieron 30 minutos de meditación para enfocar la atención seguidos de 30 minutos de ejercicio aeróbico de moderada intensidad, 2 veces a la semana durante 8 semanas. Beneficios como una mejora en la función ejecutiva apoyan la noción de que el cerebro fue positivamente modelado.

Sabemos que el ejercicio intensivo produce más musculatura y mayor resistencia corporal, y que si abandonamos el entrenamiento nos volveremos más fofos y jadeantes. Lo mismo vale para los cambios en la mente y el cerebro a partir del trabajo interior, la meditación y sus derivados. Y dado que el cerebro es como un músculo que mejora con el ejercicio, ¿por qué no habría programas de gimnasia mental equivalentes a los programas de entrenamiento físico?

En lugar de utilizar un lugar determinado, la gimasia mental se valdría de un conjunto de apps que permitirían realizarla en cualquier circunstancia. Los sistemas digitales pueden ofrecer los beneficios de la práctica contemplativa a enorme cantidad de personas. Pero si bien las apps para meditar ya son muy utilizadas, no existen evaluaciones científicas directas de estos métodos. Las propias apps citan habitualmente estudios realizados sobre cierto tipo de meditación practicada en otra situación (y no suelen ser los mejores estudios), por lo que no son transparentes respecto de su efectividad. Una de estas apps, que supuestamente mejora la función mental, se vio obligada a pagar una elevada multa porque sus afirmaciones no pudieron sostenerse cuando fueron cuestionadas por las agencias gubernamentales. No obstante, hasta ahora la evidencia sugiere que habría servicios digitales en condiciones de superar un test riguroso.

Por ejemplo, el estudio sobre instrucción en meditación de amorosa bondad a través de la web mencionado en el capítulo 6, "Preparado para amar", mostraba que las personas se volvían más relajadas y más generosas.[9] Y el equipo de Sona Dimidjian se conectó a través de la web con personas que informaban disminución en la intensidad de los síntomas depresivos, un grupo con riesgo mayor que el promedio a caer en depresión profunda. El equipo de Sona desarrolló un curso online derivado de la terapia cognitiva basada en la atención plena —al que denominó Equilibrio Consciente del Estado de Ánimo— y en 8 sesiones redujo síntomas de depresión y ansiedad como la preocupación y el rumiar permanentes.[10]

Estas historias exitosas no implican automáticamente que todos o cualquiera de los métodos de meditación online o sus derivados sean beneficiosos. ¿Son algunos más efectivos que otros? Si así fuera, ¿por qué? Estas preguntas necesitan obtener respuesta de la evidencia empírica.

Hasta donde podemos saber, en la literatura científica acreditada no existe una sola publicación que haya evaluado directamente la eficacia de alguna de las numerosas apps que dicen tener base científica. Esperamos que algún día esa evaluación sea obligada para cualquiera de estas apps, que de ese modo podrán demostrar que funcionan tal como prometen hacerlo.

No obstante, la investigación sobre meditación ofrece abundante apoyo a la posibilidad de que el entrenamiento mental sea beneficioso. Vislumbramos un futuro en el que nuestra cultura, tal como lo hace con el cuerpo, realizará una rutina diaria de ejercicios para entrenar la mente.

Piratería neural

La nieve de Nueva Inglaterra comenzaba a fundirse esa mañana de marzo. El living de la residencia victoriana del campus de Amherst College albergaba —como una pequeña Arca de Noé— una diversidad de disciplinas. Allí, bajo el auspicio del Mind and Life Institute se congregaban estudiosos de la religión, psicólogos experimentales, neurocientíficos y filósofos para explorar el rincón de la mente de donde surgen deseos cotidianos que pueden transformarse en adicción (a las drogas, la pornografía o el consumo).

Para los estudiosos de la religión la cuestión tenía su origen en la avidez, el impulso emocional que nos orienta al placer en cualquiera de sus formas. Cuando una persona es presa de la avidez —en particular cuando la intensidad del deseo lo convierte en adicción— el desasosiego domina los viscosos y seductores susurros con que la mente intenta convencernos de que el objeto de nuestro deseo aliviará el malestar.

Los momentos de avidez pueden ser sutiles y pasar inadvertidos entre las frenéticas distracciones de nuestro habitual estado mental. La investigación muestra que cuando más distraídos estamos, tanto más propensos somos a comer una golosina. Y que los adictos tienden a buscar una nueva dosis ante pequeños indicios. Por ejemplo, ver la camiseta que usaban mientras estaban drogados los inunda de recuerdos del efecto de su última dosis.

El filósofo Jake Davis comentó que ese estado se opone a la extraordinaria calma que sentimos cuando nos liberamos de motivaciones compulsivas. Una mente sin avidez nos vuelve inmunes a esos impulsos, nos sentimos satisfechos de ser tal como somos.

La atención plena nos permite observar qué ocurre en la mente, en lugar de ser arrastrados por ella. El impulso de aferrarse a ciertas cosas se vuelve visible. "Es necesario verlo para desprenderse de él", afirmó Davis. Si somos conscientes advertimos el surgimiento de esos impulsos y los tratamos como a cualquier otro pensamiento que surge espontáneamente.

En este caso la actividad neural gira en torno al córtex cingulado posterior, indicó Judson Brewer, por entonces flamante director de investigación en el Centro para la Atención Plena de la Facultad de Medicina en la Universidad de Massachusetts, el lugar donde nació el programa REBAP. Las actividades mentales en las que participa el CCP incluyen la distracción, la dispersión mental, el egoísmo, la culpa. Y, por supuesto, el deseo.

Como hemos visto en el capítulo 8, "La levedad del ser", el equipo de Brewer escaneó cerebros durante la práctica de la atención plena y observó que el método aquieta el CCP. Cuanto más fluida se vuelve la atención plena, tanto más se aquieta el CCP.[11] En el laboratorio de Brewer la atención plena ha ayudado a los adictos al tabaco a abandonar el hábito de fumar.[12] A partir de los hallazgos sobre el CCP, Brewer ha desarrollado dos apps dirigidas a terminar con la adicción al tabaco y a la comida.

Con la intención de trasladar el hallazgo neural a la práctica, Brewer utilizó también el *neurofeedback*, que monitorea la actividad cerebral y muestra instantáneamente si determinada región se encuentra más o menos activa. De esa manera, es posible saber qué acciones estimulan o aquietan el CCP. Habitualmente ignoramos lo que ocurre en nuestro cerebro, en particular en el nivel que registran aparatos como los escáners. Por ese motivo los hallazgos de la neurociencia son muy importantes. Pero el neurofeedback atraviesa la barrera que separa mente y cerebro, abriendo una ventana a la actividad cerebral y generando un circuito de retroalimentación que nos permite observar el impacto de cierta maniobra mental en el funcionamiento del cerebro. Imaginamos que una nueva generación de apps para meditar utilizarán el feedback de procesos biológicos o neurales relevantes, de los que el neurofeedback de Brewer es prototipo.

El neurofeedback podría analizar también las ondas gamma, el patrón de EEG que caracteriza el cerebro de los yoguis avanzados. No obstante, no creemos que sea una vía rápida para comprender los rasgos alterados de los yoguis. Las ondas gamma, o cualquier medición tomada del estado mental de los yoguis, en el mejor de los casos muestran una porción arbitraria y escasa de la plenitud que parecen disfrutar. Aunque el feedback de las ondas gamma o cualquier incursión en ese tipo de elementos puede ofrecer algo diferente de nuestros estados mentales habituales, no puede equipararse con el fruto de años de práctica contemplativa. Pero pueden surgir otros beneficios.

Consideremos al ratón meditador. Esta ridícula posibilidad (o algo vagamente similar) ha sido explorada por neurocientíficos de la Universidad de Oregon. En realidad, el ratón no medita, los investigadores utilizaron una luz estroboscópica para llevar el cerebro del ratón a determinadas frecuencias, un método denominado conducción fótica, que atrapa el ritmo de las ondas del EEG en un destello de luz. A juzgar por los signos de menor ansiedad, al ratón le resulta relajante.[13] Otros investigadores llevaron el cerebro del roedor a frecuencia gamma por medio de conducción fótica y observaron que se reducía la placa neural asociada con la enfermedad de Alzheimer, al menos en ratones de edad avanzada.[14]

¿Es posible que el feedback de ondas gamma (frecuencia abundante en los yoguis) desacelere o revierta la enfermedad de Alzheimer? La investigación farmacéutica ofrece numerosas medicaciones para tratar este mal, que se utilizaron con éxito en ratones pero no fueron efectivas en las experiencias con seres humanos.[15] Aún no sabemos cuál puede ser la utilidad del neurofeedback de ondas gamma para prevenir la enfermedad de Alzheimer en las personas. Más prometedor parece el supuesto básico de que las apps derivadas del neurofeedback alguna vez hagan posibles los estados alterados para una franja más amplia de personas.

Nuevamente encontramos reparos. No solo que probablemente estos medios logren efectos pasajeros en lugar de rasgos perdurables, sino la enorme diferencia entre años de meditación intensiva y la breve utilización de una app.

No obstante, suponemos que el conocimiento derivado de los métodos y revelaciones de la ciencia contemplativa seguramente dará lugar a una nueva generación de aplicaciones útiles. Aunque no sabemos qué forma adoptarán.

NUESTRA TRAYECTORIA

La evidencia firme sobre la existencia de rasgos alterados surgió lentamente, a lo largo de décadas. Éramos estudiantes universitarios cuando comenzamos a seguir su rastro y ahora, cuando contamos con evidencia convincente, estamos cercanos al momento de jubilarnos.

Durante la mayor parte del tiempo tuvimos que ir detrás de una sospecha científica con escasos datos para fundamentarla. Pero nos consolaba esta máxima: "la ausencia de evidencia no es evidencia de ausencia". Nuestra convicción se arraigaba en la propia experiencia en retiros de meditación, en los escasos seres que habíamos conocido y parecían poseer rasgos alterados, y en nuestra lectura de textos sobre meditación que aludían a estas transformaciones positivas del ser.

No obstante, desde la perspectiva académica, todo esto equivalía a la ausencia de evidencia. No existían datos empíricos imparciales. Cuando comenzamos este itinerario científico eran escasos los métodos disponibles para explorar rasgos alterados. En la década de 1970 solo podíamos hacer estudios que mencionaran tangencialmente la idea. Por una parte, no teníamos acceso a los sujetos apropiados: en lugar de yoguis llegados de remotas cavernas debíamos contentarnos con estudiantes de Harvard. Más aun, la neurociencia se encontraba en una fase inicial. Si los evaluamos con los estándares de hoy, los métodos disponibles para estudiar el cerebro eran primitivos. El "estado del arte" de entonces equivalía a registros vagos o indirectos de la actividad cerebral.

En la década anterior a nuestros años en Harvard, el filósofo Thomas Kuhn había publicado *La estructura de las revoluciones científicas.* En esa obra sostenía que la ciencia cambia abruptamente cada vez que nuevas ideas y paradigmas innovadores obligan a pensar de una manera diferente. Esta afirmación nos había entusiasmado, dado que buscábamos paradigmas que propusieran posibilidades humanas no imaginadas por nuestra psicología. Las ideas de Kuhn, muy discutidas en el mundo científico, nos alentaron pese a la oposición de los consejeros de nuestra facultad.

La ciencia necesita aventureros. Eso éramos mientras Richie permanecía inmóvil en su zafu durante una hora bajo la tutela de Goenka-ji, y mientras Dan pasaba temporadas entre yoguis y lamas, o leía durante meses el Visuddhimagga, la guía para meditadores del siglo XV.

Nuestra convicción acerca de los rasgos alterados hizo que estuviéramos atentos a la aparición de estudios que pudieran apoyar nuestra intuición. Filtramos los hallazgos a la luz de nuestra experiencia, y obtuvimos algunos indicios. La ciencia —y en particular las ciencias de la conducta— funciona en el marco de hipótesis relacionadas con una cultura, que limitan nuestra visión de lo posible. La psicología moderna no sabía que los sistemas orientales ofrecían medios para transformar la esencia de una persona. Al mirar a través de esa otra lente vimos nuevas posibilidades.

Hoy cada vez más estudios empíricos confirman nuestras intuiciones tempranas: el entrenamiento sostenido de la mente altera el cerebro, a nivel estructural y funcional, lo que constituye una prueba de concepto para la base neural de rasgos alterados que los textos de los meditadores han descripto durante milenios. Más aun, todos podemos recorrer ese espectro, que parece seguir un algoritmo de dosis-respuesta, es decir que los beneficios son proporcionales al esfuerzo.

La neurociencia contemplativa, la especialidad emergente que ofrece respaldo científico a los rasgos alterados, ha alcanzado la madurez.

Coda

"¿Qué sucedería si, transformando nuestra mente, pudiéramos mejorar no solo nuestra salud y bienestar sino también los de nuestra comunidad y los del mundo entero?"

Esta pregunta retórica también formaba parte del anuncio sobre la charla de Richie en el Instituto Nacional de Salud.

Y bien, ¿qué sucedería?

Imaginamos un mundo donde el entrenamiento mental mejore a la sociedad. Esperamos que la propuesta científica que hacemos aquí muestre que ocuparnos de nuestra mente y nuestro cerebro tiene el enorme potencial de lograr un bienestar perdurable. Y que logre convencerlos de que a partir de un breve ejercicio mental cotidiano es posible recorrer el largo camino orientado a ese bienestar.

Ese estado de plenitud se caracteriza por un aumento de la generosidad, la bondad y la concentración, y por una división menos rígida entre "nosotros" y "ellos". La mejora en la empatía y la toma de perspectiva resultantes de varios tipos de meditación nos invitan a pensar que estas prácticas producirán un mayor sentido de interdependencia entre los seres humanos y entre éstos y el planeta.

A gran escala, cualidades como la bondad y la compasión inevitablemente conducirán a cambios que mejorarán nuestras comunidades, naciones y sociedades. Estos rasgos positivamente alterados tienen la capacidad de transformar nuestro mundo de maneras que no solo nos beneficiarán en lo personal sino que también aumentarán la probabilidad de supervivencia de nuestra especie.

Nos inspira la visión del octogenario Dalai Lama. Él nos alienta a hacer tres cosas: lograr serenidad, hacer de la compasión nuestro timón moral y actuar para mejorar el mundo.

La primera, la calma interior, y la segunda, navegar con compasión, pueden ser resultado de la práctica de la meditación, y pueden poner en práctica la tercera a través de la acción diestra.

De cada uno de nosotros, de nuestras habilidades y posibilidades individuales, dependerá la elección de una acción concreta. Todos podemos ser parte de una fuerza para el bien.[16]

Consideramos este "programa" como una solución a una urgente necesidad de la salud pública: reducir la codicia, el egoísmo, el pensamiento nosotros vs ellos y las inminentes calamidades ecológicas, y promover más bondad, claridad y calma. Seleccionar y ampliar estas capacidades humanas puede contribuir a interrumpir el ciclo de enfermedades sociales que de otro modo serán intratables, como la creciente pobreza, los odios entre grupos humanos y la inconsciencia acerca del bienestar de nuestro planeta.[17]

Sin duda, quedan aún muchas preguntas sobre la manera en que se producen los rasgos alterados, y se necesita mucha más investigación. Pero los datos científicos que apoyan su existencia indican que cualquier científico razonable estaría de acuerdo en que este cambio interior parece posible. No obstante, en el presente muy pocos lo comprendemos y somos menos aún los que contemplamos la posibilidad de producir ese cambio en nosotros mismos.

Si bien son necesarios, los datos científicos de ningún modo son suficientes para el cambio que imaginamos. En un mundo cada vez más dividido y en peligro, necesitamos una alternativa a las perspectivas corrosivas y cínicas, que se estimulan cuando nos enfocamos en las cosas negativas que suceden cada día en lugar de observar los mucho más numerosos actos de bondad. En pocas palabras, tenemos una creciente necesidad de las cualidades humanas que promueven los rasgos alterados. Necesitamos más personas de buena voluntad, más tolerantes y pacientes, más bondadosas y compasivas. Y además de abogar por estas cualidades podemos encarnarlas. Junto con legiones de compañeros de ruta hemos explorado los rasgos alterados en la vida, en el laboratorio y en nuestra propia mente durante más de cuarenta años. Entonces, ¿por qué escribimos este libro ahora?

Es simple. Sentimos que estas mejoras a nivel del cerebro, la mente y el ser pueden contribuir a mejorar el mundo. La principal diferencia entre esta estrategia para el mejoramiento humano y la larga historia de fallidas propuestas utópicas es la ciencia.

Hemos mostrado evidencia de que es posible cultivar estas cualidades positivas en lo profundo de nuestro ser, y que cualquiera de nosotros puede comenzar este viaje interior. Muchos tal vez no sean capaces de hacer el intenso esfuerzo necesario para recorrer el camino profundo. Pero las vías más amplias muestran que cualidades como la ecuanimidad y la compasión son habilidades que pueden aprenderse, que podemos enseñar a nuestros hijos y mejorar en nosotros mismos.

Cualquier paso que demos en esta dirección es una ofrenda positiva para nuestra vida y nuestro mundo.

Notas

1. L. Flook et al., "Promoting Prosocial Behavior and Self-Regulatory Skills in Preschool through a Mindfulness-Based Kindness Curriculum", *Developmental Psychology* 51:1 (2015): 44- 51; doi:http://dx.doi.org/ 10.1037/ a0038256.

2. R. Davidson et al., "Contemplative Practices and Mental Training: Prospects for American Education", *Child Development Perspectives* 6:2 (2012): 146- 53; 10.1111/ j. 1750- 8606.2012.00240.

3. Daniel Goleman y Peter Senge, *The Triple Focus: A New Approach to Education*, Northampton, MA: (MoreThanSound Productions, 2014).

4. Daniel Rechstschaffen, *Mindful Education Workbook* (New York: W. W. Norton, 2016); Patricia Jennings, *Mindfulness for Teachers* (New York: W. W. Norton, 2015); R. Davidson et al., "Contemplative Practices and Mental Training: Prospects for American Education", op. cit.

5. Este trabajo es aún incipiente. Mientras se escribe este libro los artículos que evalúan los juegos están siendo preparados para su publicación.

6. B. Levinson et al., "A Mind You Can Count On: Validating Breath Counting as a Behavioral Measure of Mindfulness", *Frontiers in Psychology* 5 (2014); http:// journal.frontiersin.org/ Journal/ 110196/ abstract. Es probable que Tenacity esté disponible a finales de 2017. Más información en: http:// centerhealthyminds.org/.

7. E. G. Patsenko et al., "Resting State (rs)-fMRI and Diffusion Tensor Imaging (DTI) Reveals Training Effects of a Meditation-Based Video Game on Left Fronto-Parietal Attentional Network in Adolescents", enviado para su publicación en 2017.

8. B. L. Alderman et al., "Mental and Physical (MAP) Training: Combining Meditation and Aerobic Exercise Reduces Depression and Rumination Enhancing Synchronized Brain Activity", *Translational Psychiatry* 2 (aceptado para su publicación en 2016) e726- 9; doi:10.1038/ tp.2015.225.

9. Julieta Galante, "Loving-Kindness Meditation Effects on Well-Being and Altruism: A Mixed-Methods Online RCT", *Applied Psychology: Health and Well-Being* 8:3 (2016): 322-50; doi:10.1111/ aphw.12074.

10. Sona Dimidjian et al., "Web-Based Mindfulness-Cognitive Therapy for Reducing Residual Depressive Symptoms: an Open Trial and Quasi-Experimental Comparison to Propensity Score Matched Controls", *Behaviour Research and Therapy* 63 (2014): 83-89; doi:2014.09.004.

11. Kathleen Garrison, "Effortless Awareness: Using Real Time Neurofeedback to Investigate Correlates of Posterior Cingulate Cortex Activity in Meditators'Self-Report", *Frontiers in Human Neuroscience* 7: 440 (August 2013): 1- 9.

12. Judson Brewer et al., "Mindfulness Training for Smoking Cessation: Results from a Randomized Controlled Trial", *Drug and Alcohol Dependence* 119 (2011b): 72- 80.

13. A. P. Weible et al., "Rhythmic Brain Stimulation Reduces Anxiety-Related Behavior in Mouse Model of Meditation Training", *Proceedings of the National Academy of Sciences*, en prensa, 2017. El impacto de las luces estroboscópicas puede ser peligroso para personas que padecen epilepsia, porque los ritmos podrían disparar un episodio epiléptico.

14. H. F. Iaccarino et al., "Gamma Frequency Entrainment Attenuates Amyloid Load and Modifies Microglia", *Nature* 540:7632 (2016): 230- 35; doi:10.1038 nature20587.

15. La biología de un mamífero como el ratón guarda una semejanza parcial con la humana. Pero con respecto al cerebro las diferencias son muy grandes.

16. Ver: Daniel Goleman, *Una fuerza para el bien. La visión del Dalai Lama para nuestro mundo* (Buenos Aires: Ediciones B, 2015); www.joinaforce4good.org.

17. Alguna evidencia de esta estrategia: C. Lund et al., "Poverty and Mental Disorders: Breaking the Cycle in Low- Income and Middle-Income Countries," *Lancet* 378:9801 (2011): 1502-14; doi:10.1016/ S0140- 6736(11)60754-X.

Otros recursos

Informes en curso de investigaciones sobre meditación

https:// centerhealthyminds.org/-Center for Healthy Minds, University of Wisconsin-Madison

https:// www.mindandlife.org/-Mind & Life Institute

https:// nccih.nih.gov/-National Center for Complementary and Integrative Health

http:// ccare.stanford.edu/-Center for Compassion and Altruism Research and Education, Stanford University

http:// mbct.com/-Mindfulness-based cognitive therapy

Equipos de investigación sobre meditación

https:// centerhealthyminds.org/ science/studies-laboratorio de Richie Davidson

http:// www.umassmed.edu/ cfm/-laboratorio de Judson Brewer, y el centro de REBAP

https:// www.resource-project.org/ en/ home.html-estudio sobre meditación de Tania Singer

http:// www.amishi.com/ lab/-laboratorio de Amishi Jha

http:// saronlab.ucdavis.edu/-laboratorio de Clifford Saron
https:// www.psych.ox.ac.uk/ research/mindfulness-Oxford
Mindfulness Centre
http:// marc.ucla.edu/-UCLA Mindful Awareness Research
Center

PARTICIPACIÓN SOCIAL

La vision del Dalai Lama: www.joinaforce4good.org

VERSIÓN EN AUDIO DE ESTE LIBRO

www.MoreThanSound.com

Rasgos alterados de Daniel Goleman y Richard Davidson
se terminó de imprimir en abril de 2018
en los talleres de
Litográfica Ingramex, S.A. de C.V.
Centeno 162-1, Col. Granjas Esmeralda, C.P. 09810,
Ciudad de México.